科学出版社“十四五”普通高等教育本科规划教材

优质原料奶生产技术

主　　编　侯俊财（东北农业大学）

副 主 编　李艾黎（东北农业大学）

　　　　　　马佳歌（东北农业大学）

编写人员（按姓氏汉语拼音排序）

　　　　　　白萨茹拉（北京首农畜牧发展有限公司）

　　　　　　郭　刚（北京首农畜牧发展有限公司）

　　　　　　侯俊财（东北农业大学）

　　　　　　李　伟（黑龙江省农业科学院畜牧兽医分院）

　　　　　　李艾黎（东北农业大学）

　　　　　　刘继超（北京三元食品股份有限公司）

　　　　　　刘振君（北京首农畜牧发展有限公司奶牛中心）

　　　　　　吕　歌（黑龙江东方学院）

　　　　　　马佳歌（东北农业大学）

　　　　　　明　亮（内蒙古农业大学）

　　　　　　王洪宝（黑龙江省农业科学院畜牧兽医分院）

　　　　　　赵　凯（内蒙古益婴美乳业有限公司）

　　　　　　郑健强（北京三元食品股份有限公司）

主　　审　陈历俊（北京三元食品股份有限公司）

科学出版社

北　京

内 容 简 介

本书以优质原料奶的安全生产为主线，详细介绍了原料奶中常见的污染因素及控制，介绍了品种、日粮、水源、疾病等对原料奶品质的影响，原料奶的生产与利用，奶牛水源、饲料管理与原料奶质量，乳腺炎与原料奶质量，奶牛场环境控制，牧场的生物安全措施，奶牛饲养管理，奶牛挤乳管理，牛群健康管理，原料奶初加工、贮存与乳制品质量，奶源基地建设和管理等内容。

本书可作为高等院校乳品工程、食品科学与工程和食品质量与安全等相关专业的教材，也可供奶牛养殖人员、牧场管理人员和乳品企业奶源管理人员等参考使用，还可作为公众的科普读物。

图书在版编目（CIP）数据

优质原料奶生产技术 / 侯俊财主编. -- 北京 ：科学出版社, 2024. 6. --（科学出版社“十四五”普通高等教育本科规划教材）. -- ISBN 978-7-03-078808-5

Ⅰ. TS252.2

中国国家版本馆 CIP 数据核字第 2024YR8740 号

责任编辑：席 慧 林梦阳 赵萌萌 / 责任校对：严 娜
责任印制：赵 博 / 封面设计：马晓敏

科学出版社出版
北京东黄城根北街 16 号
邮政编码：100717
http:// www.sciencep.com

北京华宇信诺印刷有限公司印刷
科学出版社发行 各地新华书店经销
*
2024 年 6 月第 一 版 开本：787×1092 1/16
2024 年11月第二次印刷 印张：12 3/4
字数：310 000

定价：59.80 元

（如有印装质量问题，我社负责调换）

前　言

牛乳和乳制品被公认为是大自然赋予人类最理想的、最接近于母乳的天然食品。牛乳中富含促进人体生长发育、提高免疫力、增强体质及维持健康水平所必需的营养成分，如蛋白质、脂肪、维生素、免疫活性因子、矿物质等。奶业是重要的民生产业，也是改善国人体质、有效实施“健康中国行动”及建设美好生活不可或缺的农业产业。乳及乳制品在人们的膳食结构中所占的地位也越来越重要。广大人民群众从“有奶喝”到“喝好奶”，不断地提升对乳品品质的需求。因此，科学管控奶牛场牛乳生产过程的各环节，即从牧草饲料、奶牛养殖、生产加工，最后到消费者手上的乳制品这一全产业链的无公害生产，是保证相应乳制品质量的前提。

当前，在国家政策和技术创新等多种因素的共同作用下，中国奶业水平上升到了新高度，我国已进入全球奶牛高产国家行列。近年来，我国奶业技术创新能力不断提高，在奶牛遗传改良和繁殖技术自主创新、奶牛精准饲养与绿色低碳养殖、奶牛疾病和风险物质防控等方面取得了重要进展。同时，在国产高附加值功能性乳制品产品生产、智能化和信息化养殖等前沿科学技术方面进行了开发及应用，以加快我国奶业转型升级，推动产业高质量发展。奶业从业者应充分考虑奶牛的生物学特点，了解影响原料奶生产的因素及其危害，应用科学饲养管理技术，使牧场高产、高效、安全地生产优质原料奶，并实现原料奶供需平衡与高品质的双赢，充分发挥奶业的消费增长潜力，促进我国奶业的健康快速发展。

编者根据多年的教学、科研及产业的实践经验，结合新形势下的奶业人才培养模式和最新课程建设与教材编撰需要，详细参阅了前沿的文献资料，精心确定了章节安排及内容深度和广度，从而编写了本书。东北农业大学侯俊财教授为本书主编，李艾黎教授和马佳歌讲师为副主编，陈历俊教授级高级工程师为主审。全书共分为十二章：第一章由李艾黎、王洪宝、李伟编写；第二章由马佳歌编写；第三章由王洪宝、李伟编写；第四章由侯俊财编写；第五章由李艾黎编写；第六章由郭刚、白萨茹拉编写；第七章由侯俊财、马佳歌编写；第八章由吕歌编写；第九章由明亮编写；第十章由刘振君编写；第十一章由李艾黎编写；第十二章由刘继超、郑健强、赵凯编写。侯俊财、马佳歌负责全书的统稿，对书稿进行了必要的修改和增删。为确保本书质量，特邀请北京三元食品股份有限公司陈历俊教授级高级工程师审阅了全部书稿，并提出修改意见。本书凝结了全体编审人员的心血，对此表示衷心的感谢！本书的出版要特别感谢国家自然科学基金（32372343）和黑龙江省教育科学“十四五”规划2021年度重点课题（GJB1421211）的资助。

本书涉及的学科较多且内容繁杂，加上编者学术水平和编写能力有限，书中难免存在疏漏和不足之处，敬请同行专家学者及广大读者给予批评指正，以便本书得到不断完善和提高。希望本书能拓宽原料奶生产领域科研人员和企业技术人员的思路，推进我国原料奶生产技术创新和乳品质量提升，提高我国乳品的市场竞争力。

编　者

2024年3月

目　　录

第一章 奶牛生理特征

第一节 奶牛的体型外貌

一、奶牛的外貌总体特征

（一）奶牛的体型

奶牛主要是指荷斯坦牛。奶牛体型无论是侧望、俯望还是前望，体型轮廓均趋于三角形，后躯显著发达。从上面看，奶牛的前躯窄，后躯宽，两条侧线在前面相交，呈三角形。从前面看，以誊甲为起点，顺两侧肩部，向下引两条直线，两条线距离越往下越宽，呈三角形。从侧面看，奶牛的后躯较深，前躯较浅，背线和腹线向前伸延相交，呈三角形。

（二）外貌特征

奶牛身材高大，结构匀称，头部清秀，被毛细短，有光泽；皮薄、致密、有弹性；脂肪少，毛细血管短，黑白斑分布明显。后体发达，胸部大而丰满，乳房静脉粗而弯曲，有4个乳头，长5～8cm，排列均匀。成年公牛身高143～147cm，体重900～1200kg，纯种母牛身高130～145cm，体重650～750kg。

二、体型各部位特征

奶牛整体骨骼细而坚实，关节明显而健壮，肌腱分明。肌肉发达适度。皮下脂肪少，血管显露，头较小而狭平，肩不太宽，胸部发育良好。肋骨向斜后方适度扩张，背腰平直，腹大而深；尻长、宽、平、方，腰角显露，尾细长，尾帚低于飞节下，四肢端正，蹄质结实，两后肢距离宽大，乳房发育充分，乳房皮薄而柔软，被毛短而稀。乳区发育匀称，前部附着结实，后部附着高，向两后肢突出。乳镜明显显露。乳头分布均匀，呈圆柱状，长短、粗细适中；乳静脉粗大而弯曲，乳井大而深。具体奶牛各部位名称如图1-1所示。

三、奶牛体型外貌的线性鉴定

饲养奶牛是为了获取最高的经济效益，因此可采取以下两种措施：一是提高奶牛生产性能，二是提高奶牛健康水平和延长其利用年限。奶牛的体型不仅与其健康水平和利用年限紧密相关，而且决定着本身的生产能力和生产潜力。奶牛体型外貌的线性鉴定也是公牛后裔测定及育种值评价的重要部分之一。因此，现在奶牛业发达国家普遍采用奶牛体型外貌的线性鉴定来评价奶牛。

我国采用9分制鉴定系统。对奶牛体型外貌的各性状进行线性鉴定评分主要依赖于鉴定员对该性状的度量和观察判断，在大多数情况下，是对性状在生物学状态两极端范围内所处的位置进行评分。9分制评分可把性状所表现的生物学两极端范围看作一个线段，把该线段

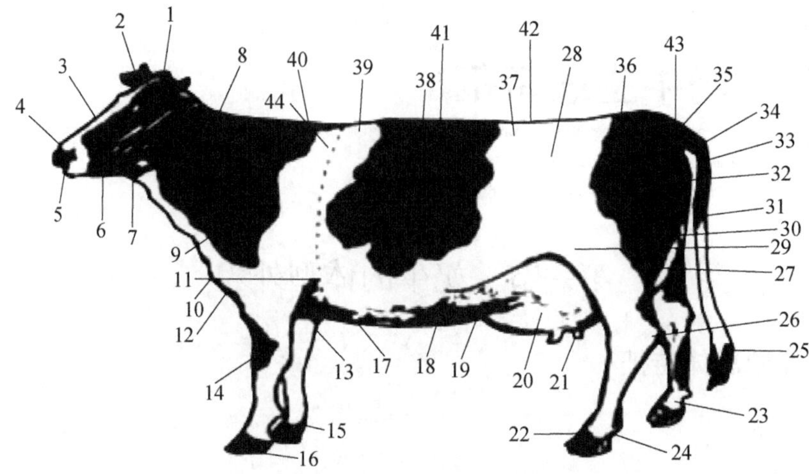

1. 头顶；2. 额；3. 颜面；4. 鼻镜；5. 鼻孔；6. 颚；7. 颚垂；8. 颈；9. 肩端；10. 胸垂；11. 肘端；12. 胸前；13. 胸底；14. 前膝；15. 蹄踵；16. 蹄底；17. 乳井；18. 乳静脉；19. 前乳房附着部；20. 前乳房；21. 乳头；22. 蹄；23. 系；24. 副蹄；25. 尾帚；26. 飞节；27. 后乳房；28. 肷；29. 后膝；30. 腿；31. 后乳房附着部；32. 臀；33. 尾；34. 坐骨端；35. 尾根；36. 髋；37. 腰角；38. 肋；39. 肩后；40. 鬐甲；41. 背；42. 腰；43. 尻；44. 胸围

图 1-1　奶牛各部位名称（引自姜明明等，2018）

分为 1～3 分、4～6 分、7～9 分三个部分，两个极端和中间三个区域；观察该性状所表现的状态在三个区域内的哪个区域，再看其属于该区域中的哪一个档次，根据不同性状的不同权重，加权得到体型外貌线性的鉴定评分。奶牛体型外貌的线性鉴定内容及评分等级详见表 1-1 所示。

表 1-1　奶牛体型外貌的线性鉴定内容

内容	描述性状/个
结构与容量	6
尻部	2
肢蹄	5
泌乳系统	8
乳用特征	1

（一）结构与容量

6 个描述性状，占牛只体型总评分的 18%。

得分数=加权分之和−缺陷分之和

彩图

图 1-2　中国荷斯坦牛体型线性鉴定分值基本分布

1. 描述性状——体高

体高是牛体骨骼结构的综合表现，是一个相当重要的指标，是基于地面到牛体十字部相对高度的一个可度量的指标。鉴于奶牛体高在一胎时，仍在继续发育，到三胎（4～5 岁）时，体格才完全发育完成，制定了一胎和三胎两个指标。

一胎牛体高在 130cm 时，属于极低个体，应评最低分 1 分；体高在 140cm 时，属于中等，评 5 分；体高在 150cm 时，属于极高个体，评 9 分。三胎牛在相应的一胎标准上降低 1 分。具体评分如图 1-3 所示。

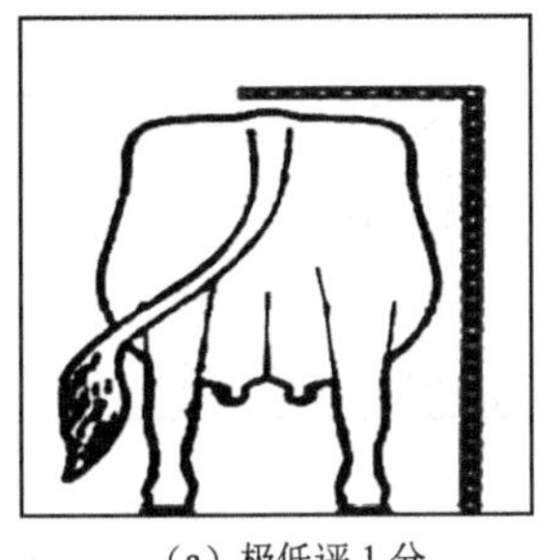
（a）极低评 1 分

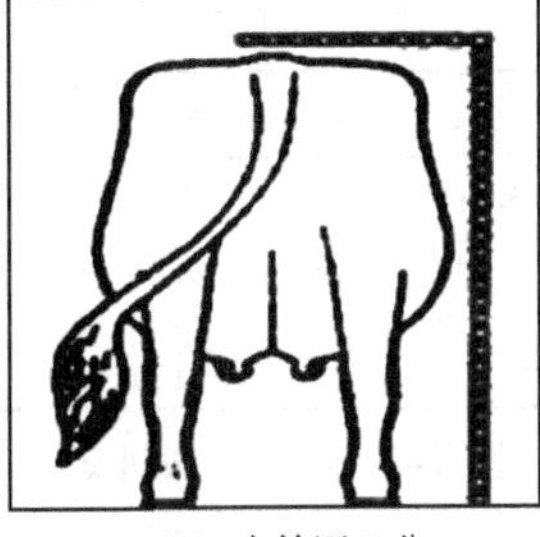
（b）中等评 5 分

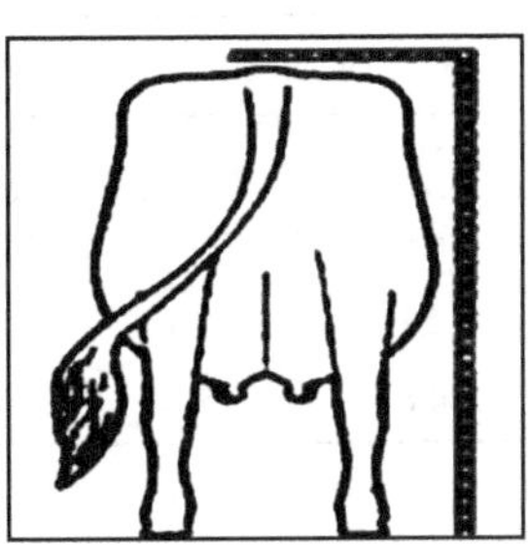
（c）极高评 9 分

评分	1	2	3	4	5	6	7	**8**	9
30 月龄以下/cm	130	132	135	137	140	142	145	**147**	150
30 月龄以上/cm	132	135	137	140	142	145	147	**150**	152
功能分	57	64	70	75	85	90	95	**100**	95
加权分	8.55	9.6	10.5	11.3	12.75	13.5	14.25	**15**	14.25

图 1-3　奶牛体高评定（引自中华人民共和国国家质量监督检验检疫总局和中国国家标准化管理委员会，2018）

加粗数值为各性状理想值，本章图中数据均同此表述

荷斯坦牛的体高理想评分为 7～9 分，145～147cm。实际生产中可以牛颈枷实际高度作参照，评估大群牛体高状况。

2.描述性状——前段

前段为奶牛的耆甲部与十字部的相对高度差，变化范围由耆甲部高于十字部到耆甲部低于十字部，由极低到极高变化范围为 10cm，即耆甲部低于十字部 5cm 为极低，相平为平，耆甲部高于十字部 5cm 为极高，评 9 分。具体评分如图 1-4 所示。

从生物学角度来说，耆甲部若低于十字部，则奶牛的站立姿势前低后高，内脏器官均向前倾斜，相对胸腔的压力增大，不利于肺和心脏的运动，同时，生殖系统也向前下方倾斜，不利于生殖系统分泌物的排出，容易造成生殖系统疾病。

而耆甲部比十字部过高，奶牛的站立姿势形成前高后低，体躯内的内脏器官向后倾斜，相对腹腔的压力增大，特别是怀孕母牛的后期，腹腔压力更大，这使子宫内胎儿发育受到一定影响，最理想的是耆甲部比十字部高 3cm（由于实际测量中受颈枷影响，此性状已被弱化，实际生产中仅供参考）即评分为 7 分（奶牛站立的地面必须是水平面）。

3. 描述性状——体躯大小

奶牛体躯的大小，主要是根据其体重进行评分，目前一般都是根据测量奶牛的胸围来估计体重。

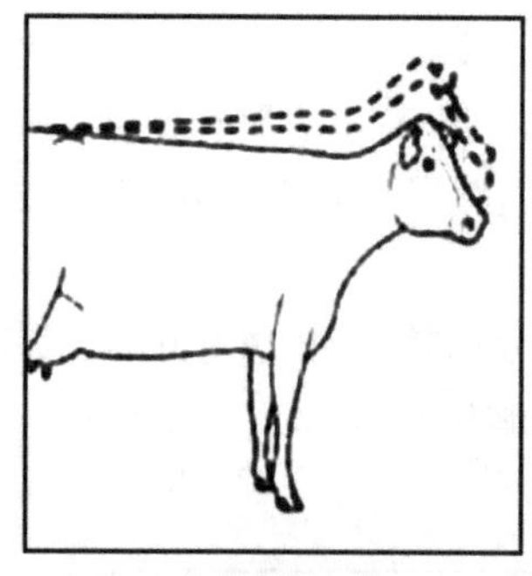
（a）极低评 1 分

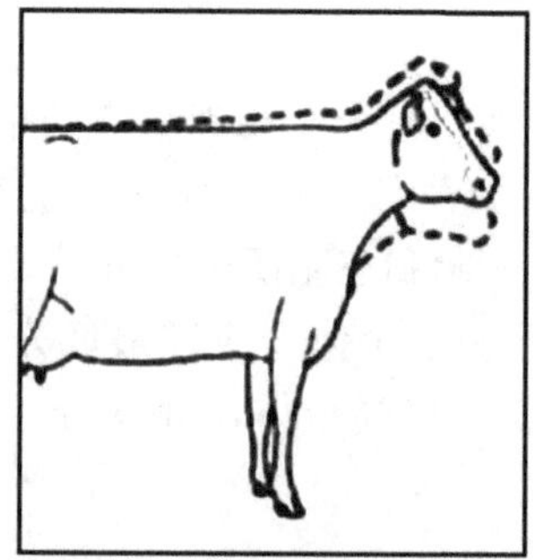
（b）中等评 5 分

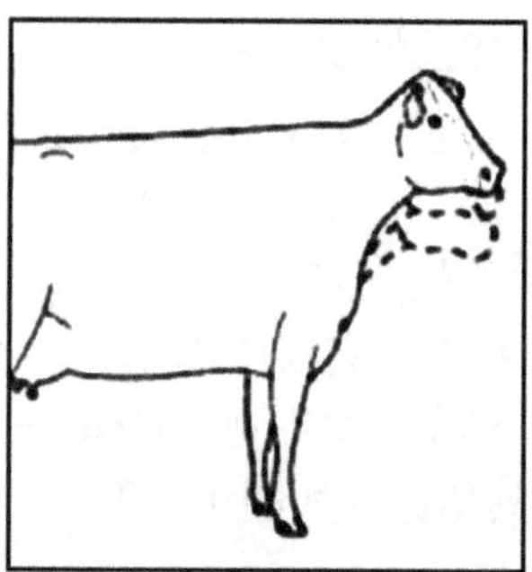
（c）极高评 9 分

评分	1	2	3	4	5	6	7	8	9
标准	极低（前低 5cm）		低（前低 3cm）		平		**高（后低 3cm）**		极高（后低 5cm）
功能分	56	64	68	76	80	90	**100**	90	85
加权分	4.8	5.12	5.44	5.68	6.4	7.2	**8.0**	7.2	6.8

图 1-4 奶牛前段评定

评分时一胎母牛胸围在 173cm，估计体重 410kg，为极小个体，评 1 分；胸围在 188cm，估计体重 500kg，属于中等，评 5 分；胸围达到 200cm，估计体重可达 590kg，属于极大个体，评 9 分（通过称重系统进行测量更为准确）。具体评分如图 1-5 所示。

（a）极小评 1 分

（b）中等评 5 分

（c）极大评 9 分

评分标准		1	2	3	4	5	6	7	8	**9**
一胎	胸围/cm	173	178	181	184	188	191	194	197	**200**
	体重/kg	410	434	456	478	500	522	544	566	**590**
三胎	胸围/cm	181	184	188	191	194	197	200	203	**206**
	体重/kg	454	476	500	522	544	576	590	612	**635**
功能分		55	60	65	75	80	85	90	95	**100**
加权分		11	12	13	15	16	17	18	19	**20**

图 1-5 奶牛体躯大小评定

4. 描述性状——胸宽

胸宽是指奶牛胸底部两前肢之间的内裆宽度，该指标可以表现出奶牛个体是否具有高产能力和维持高产的持久力。胸部宽的个体相应的肋骨开张大、肺活量大、心力强，代谢能力强。

胸宽在 37cm 以上的个体为极宽个体，评 9 分；胸宽在 25cm 的个体，为中等个体，评 5 分；胸宽在 13cm 的个体，为极窄个体，评 1 分。具体评分如图 1-6 所示。

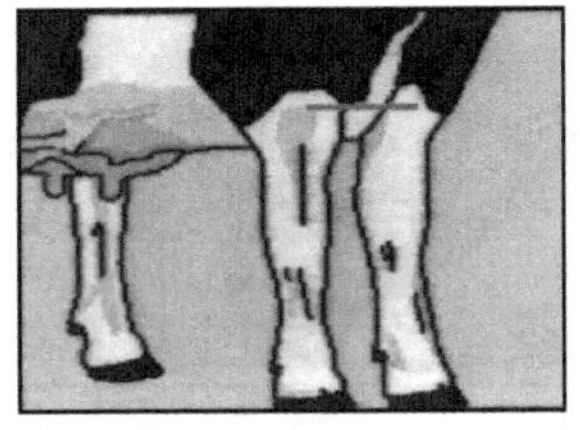
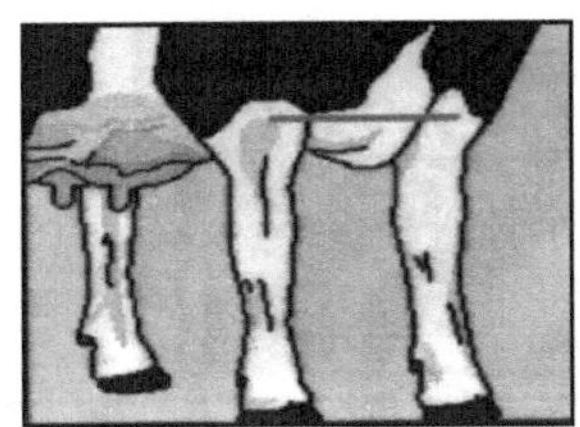
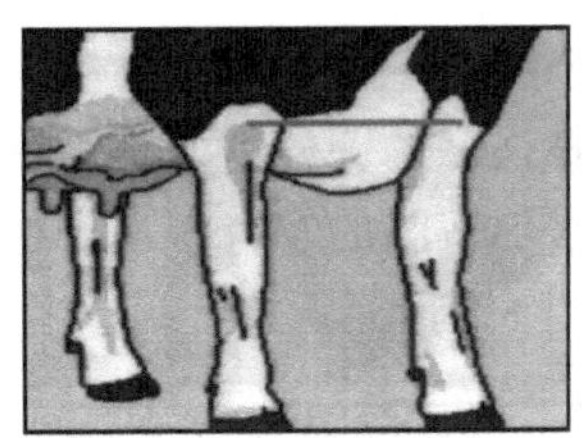
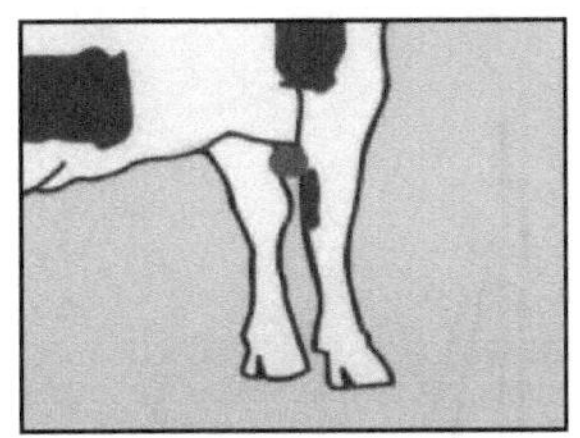
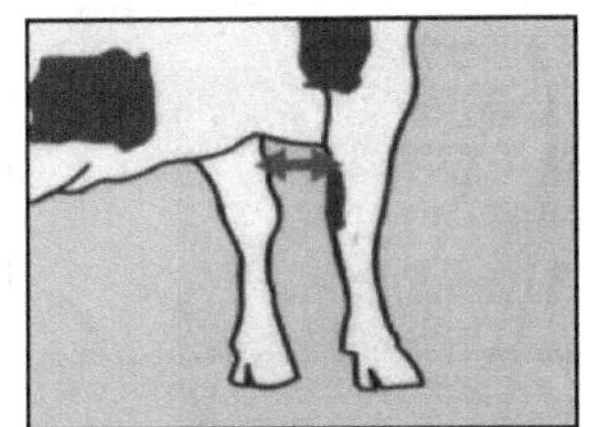
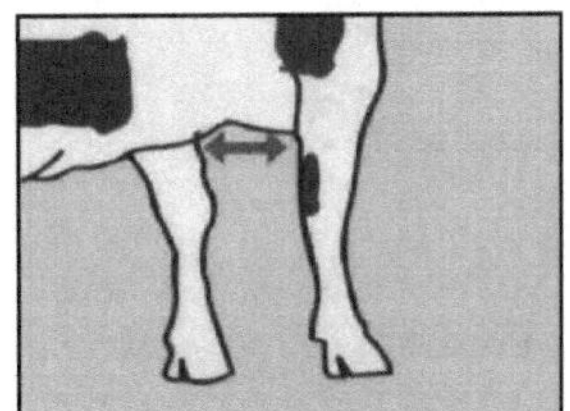

（a）极窄评 1 分　　（b）中等评 5 分　　（c）极宽评 9 分

评分	1	2	3	4	5	6	7	8	9
标准	极窄（13cm）		窄（19cm）		中等（25cm）		**宽（31cm）**		极宽（37cm）
功能分	55	60	65	70	75	80	**85**	90	95
加权分	15.95	17.4	18.85	20.3	21.75	23.2	**24.65**	26.14	27.55

图 1-6　奶牛胸宽评定（引自中华人民共和国国家质量监督检验检疫总局和中国国家标准化管理委员会，2018）

5. 描述性状——体深

对体深的评分是以奶牛体躯最后一根肋骨处，腹下沿的深度为评分基准。

如果腹下沿极深，呈下垂状态，评分 9 分；腹下沿深，但很紧凑，评 7 分，是比较理想的体深；中等评 5 分；腹深极浅，呈犬腹状态，评 1 分（实际测量中可参考腹底到飞节间的距离，距离越短体深越深）。具体评分如图 1-7 所示。

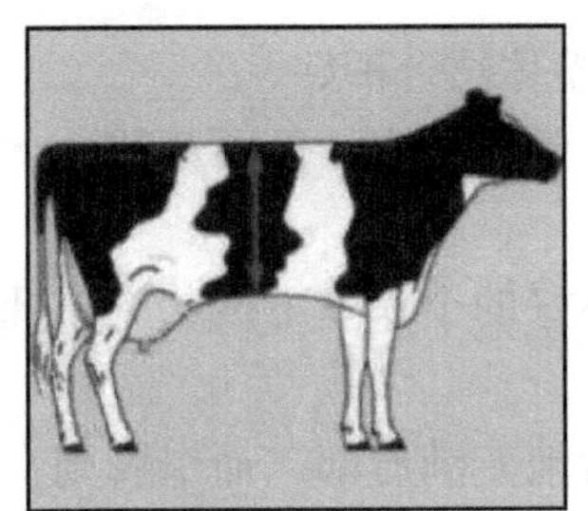
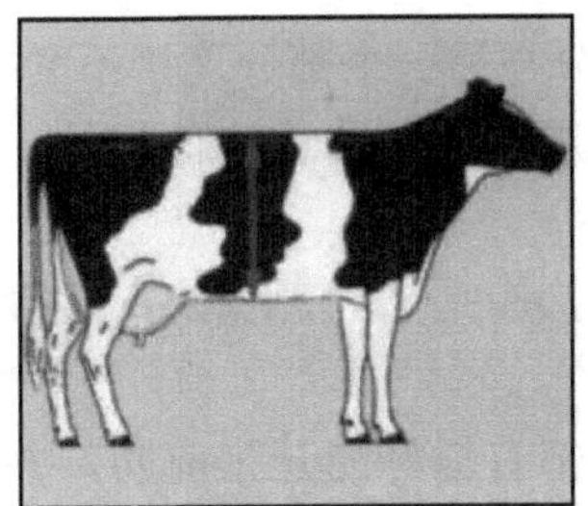

（a）极浅评 1 分　　（b）中等评 5 分　　（c）极深评 9 分

评分	1	2	3	4	5	6	7	8	9
标准	极浅		浅		中等		**深**		极深
功能分	56	64	68	75	80	90	**95**	90	85
加权分	11.2	12.8	13.6	15	16	18	**19**	18	17

图 1-7　奶牛体深评定（引自中华人民共和国国家质量监督检验检疫总局和中国国家标准化管理委员会，2018）

6. 描述性状——腰强度

腰强度主要是鉴定奶牛腰部的结实程度。腰部不结实的奶牛往往会出现子宫下沉，产道在体躯内向下方弯曲，影响产犊时胎儿的产出。同时，子宫内分泌物也不易排出，可引起生殖系统疾病，进而影响奶牛的配种受胎率。

腰强度的评分主要是观察被鉴定牛臀部（十字部）的荐椎至腰部第一腰椎之间的连接强度和腰部短肋的发育状态。极强的个体评9分；极弱的个体评1分；中等的评5分。具体评分如图1-8所示。

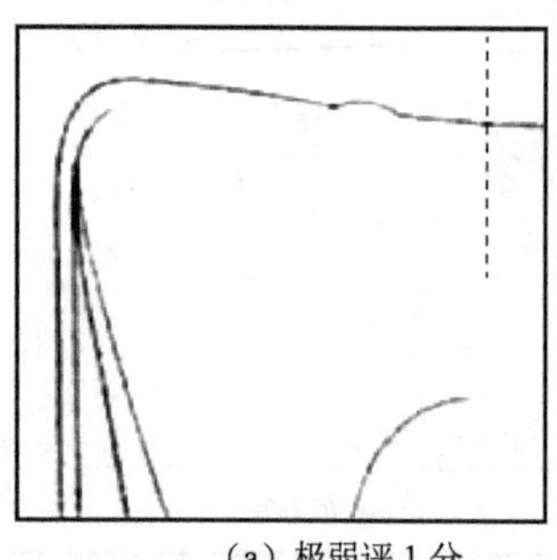
（a）极弱评1分

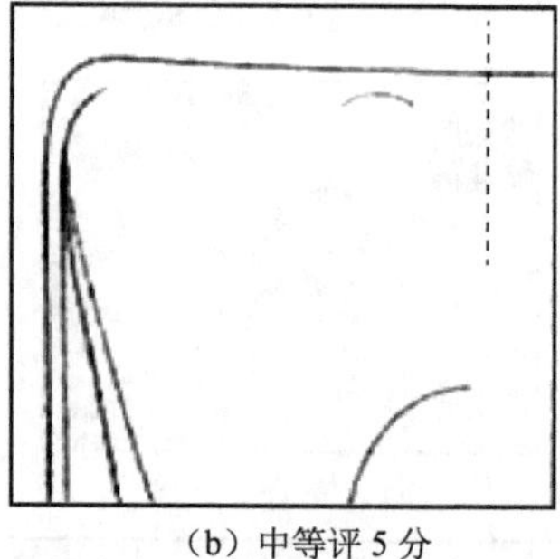
（b）中等评5分

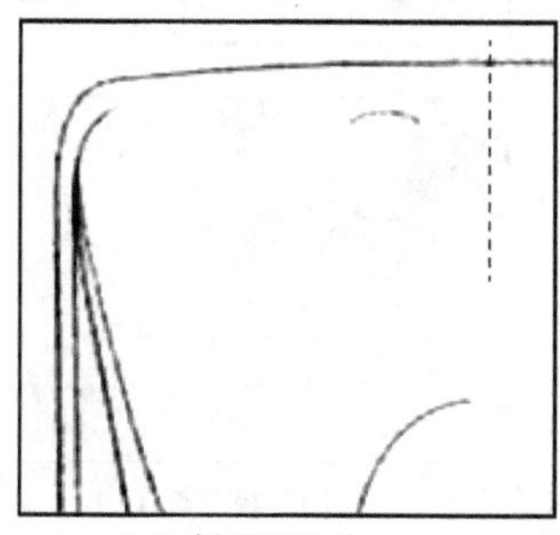
（c）极强评9分

评分	1	2	3	4	5	6	7	8	9
标准	极弱		弱		中等		强		**极强**
功能分	55	60	65	70	75	80	85	90	**95**
加权分	4.4	4.8	5.2	5.6	6	6.4	6.8	7.2	**7.6**

图1-8 奶牛腰强度评定（引自中华人民共和国国家质量监督检验检疫总局和中国国家标准化管理委员会，2018）

结构与容量部分共9个缺陷性状。缺陷性状（一般和严重）有以下几种。

1）面部歪。弯曲的下颌、扭曲的鼻梁骨，影响咀嚼和呼吸。

2）头部不理想。缺少品种特征，如头短、口笼窄、两眼太近或太远。

3）双肩峰。指耆甲和肩后相连成凹形。

4）背腰不平。

5）整体结合不匀称。一个部分与另一个部分连接不紧凑，整体结合不好。

6）肋骨不开张。从牛的后面观察，其肋骨应该呈长、平、弧形开张，而不开张个体无弧形态。

7）凹腰。腰椎骨和髋骨的连接应是高的，宽的。连接点不好的个体呈下凹状态，此缺陷应与腰强度的评分区别。

8）窄胸。胸应大而深，在肘部有很好的开张前肋，并平滑地充满肩部。而窄胸则在肘部很窄。

9）体弱。

（二）尻部

2个描述性状，占牛只体型总评分的10%。

得分数=加权分之和−缺陷分之和

1. 描述性状——尻角度

对尻角度的评分应从母牛的侧面观察从腰角到臀部的坐骨结节端的倾斜角度。腰角高于坐骨结节端8cm，其尻角度为倾斜，评9分；腰角高于坐骨结节端4cm，其尻角度属于理想角度，评5分；若腰角低于坐骨结节端5cm，为极逆斜，评1分。具体评分如图1-9所示。

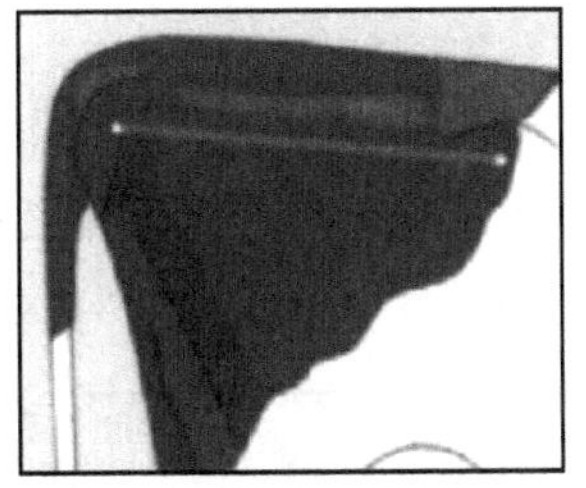
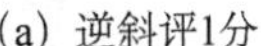
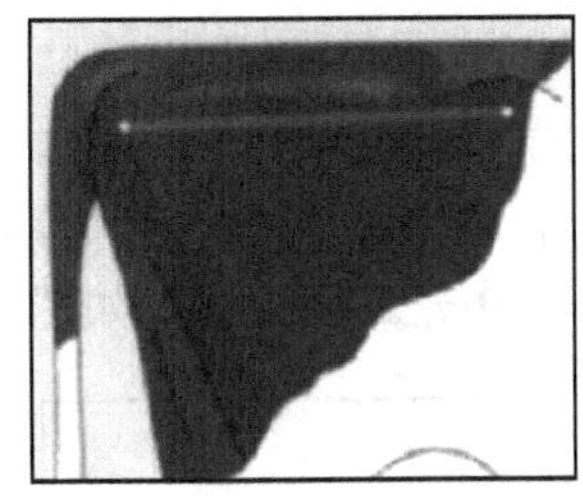
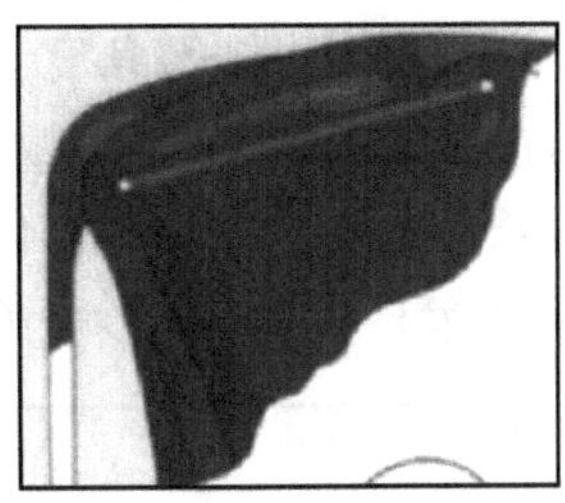

（a）逆斜评1分　　（b）理想评5分　　（c）极斜评9分

评分	1	2	3	4	5	6	7	8	9
标准	−5cm 腰角低	−3cm	−1cm	平	**+4cm**	+5cm	+6cm	+7cm	+8cm 腰角高
功能分	55	62	70	80	**90**	80	75	70	65
加权分	19.8	22.32	25.2	28.8	**32.4**	28.8	27	25.2	23.4

图 1-9　奶牛尻角度评定（引自中华人民共和国国家质量监督检验检疫总局和中国国家标准化管理委员会，2018）

适当的尻角度有利于母牛生殖道中分泌物和产后恶露的排出，无论是逆斜或极斜的状态，均对生殖道内分泌物的排除有影响，可直接影响奶牛的繁殖率。

2. 描述性状——尻宽

尻宽指奶牛臀端两坐骨结节的宽度，该性状直接关系到母牛产犊的难易，尻越宽的母牛产犊越容易。两坐骨结节间宽 10cm，为极窄个体，评 1 分，每增加 2cm 提高 1 分；18cm 为中等，评 5 分；26cm 为极宽个体，评 9 分。具体评分如图 1-10 所示。

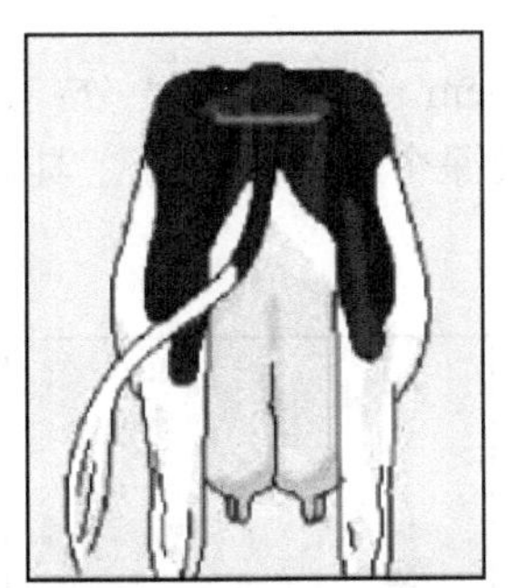
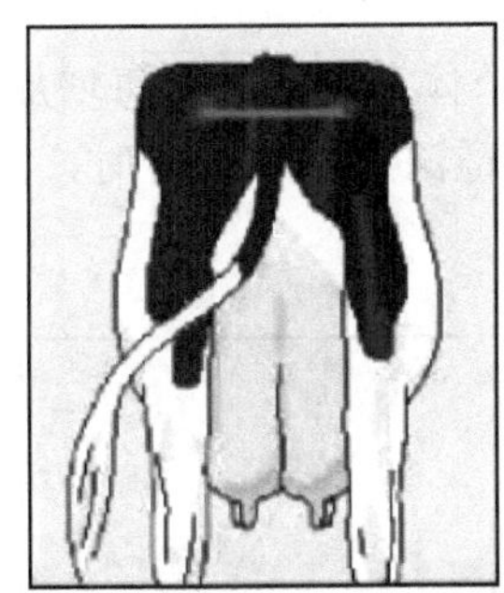
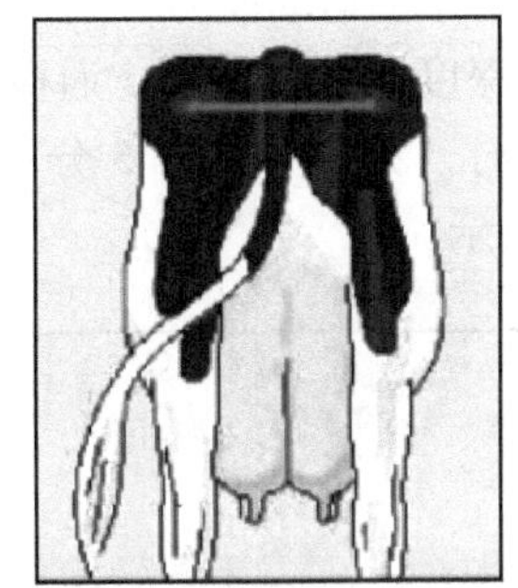

（a）极窄评1分　　（b）中等评5分　　（c）极宽评9分

评分	1	2	3	4	5	6	7	8	9
标准/cm	10	12	14	16	18	20	22	24	**26**
功能分	55	60	65	70	75	79	82	90	**95**
加权分	23.1	25.2	27.3	29.4	31.5	33.18	34.44	37.8	**39.9**

图 1-10　奶牛尻宽评定（引自中华人民共和国国家质量监督检验检疫总局和中国国家标准化管理委员会，2018）

（三）肢蹄

5 个描述性状，占牛只体型总评分的 20%。

得分数=加权分之和−缺陷分之和

1. 描述性状——蹄角度

蹄角度指后蹄外侧前蹄壁与地面所形成的夹角。与地面夹角小的牛，蹄冠薄，进而使蹄壁变得长而平展，需要经常修蹄，很容易引起蹄损伤、蹄变形和蹄病，其蹄角度很小，即15°，评1分；45°，评5分；65°，评9分。具体评分如图1-11所示。

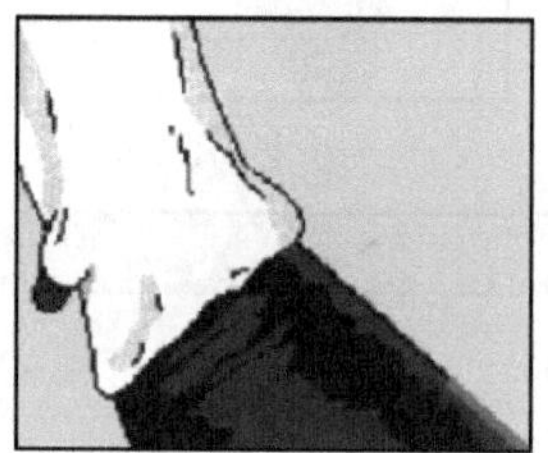
(a) 极低评1分

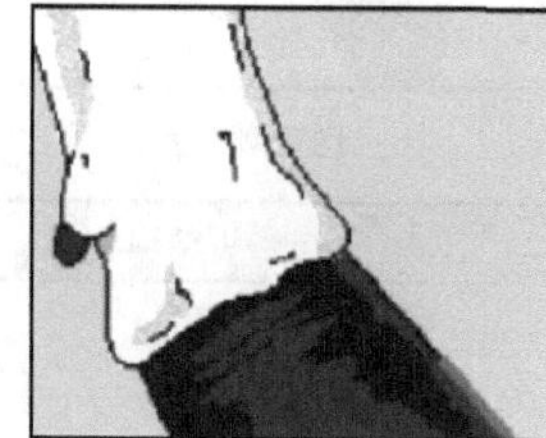
(b) 中等评5分

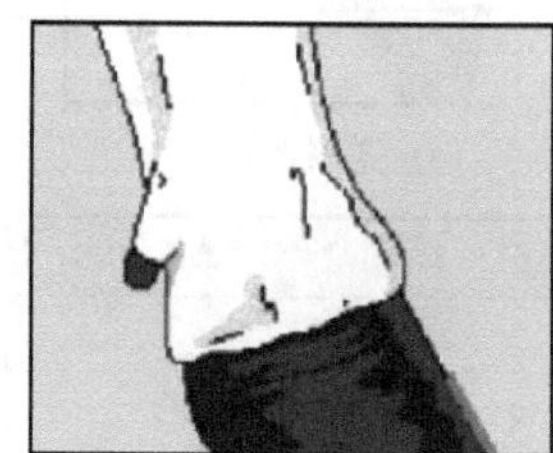
(c) 极陡评9分

评分	1	2	3	4	5	6	7	8	9
标准	15°	25°	35°	40°	45°	50°	**55°**	60°	65°
功能分	56	64	70	76	81	90	**100**	95	85
加权分	11.2	12.8	14	15.2	16.2	18	**20**	19	17

图1-11　奶牛蹄角度评定（引自中华人民共和国国家质量监督检验检疫总局和中国国家标准化管理委员会，2018）

2. 描述性状——蹄踵深度

蹄踵深度指牛只的后蹄踵上沿与地面之间的相对高度，该性状直接关系到奶牛的蹄健康，影响奶牛的运动能力。

蹄踵深度在0.5cm时，为极浅个体，评1分，每增加0.5cm，评分增加1分；蹄踵深度在2.5cm时，为中等，评5分；蹄踵深度在4.5cm时，为极深个体，评9分。具体评分如图1-12所示。

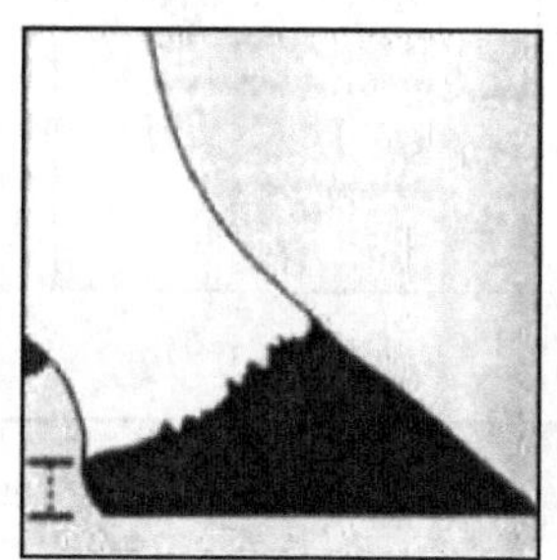
(a) 极浅评1分

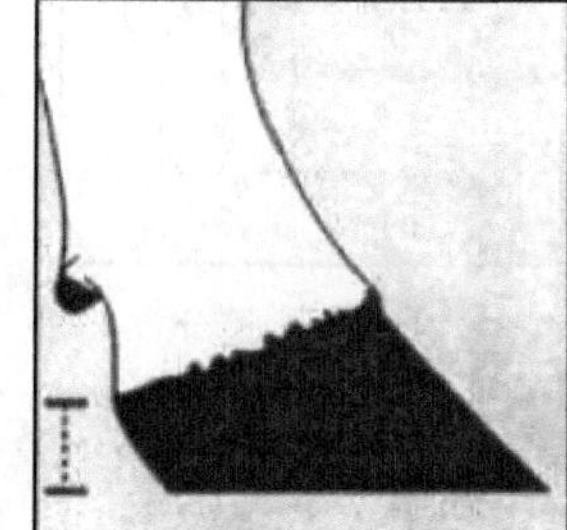
(b) 中等评5分

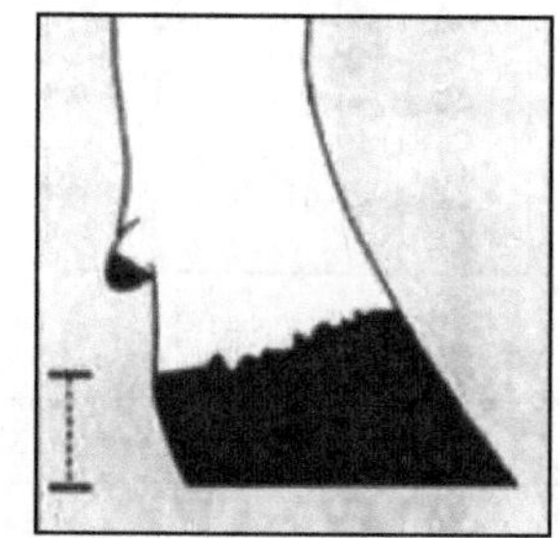
(c) 极深评9分

评分	1	2	3	4	5	6	7	8	**9**
蹄踵深度标准/cm	0.5		1.5		2.5		3.5	4	**4.5**
功能分	57	64	69	75	80	85	90	95	**100**
加权分	11.4	12.8	13.8	15	16	17	18	19	**20**

图1-12　奶牛蹄踵深度评定（引自中华人民共和国国家质量监督检验检疫总局和中国国家标准化管理委员会，2018）

3. 描述性状——骨质地

骨质地的优、劣关系到奶牛的耐久力和灵活性。对骨质地的评分主要是观察奶牛后肢骨骼的细致程度与结实程度。后肢骨骼极粗、圆、疏松，其活动的灵活性和后肢的耐久性比较差，无力量，评 1 分。后肢骨骼极宽、扁平、细致，手握成卵圆形，其活动性灵活，耐久性好，结实有力，评 9 分；中等者评 5 分。具体评分如图 1-13 所示。

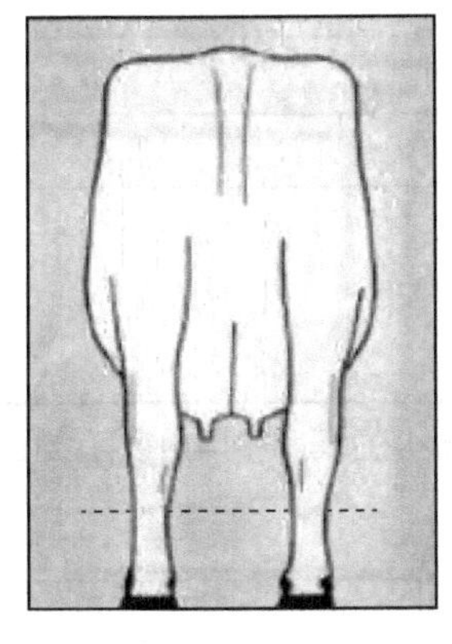

(a) 极粗圆评1分

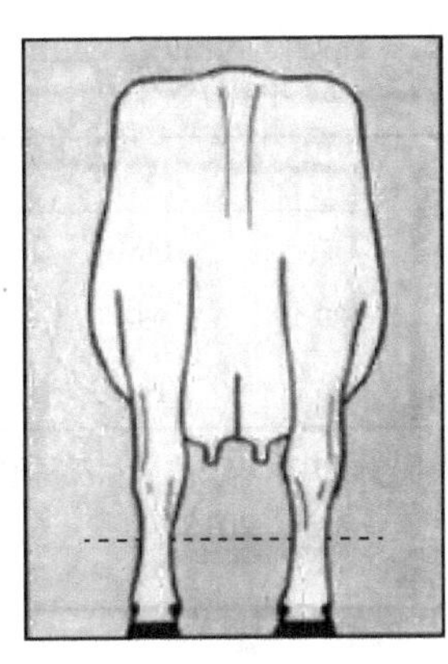

(b) 中等评5分

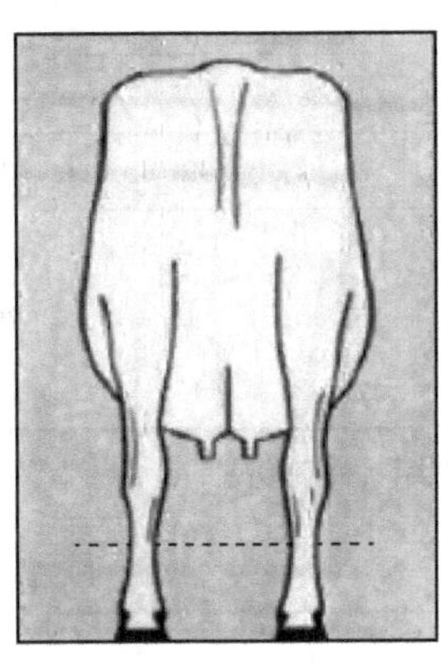

(c) 极细评9分

评分	1	2	3	4	5	6	7	8	**9**
标准	极粗、圆、疏松				中等				**极宽、扁平、细致**
功能分	57	64	69	75	80	85	90	95	**100**
加权分	11.4	12.8	13.8	15	16	17	18	19	**20**

图 1-13　奶牛骨质地评定（引自中华人民共和国国家质量监督检验检疫总局和中国国家标准化管理委员会，2018）

4. 描述性状——后肢侧视

鉴定本性状时，鉴定员应该从侧面观察奶牛后肢飞节处的弯曲程度。

腿越直，弯曲程度越小，评分越低。飞节角度大于 145°时，即为直飞，飞节呈 165°时，为极直个体，评 1 分；飞节角度小于 145°时，即为曲飞，飞节角度呈 125°时，即为极曲个体，评 9 分；飞节角度为 145°时为中等程度，评 5 分。具体评分如图 1-14。

后肢侧视的弯与直，与其饲养的环境相关。直更适于硬化地面，有更好的支撑力；弯更适于草场，有更好的缓冲作用。

5. 描述性状——后肢后视

本性状是与肢蹄的耐久力有关的性状。站立姿势端正的奶牛，其蹄底部磨损比较均匀，内蹄和外蹄比较均匀。对本性状的评分，需要鉴定员站到奶牛后部，观察其后肢站立姿势、两飞节间的距离和弯曲状况。

两飞节间的距离很宽，两后肢呈平行状态站立的牛只，不仅其肢蹄耐久力好，且蹄部磨损均匀，蹄病发病率低，而且，两后裆之间空间比较大，为具有一个宽大的后乳房提供足够的空间，因而最理想，评 9 分。具体评分如图 1-15 所示。

两飞节内向、后肢 X 状的牛只，肢蹄持久力差，内、外蹄磨损很不均匀，容易蹄变形，蹄发病率高，后裆窄，后乳房被后裆夹得很紧，造成乳房排汗差，行走摩擦，易使乳房皮肤损伤，发生溃疡。

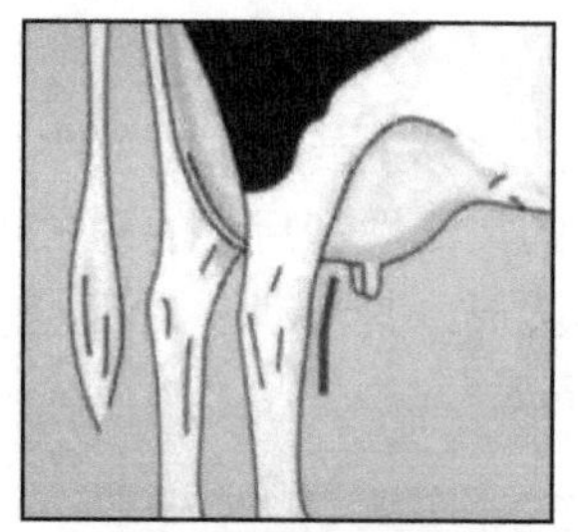

(a) 极直评 1 分

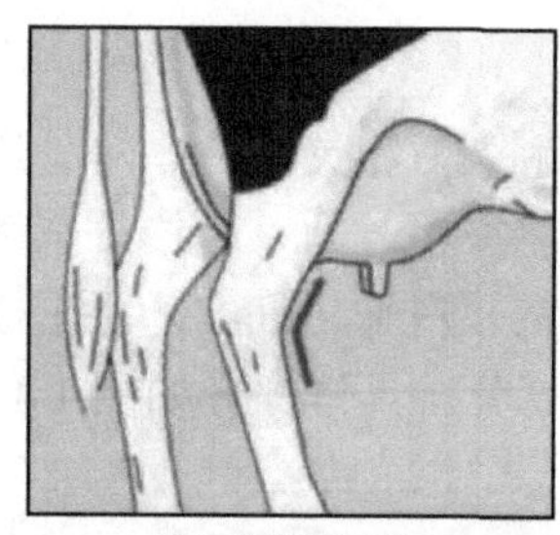
(b) 中等评 5 分

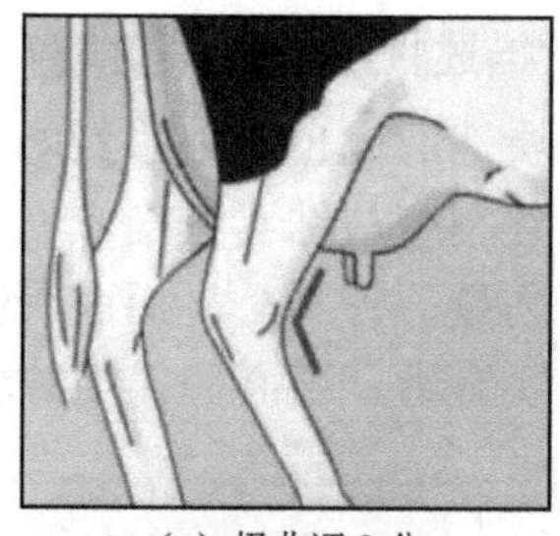
(c) 极曲评 9 分

评分	1	2	3	4	5	6	7	8	9
标准	165		155		**145**		135		125
功能分	55	64	75	80	**95**	80	75	65	55
加权分	11	13	15	16	**19**	16	15	13	11

图 1-14 奶牛后肢侧视评定（引自中华人民共和国国家质量监督检验检疫总局和中国国家标准化管理委员会，2018）

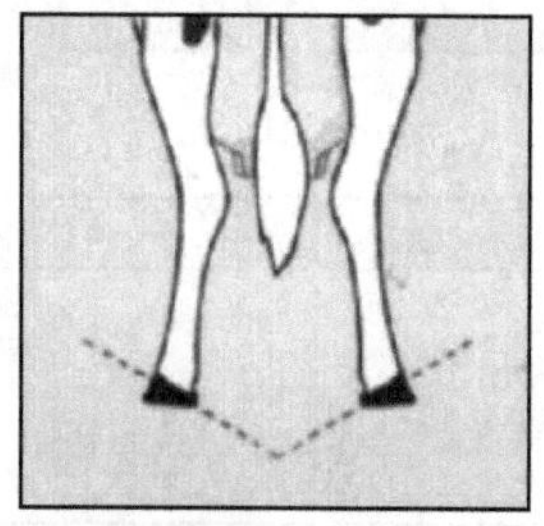
(a) 极X形评1分

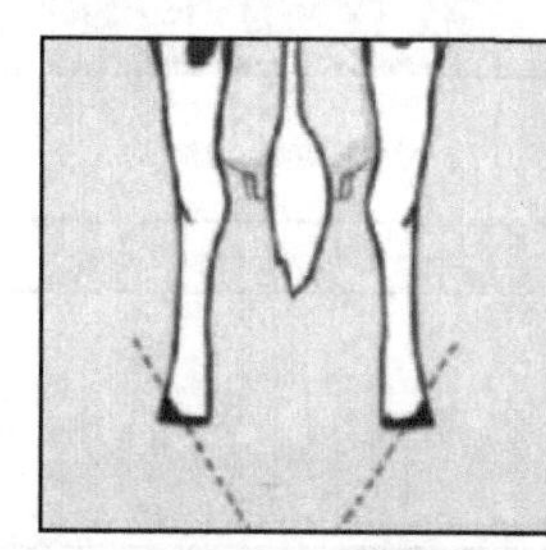
(b) 中等评5分

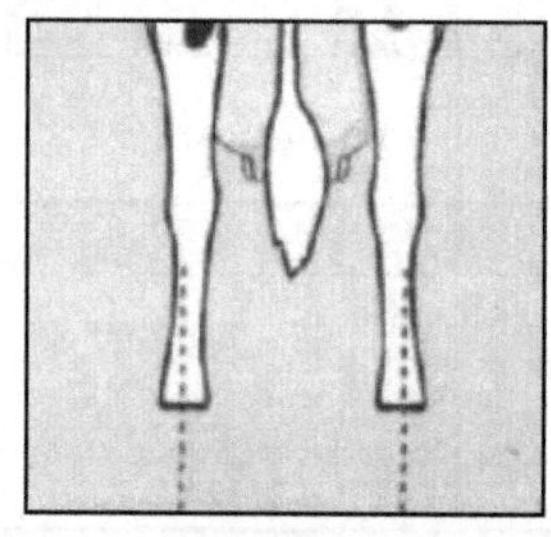
(c) 极平行评9分

评分	1	2	3	4	5	6	7	8	9
标准	飞节内向、后肢 X 状				中等				**飞节间宽后肢平行**
功能分	57	64	69	74	78	81	85	90	**100**
加权分	11.4	12.8	13.8	14.8	15.6	16.2	17	18	**20**

图 1-15 奶牛后肢后视评定（引自中华人民共和国国家质量监督检验检疫总局和中国国家标准化管理委员会，2018）

（四）泌乳系统

8 个描述性状，占牛只体型总评分的 40%。

1. 乳房深度

乳房深度是指乳房底部到飞节的距离，若乳房是倾斜状态，以乳房底部最低点到飞节的距离为准。对于第一胎母牛，其乳房底部距飞节 12cm 为理想，评 5 分；若与飞节平行，为极深，评 1 分；距飞节 18cm，为极浅，容积最小，评 8～9 分。对于三胎以上牛只，乳房底部到飞节 5cm，为理想状态，距飞节 12cm，则其容积小，为很浅，评 8 分；与飞节平行，评 4 分；低于飞节，则其乳房深度为较深和极深，评 1 分。具体评分如图 1-16 所示。

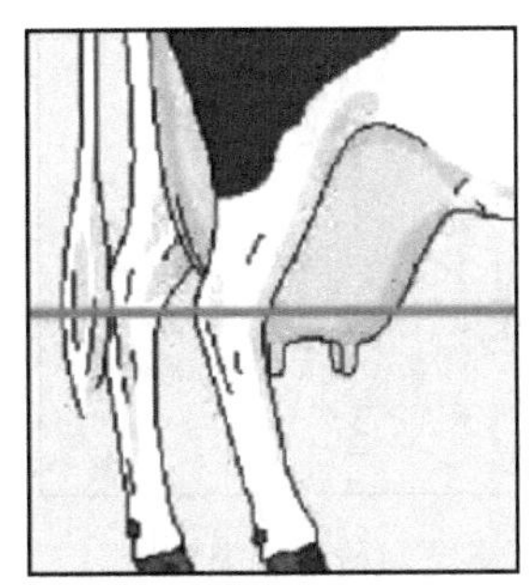
(a) 极深评1分

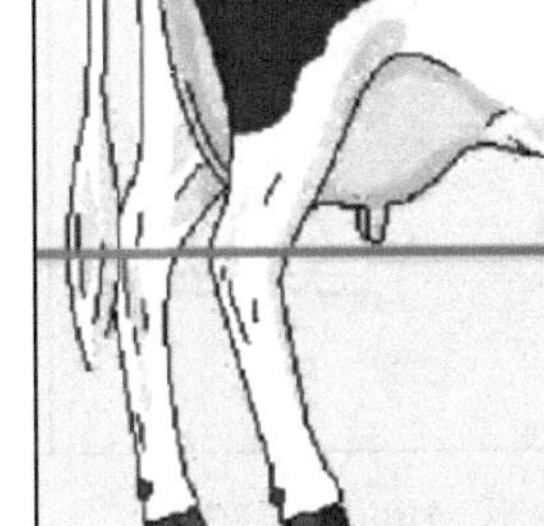
(b) 中等评5分

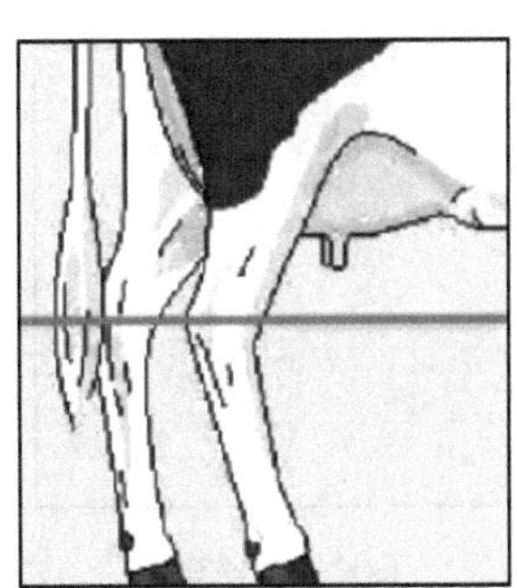
(c) 极浅评9分

评分	1	2	3	4	**5**	6	7	8	9
标准	0cm	3cm	6cm	9cm	**12cm**	14cm	16cm	18cm	20cm
功能分	55	65	75	85	**95**	85	75	65	55
加权分	13.75	16.25	18.75	21.25	**23.75**	21.25	18.75	16.25	13.75

图 1-16　奶牛乳房深度评定（引自中华人民共和国国家质量监督检验检疫总局和中国国家标准化管理委员会，2018）

2. 中央悬韧带

中央悬韧带也叫乳房中隔，中央悬韧带极强的个体明显把乳房分为 4 个区，乳中沟明显很深，可达 6～7cm，从乳房的后部看，后乳房也有明显的乳沟直达后乳房上端，把后乳房分为左右两个部分，评 8～9 分；乳沟成类似直角，深 3cm，评 5 分；无乳中沟，评 1 分。具体评分如图 1-17 所示。

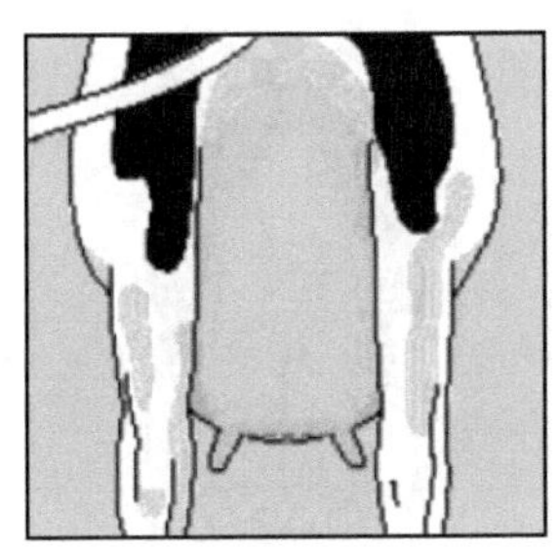
(a) 极弱评1分

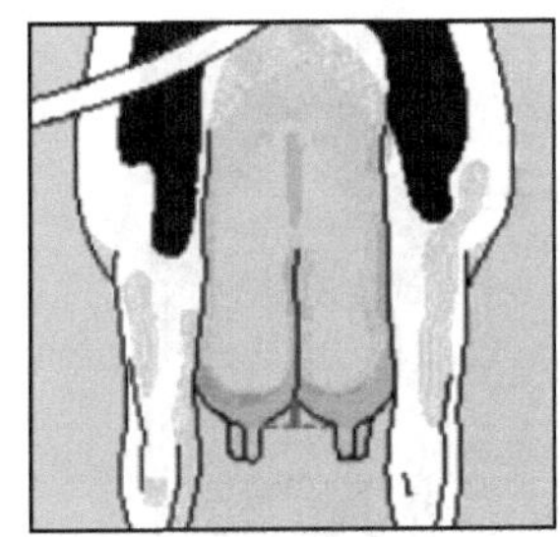
(b) 中等评5分

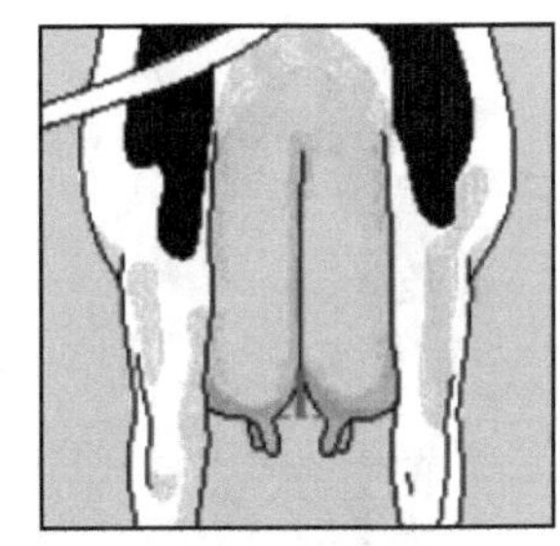
(c) 极强评9分

评分	1	2	3	4	5	6	7	8	**9**
标准	极弱	0cm	1cm	2cm	3cm	4cm	5cm	6cm	**7cm**
功能分	55	60	65	70	75	80	85	90	**95**
加权分	13.75	15	16.25	17.5	18.75	20	21.25	22.5	**23.75**

图 1-17　奶牛中央悬韧带评定（引自中华人民共和国国家质量监督检验检疫总局和中国国家标准化管理委员会，2018）

3. 前乳房附着

前乳房附着决定前乳房的悬重能力和可能引起的损伤，评分从侧面观察，借助触摸，附着很强的个体，手很难伸入乳房的基部，而附着极弱的个体，手几乎无阻力，很容易伸入腹壁与前乳房之间。极强的个体，评 9 分；极弱的个体，评 1 分；中等，评 5 分。具体评分如图 1-18 所示。

实际生产中站在牛侧面，横向推乳房，感受摆动幅度，幅度小表明前乳房附着强，反之表明前乳房附着弱。

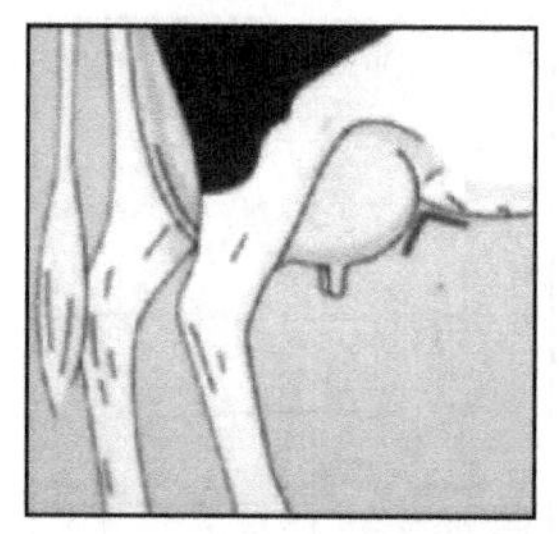
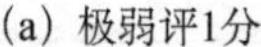

(a) 极弱评1分

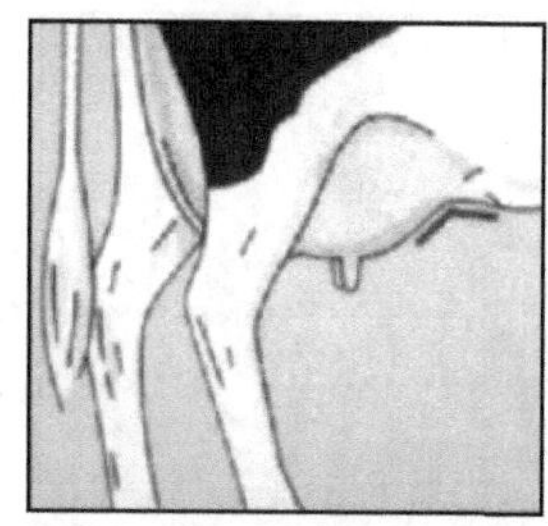

(b) 中等评5分

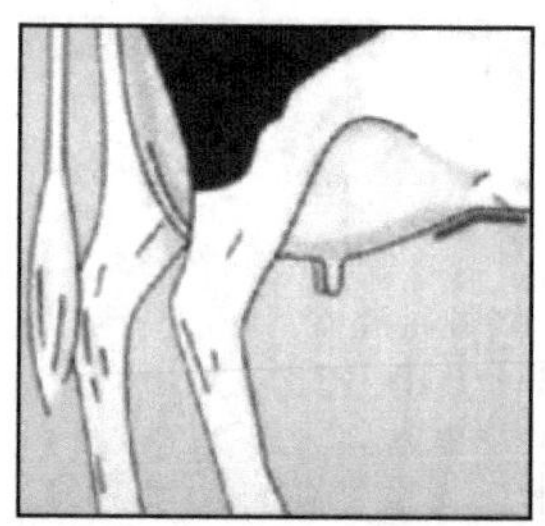

(c) 极强评9分

评分	1	2	3	4	5	6	7	8	**9**
标准	极弱		弱		中等		强		**极强**
功能分	55	60	65	70	75	80	85	90	**95**
加权分	24.75	27	29.25	31.5	33.75	36	38.25	40.25	**42.75**

图 1-18 奶牛前乳房附着评定（引自中华人民共和国国家质量监督检验检疫总局和中国国家标准化管理委员会，2018）

4. 前乳头位置

乳头位置直接关系到挤乳的难易，无论是人工挤乳还是机械挤乳，乳头的位置极外和极内，均给挤乳带来困难，乳头极外的个体，易造成乳头损伤。乳头极内，评 9 分；极外的个体，评 1 分；理想，评 6 分。具体评分如图 1-19 所示。

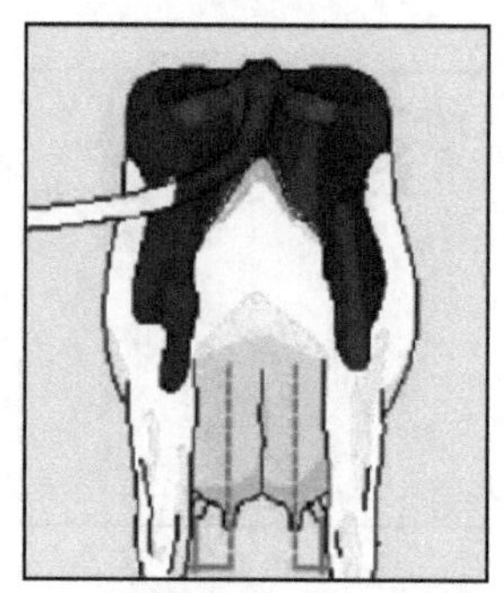

(a) 极外侧评1分

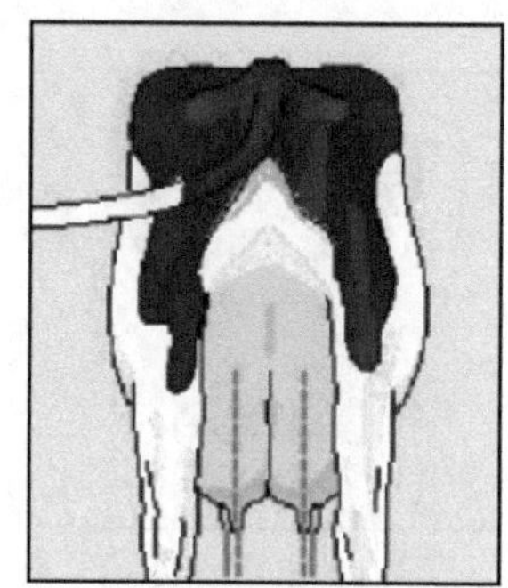

(b) 中等评5分

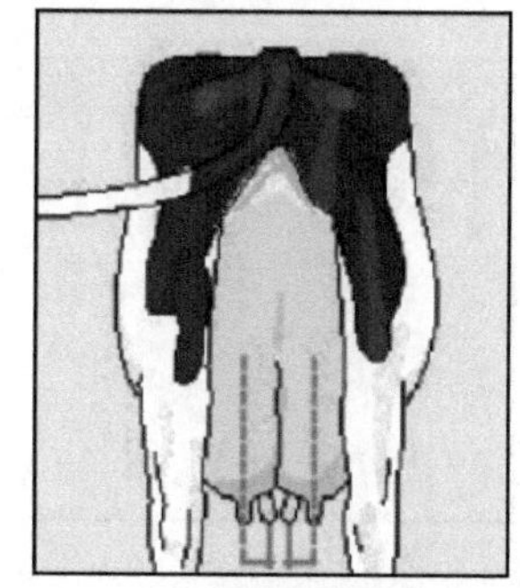

(c) 极内侧评9分

评分	1	2	3	4	5	**6**	7	8	9
标准	极外		偏外		中间	**理想**	偏内		极内
功能分	57	65	75	80	85	**90**	85	80	75
加权分	11.4	13	15	16	17	**18**	17	16	15

图 1-19 奶牛前乳头位置评定（引自中华人民共和国国家质量监督检验检疫总局和中国国家标准化管理委员会，2018）

两个乳头平行且垂直于地面为理想状态，有助于提高挤乳效率。

5. 乳头长度

乳头长度为 5cm，无论是人工挤乳还是机械挤乳，都比较好，评 5 分；乳头长度达 10cm，评 9 分；极短的 2.5cm，评 1 分。具体评分如图 1-20 所示。

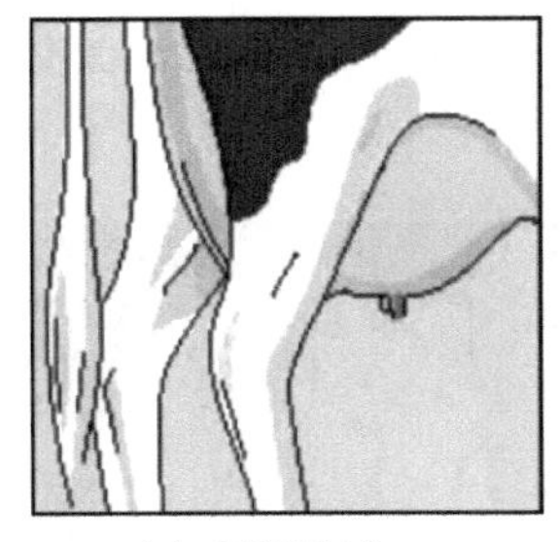
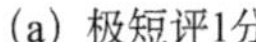

(a) 极短评1分

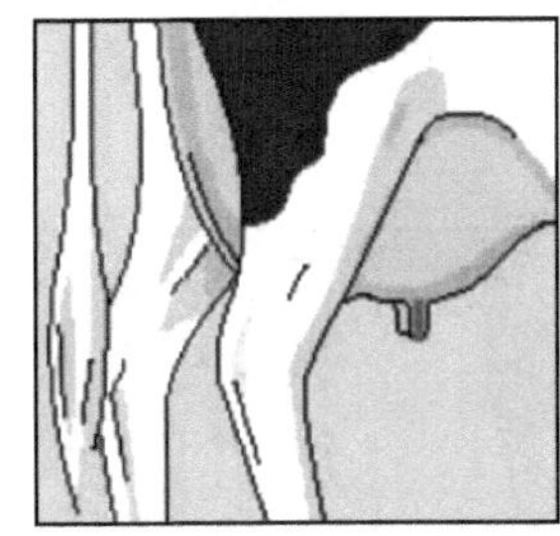

(b) 中等评5分

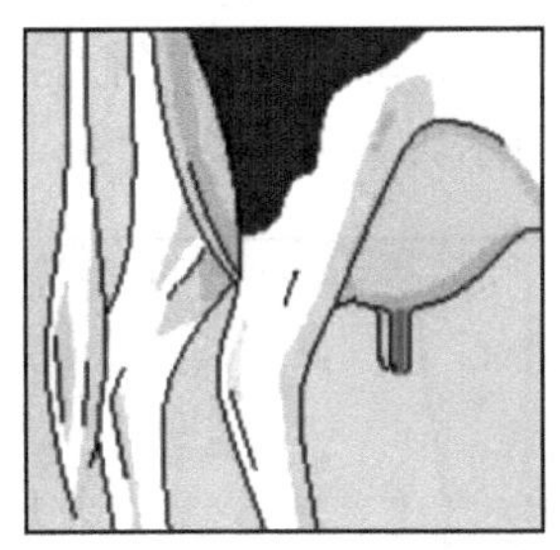

(c) 极长评9分

评分	1	2	3	4	**5**	6	7	8	9
标准/cm	2.5		4		**5**		7.5		10
功能分	55	60	65	75	**80**	75	70	65	55
加权分	2.75	3	3.25	3.75	**4.5**	3.75	3.5	3.25	2.75

图 1-20 奶牛乳头长度评定（引自中华人民共和国国家质量监督检验检疫总局和中国国家标准化管理委员会，2018）

6. 后乳房附着高度

后乳房附着的高度指后乳房腺体组织上缘与阴门基底部之间的距离，是乳房容量的重要指标。距离越近，说明乳房发育越好，距离小于 16cm，评 9 分；距离在 24cm 为中等，评 5 分；距离大于 32cm 时，评 1 分，具体评分如图 1-21 所示。

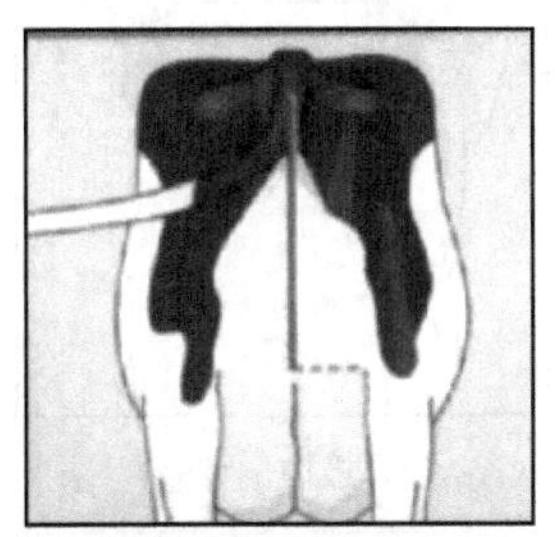

(a) 极低评1分

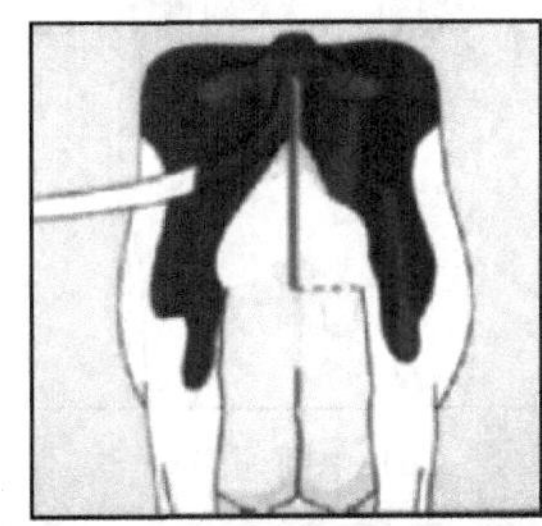

(b) 中等评5分

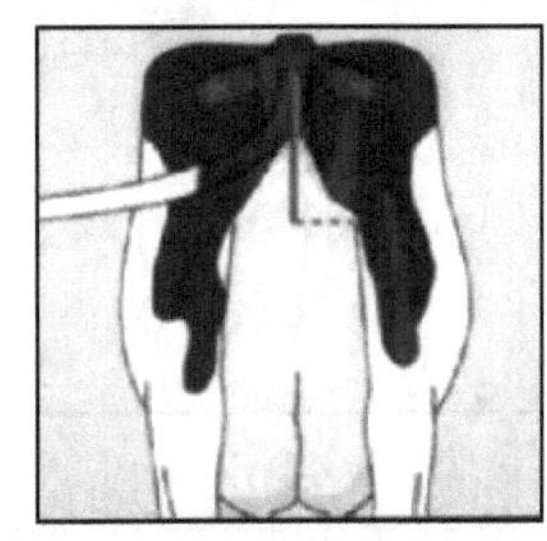

(c) 极高评9分

评分	1	2	3	4	5	6	7	8	**9**
标准/cm	32		28		24		20		**15**
功能分	58	65	68	70	75	80	85	90	**95**
加权分	13.34	14.95	15.64	16.1	17.25	18.4	19.55	20.7	**21.85**

图 1-21 奶牛后乳房附着高度评定（引自中华人民共和国国家质量监督检验检疫总局和中国国家标准化管理委员会，2018）

乳房的高度与宽度决定着乳房的容量，容量大潜在的生产能力强。

7. 后乳房附着宽度

后乳房的宽度是指后乳房腺体组织的上缘在奶牛后裆之间的附着宽度，是乳房容量的重要指标。附着宽度在 23cm，为极宽，评 9 分；宽度在 15cm，为中等，评 5 分；宽度在 7cm，为极窄，评 1 分。具体评分如图 1-22 所示。

8. 后乳头位置

后乳头位置的评分与前乳头的位置评分基本一致，前乳头最佳评分 6 分，而后乳头最佳评分为 5 分。两个乳头平行且垂直于地面为理想状态，有助于提高挤乳效率。具体评分如图 1-23 所示。

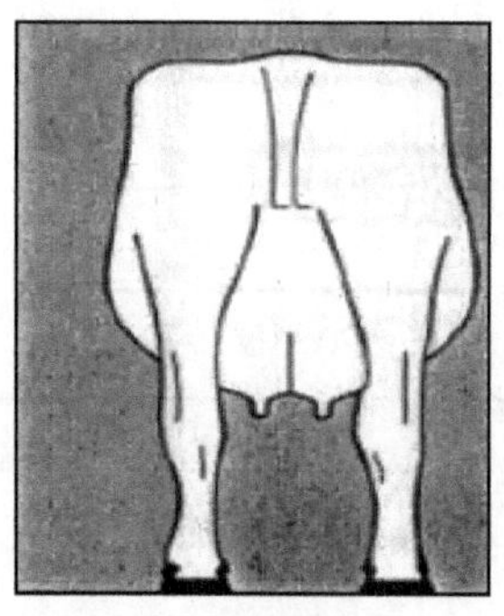
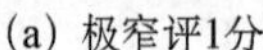

(a) 极窄评1分

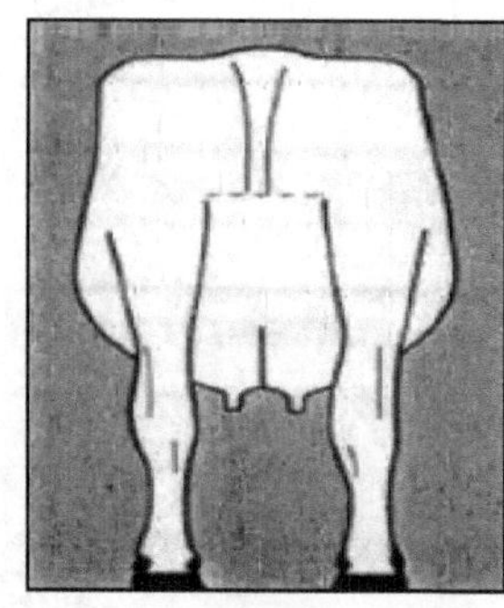

(b) 中等评5分

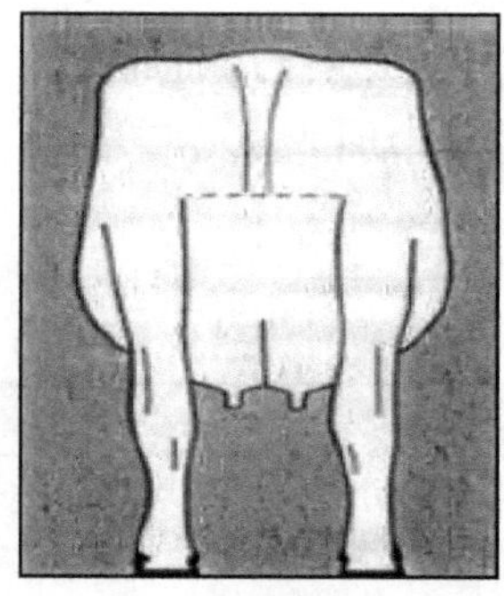

(c) 极宽评9分

评分	1	2	3	4	5	6	7	8	**9**
标准/cm	7		11		15		19		**23**
功能分	58	65	68	70	75	80	85	90	**95**
加权分	13.34	14.95	15.64	16.1	17.25	18.4	19.55	20.7	**21.85**

图 1-22 奶牛后乳房附着宽度评定（引自中华人民共和国国家质量监督检验检疫总局和中国国家标准化管理委员会，2018）

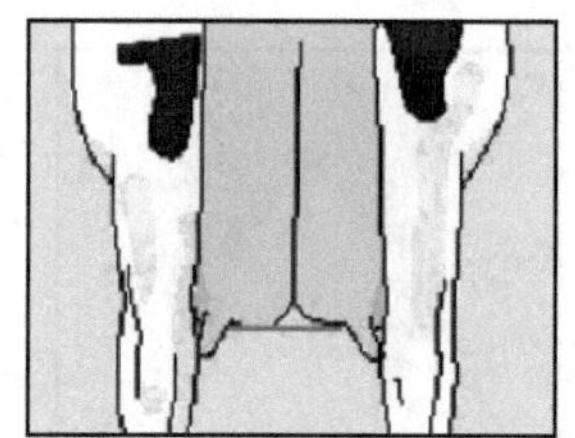

(a) 极外侧评1分

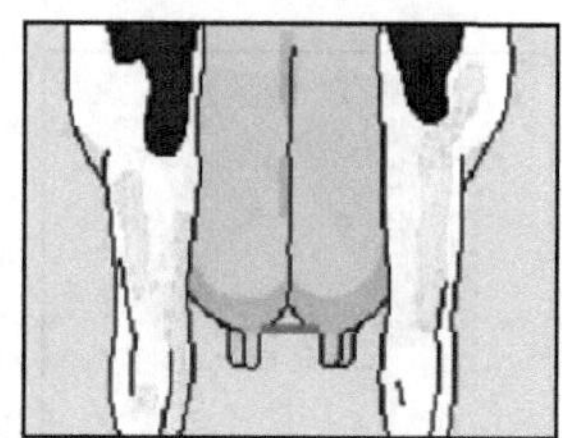

(b) 中间评5分

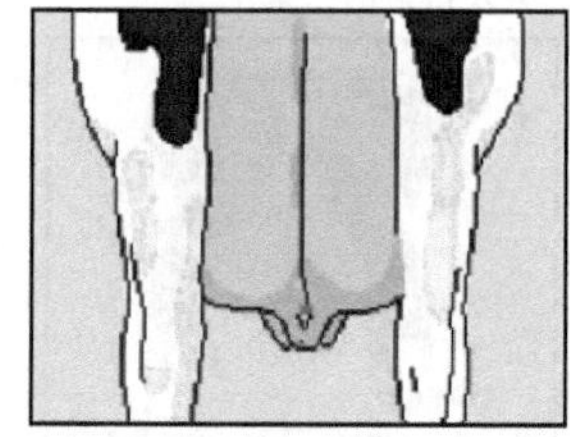

(c) 极内侧评9分

评分	1	2	3	4	**5**	6	7	8	9
标准	极外		偏外		**中间**		偏内		极内
功能分	55	60	65	75	**90**	75	70	65	55
加权分	7.7	8.4	9.1	10.5	**12.6**	10.5	9.8	9.1	7.7

图 1-23 奶牛后乳头位置评定（引自中华人民共和国国家质量监督检验检疫总局和中国国家标准化管理委员会，2018）

（五）乳用特征

1 个描述性状，占牛只体型总评分的 12%。

棱角性是一个十分重要的性状，与产奶量的相关系数高达 0.6，是奶牛泌乳能力的一个指示指标。对棱角性的评分主要观察奶牛整体乳用特点是否明显，背部、侧面和正面三个三角形是否明显，骨骼轮廓是否明显，体型是否清秀、结实，肋骨的开张程度和其间距的大小、尾巴的粗细、股部大腿肌肉丰满和凹凸的程度，以及颈长、耆甲棘突的高低、皮肤的薄厚等。三个三角形极明显，整体匀称的牛评 9 分，中等评 5 分，极差的牛评 1 分。具体评分如图 1-24 所示。

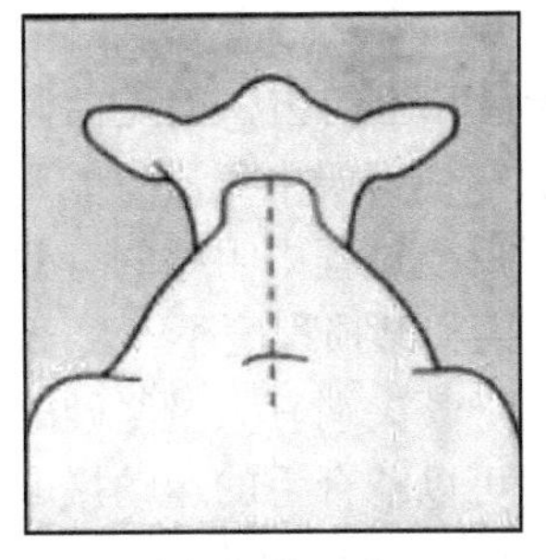
(a) 极差评1分

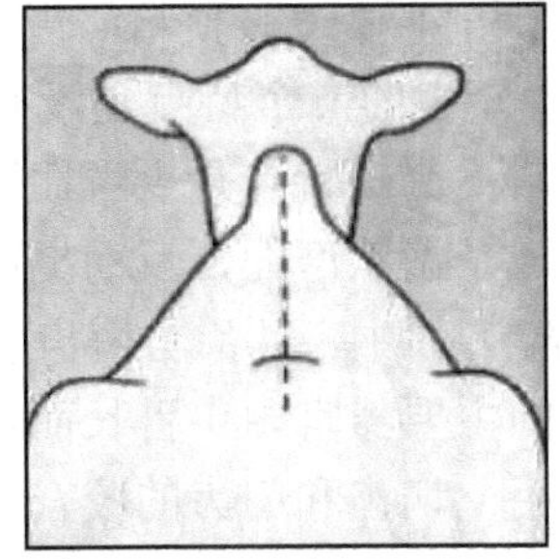
(b) 中等评5分

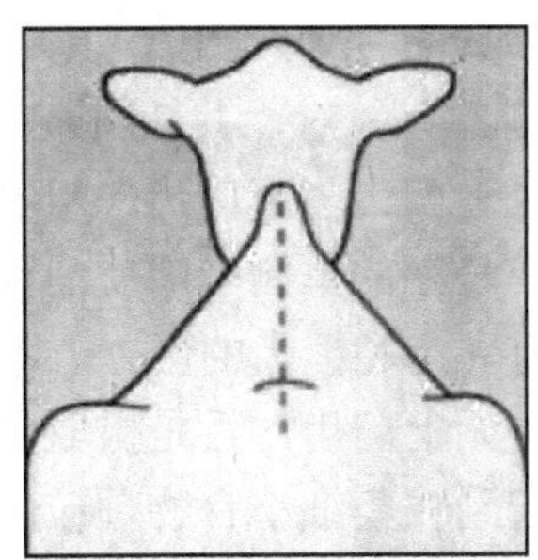
(c) 极明显评9分

评分	1	2	3	4	5	6	7	8	9
标准	极差		差		中等		明显		**极明显**
功能分	57	64	69	74	78	81	85	90	**95**
加权分	34.2	38.4	41.4	44.4	46.8	48.6	51	54	**57**

图 1-24　奶牛乳用特征评定（引自中华人民共和国国家质量监督检验检疫总局和中国国家标准化管理委员会，2018）

第二节　奶牛的消化生理

一、奶牛的消化器官

奶牛的消化道起于口腔（唇、舌和牙齿），经咽、食管、胃（瘤胃、网胃、瓣胃和皱胃）、小肠、大肠，止于肛门。附属的消化器官主要有唾液腺、肝脏、胰腺、胃腺和肠腺（图 1-25）。

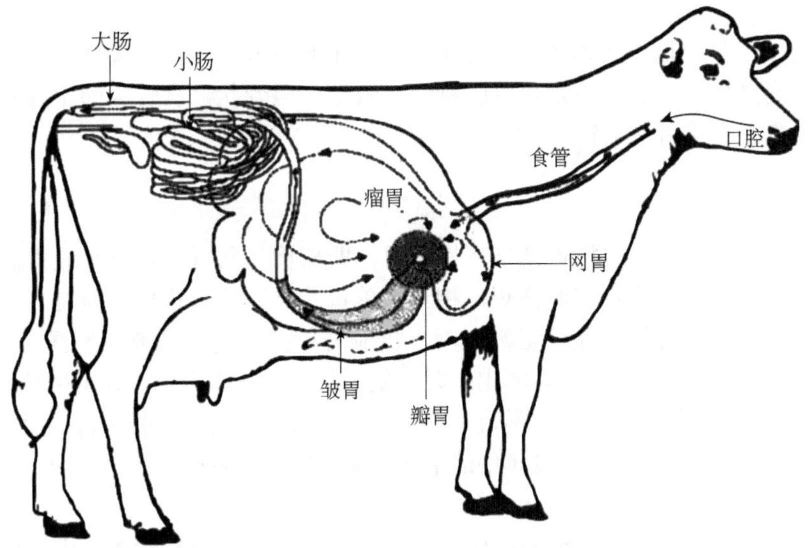

图 1-25　奶牛消化道结构示意图（引自侯俊财和杨丽杰，2010）

（一）口腔

牛口腔的唇、舌和牙齿是主要的摄食器官。

奶牛共有32枚牙齿，其中门牙齿4对（上颚无门齿），共8枚。臼齿分前臼齿和后臼齿，每侧各有3对，共24枚。奶牛牙齿的一个特点是没有犬齿和上门齿，而是由坚硬的牙床代替了上门齿与下门齿来咀嚼草料；另一特点是上颚比下颚宽使得奶牛每次只能用一侧臼齿咀嚼，长期的单侧咀嚼使臼齿形成了凿状磨面，反而提高了反刍过程中咀嚼的有效性。奶牛牙齿有乳齿和恒齿的区分，不同年龄的牛，乳齿与恒齿的替换和磨损程度不一。

奶牛无上门齿，舌是摄取食物的主要器官。牛舌长而灵活，其尖端有大量坚硬的角质化乳头，起到收集细小食物颗粒的作用。切齿和门齿的咬合作用可以配合舌的运动摄取食物。牛采食时食物未经充分咀嚼即进入瘤胃中，经一定时间再重新回到口腔仔细咀嚼。

奶牛的唇相对舌欠灵活，然而当采食鲜嫩的青草或者小颗粒食物（如谷粒、面粉、颗粒饲料等）时，唇就成为重要的采食器官。

奶牛唾液腺非常发达，包括腮腺、颌下腺、臼齿腺、舌下腺、颊腺5个成对腺体和腭腺、咽腺、唇腺3个单一腺体。上述腺体分泌物的混合物构成奶牛的唾液，一昼夜的平均分泌量高达100～200L。唾液在奶牛的消化代谢中有重要的作用，如唾液可湿润草料使其便于咀嚼，形成食团；唾液中含有大量缓冲物质，高产奶牛一天可分泌250L含0.7%的碳酸氢钠唾液，占瘤胃内液体量的70%。分泌碳酸氢钠1500～1750g，可中和瘤胃发酵产生的有机酸，使瘤胃pH维持在6.5～7.5；唾液还具有杀菌保护口腔和抗泡沫等作用。

瘤胃pH取决于唾液的分泌量，唾液的分泌量取决于反刍时间，而反刍时间又取决于饲料组成。奶牛喂干草时腮腺液分泌量大；喂燕麦时，腮腺与颌下腺液分泌量相似。饮水能大幅度降低唾液分泌。牛喂高粗饲料，反刍时间长，唾液分泌多，瘤胃pH高，属乙酸型发酵。若喂高精饲料（淀粉），反刍时间短，唾液分泌少，瘤胃pH低，则趋于丙酸发酵。采食时添加唾液分泌物，有利于预防瘤胃膨胀。

（二）食管

食管是连接口腔与瘤胃的通道，成年奶牛食管长约1m。食管有横纹肌组织。牛犊具有食管沟，又称为网胃沟，其实质是食管的延续，收缩时呈管状，食管沟的主要功能是牛犊吃奶时将乳汁由食管直接引入皱胃。

（三）胃

奶牛消化系统最大的结构特点是具有4个胃，即瘤胃、网胃、瓣胃和皱胃，奶牛属于复胃动物。前3个胃黏膜中没有腺体分布，相当于单胃的无腺区，总称为前胃。皱胃黏膜上皮为单柱状，黏膜中含有腺体，能分泌消化液，机能与单胃相同，又被称为真胃。4个胃的容积和功能随奶牛年龄的变化而变化。刚出生时，奶牛的前胃体积很小，处于待发育状态，不具备胃的消化功能。随着犊牛的成长，学习采食各种青草及精饲料，刺激前胃逐渐发育，而皱胃生长较慢，到6个月后已基本具有成年牛的消化功能，其前胃容积可达皱胃的7～10倍。

1. 瘤胃

瘤胃是整个消化道中体积最大的消化器官，可容纳100～150L物质，占据整个腹部的左半侧和右半侧的下半部。瘤胃被柱状肌肉分为背囊和腹囊两部分，瘤胃没有胃腺，不分泌消化液，但胃壁强大的纵形肌肉环能耐强有力地收缩与松弛，进行节奏性蠕动以搅拌食物；胃黏膜上有许多乳头状突起，尤其是背囊部“黏膜乳头”特别发达，有助于食物的揉磨。瘤胃内存在大量具有共生关系的纤毛虫和细菌，它们对饲料中纤维素、蛋白质的分解及无机氮的利用起着重要作用。瘤胃内容物含有84%～94%的水分，温度保持在39～40℃，pH在5.5～7.5，高度厌氧，这些条件使瘤胃成为名副其实的“饲料发酵罐”。

2. 网胃

经瘤胃初步消化的食物就会进入网胃，网胃是紧贴着瘤胃的一个胃室，内壁呈蜂巢状。实际上，网胃与瘤胃在空间结构上并未完全分开，食物颗粒可以自由地在两个胃室间来回穿梭。奶牛在采食时都是进行简单咀嚼后吞咽，因此食物中有可能会含有一些异物，网胃就如同一个筛子，将这些异物存于其中。

3. 瓣胃

瓣胃是牛的第三胃，占牛胃总容积的7%～8%，由于其黏膜面向内凹陷形成100多片大小不等的叶瓣，故又称重瓣胃。瓣胃的作用是对食糜进一步研磨，将稀软的部分送入皱胃，吸收有机酸和水分，使进入皱胃的食糜便于消化，也起到过滤器的作用。

4. 皱胃

皱胃是连接瓣胃和小肠的管状器官，也是奶牛4个胃中唯一有腺体的胃。皱胃黏膜折叠成许多纵向皱褶，这些皱褶可以防止皱胃内容物逆流回瓣胃。初生犊牛的前胃（即瘤胃、网胃和瓣胃）体积很小，没有任何消化功能，而皱胃体积较大，约占4个胃总容积的70%，因此皱胃是犊牛的主要消化器官。初生犊牛完全以牛乳为饲料，在哺乳时由于神经反射作用，可以使食管沟完全闭合，形成管状结构，不经过瘤胃和网胃，直接进入皱胃被消化。犊牛消化道内酶的活性也呈现规律性变化。牛乳进入皱胃时首先被凝乳酶消化，随着犊牛的生长，凝乳酶逐渐被胃蛋白酶所代替。

（四）小肠

小肠分为三部分：十二指肠、空肠和回肠。成年奶牛小肠长45m，而直径只有2.0～4.5cm。由于奶牛具有复胃和肠道长的特点，食物在消化道中的存留时间较长，一般需要7～8d甚至还要更长的时间才能将饲料残余物排尽。可以说，奶牛的消化率很高。胰腺和小肠壁分泌的酶可以消化蛋白质、碳水化合物和脂肪，肝脏分泌的胆汁可以协助脂肪的消化和吸收。小肠壁表面大量绒毛和微绒毛增加了小肠的吸收面积，小肠消化终产物也多在此吸收。小肠的吸收功能也随着年龄的增长发生变化，新生幼畜的小肠可以吸收完整的母体蛋白质，以此获得母体的免疫物质，达到被动免疫的目的。只是这种持续期很短，一般180h后就停止了。

（五）大肠

大肠包括盲肠、结肠和直肠三个部分。盲肠是大肠的第一部分，有一定的微生物发酵功能，能消化饲料中的粗纤维，但远没有瘤胃重要；盲肠后面的结肠是粪便形成的部位，可吸收水分和矿物质；直肠是大肠的最后一部分，与肛门相连，是粪便排出前的存储场所。

二、瘤胃微生物

（一）瘤胃微生物的种类

瘤胃中的微生物非常复杂，主要由细菌、原虫、真菌（还有少量噬菌体）组成。微生物体积约占瘤胃液的5%，其中细菌数量最多［1g瘤胃内容物中含（1.5～2.5）$\times 10^{11}$个］，厌氧性细菌占绝大部分，其主要作用是消耗氧形成更好的厌氧发酵环境。瘤胃原虫在数量上比细菌少，1g瘤胃内容物中含纤毛虫（0.6～1.0）$\times 10^{6}$个，但由于其体积较大，约占瘤胃微生物总量的一半。真菌是20世纪70年代才证实的瘤胃微生物，真菌游动孢子数为10^{3}～10^{5}个/mL，约占瘤胃微生物总量的8%，瘤胃真菌含纤维素酶、木聚糖酶、糖苷酶和蛋白酶等，对纤维素有强大的分解能力，与纤维素分解细菌具有协同作用。

1. 细菌

细菌是瘤胃中最主要的微生物，多数为革兰氏阴性、专性厌氧菌。当温度为39℃、pH为6.0～6.9时最适合瘤胃细菌生长，瘤胃细菌可以耐受较高的有机酸而不影响其正常的代谢。依据瘤胃细菌利用的底物及发酵终产物可分为纤维分解菌、半纤维分解菌、淀粉分解菌、酸利用菌、蛋白质分解菌等。

（1）*纤维分解菌*　可培养的瘤胃细菌中，产琥珀酸丝状杆菌、白色瘤胃球菌和黄色瘤胃球菌被认为是主要的纤维分解菌。纤维分解菌通过黏附在发酵底物上来降解植物纤维；这种黏附机制具有多种功能，如让纤维素酶在特定消化位点聚集，通过扩散减少水解产物的流失，以及有助于保护瘤胃细菌免遭原虫捕食等。

（2）*半纤维分解菌*　主要有溶纤维丁酸弧菌、瘤胃拟杆菌等。能水解纤维素的细菌常能利用半纤维素，但水解半纤维素的细菌不能利用纤维素。

（3）*淀粉分解菌*　主要有嗜淀粉拟杆菌、解淀粉琥珀酸单胞菌、居瘤胃拟杆菌、反刍（兽）新月单胞菌、乳酸分解新月单胞菌、牛链球菌等。许多纤维分解菌都有分解淀粉的能力，但有些淀粉分解菌缺乏纤维素分解的能力。淀粉分解菌在pH低时活性高，在pH高时活性下降。

（4）*酸利用菌*　有些细菌能利用乳酸，所以正常瘤胃内乳酸不多；有些细菌能利用琥珀酸、苹果酸、延胡索酸，还有些细菌能利用甲酸、乙酸。

（5）*蛋白质分解菌*　大多数属兼性菌，单一分解蛋白质的细菌不多，蛋白质分解菌的酶与胰蛋白酶的活性相似。大多数蛋白质分解菌没有脲酶的活性，但附着在瘤胃壁上的细菌则具有分解尿素的能力，脲酶活性高。

2. 原虫

19世纪Gruby等首次从家畜的瘤胃中发现了原虫。原虫在瘤胃内自由游动，以吸附在植物颗粒上、黏附在瘤胃黏膜层上的形式存在。虽然反刍动物可以在没有瘤胃原虫的情况下生活（驱除原虫），但原虫在瘤胃生态系统中起着关键作用，它们与古细菌共生，吞噬有机质颗粒和细菌。原虫在纤维、碳水化合物、蛋白质和脂质的消化中起积极作用，其更倾向于消化纤维来产生挥发性脂肪酸，特别是乙酸、丁酸。

原虫约占到瘤胃内容物总生物量的一半，其中主要是纤毛虫。瘤胃纤毛虫的繁殖速度非常快，在正常的反刍动物瘤胃内，每天能增加2倍，并以相同的数量流到后面的皱胃和小肠中，作为蛋白质的营养源被宿主消化吸收。瘤胃内的纤毛虫根据其形态特征可分为全毛虫和贫毛虫；也可以根据其利用营养物质的不同进行分类，如利用可溶性糖的原虫、降解淀粉的原虫及降解纤维素的原虫。

3. 真菌

目前已鉴定出来6个属的厌氧真菌，占瘤胃内容物总生物量的8%～20%。瘤胃厌氧真菌的主要功能是降解饲料纤维素，尤其在动物采食劣质纤维饲料时。细菌和原虫通常黏附于植物的气孔、皮孔或饲料的破损边缘。而真菌的游动孢子会定植在纤维饲料颗粒上，随后出芽产生菌丝，菌丝可以插入植物组织对其加以破坏，进一步为细菌提供黏附位点，提高纤维物质的降解率。真菌还拥有多种多糖水解酶和互补糖苷酶活性。

真菌的生长同样会受到日粮结构及其形状的影响。有研究表明，纤维性日粮比可发酵碳水化合物日粮更能刺激水牛瘤胃真菌的生长。由于颗粒性饲料通过胃肠道的时间较短，因此对瘤胃厌氧真菌生长的促进作用不明显。大量的可溶性糖会抑制植物组织上孢子的生成，这可能是由于瘤胃糖浓度高导致的瘤胃 pH 低，从而抑制了游动孢子的生成。

4. 古细菌

古细菌作为瘤胃微生物区系的成员在瘤胃微生物的总生物量中所占的部分很小，大多数瘤胃古细菌是产甲烷菌，并在瘤胃的 H_2 消除中发挥关键的作用。产甲烷菌具有氢化酶，在较低浓度下便可将 CO_2 还原为 CH_4（梁晓伟等，2022）。这个过程有利于维持瘤胃内较低的 H_2 浓度，从而消除 H_2 对微生物发酵的抑制作用。瘤胃内容物中发现的大多数古细菌（>90%）都分属于不同属的三个群，即甲烷短杆菌属、甲烷微菌属，以及一大类不可培养的古细菌，被称为 C 群。

5. 噬菌体

噬菌体是细菌的病毒，能够裂解细菌，有助于细菌流通。从牛瘤胃中分离出多种噬菌体，如沙雷菌属于某些种的噬菌体，坚韧链球菌中具有活性的 6 株噬菌体，反刍双歧杆菌中有感染活性的噬菌体。噬菌体的形态类型有 40 多种，在细菌细胞内就有 20 多种。噬菌体在瘤胃微生物生态系统中起着重要的作用，它是调节反刍动物前胃细菌群落数量的特殊因素。细菌群落数量的变化，调节了微生物的代谢。

（二）瘤胃微生物的演替

刚出生的犊牛瘤胃内的微生物数量很少，皱胃则有大量的乳酸菌，随着采食饮水等日常活动，外界微生物进入瘤胃内。饲喂后，乳从皱胃回流至瘤胃，这一过程也有助于瘤胃的微生物群落得到进一步的接种和丰富。总的厌氧菌数量在前三周内持续增长，此后数量相对稳定，而兼性厌氧菌的数量在 5 周内持续下降。

在 3 日龄的犊牛瘤胃内已存在纤维分解菌和产甲烷菌，且纤维分解菌数量随着犊牛的发育而快速增长。成年牛典型的淀粉分解菌（牛链球菌等），要直到瘤胃 pH 稳定在中性时才会建立。6 周龄时优势菌中已有许多是成年牛所具有的典型的细菌类群，9～13 周龄分离到的菌，与饲喂相同日粮的成年牛相似。

犊牛前胃纤毛虫的出现，是与成年牛密切接触或人工接种的结果。犊牛自然感染纤毛虫的时间，通常不小于 3 月龄；若吞下含有纤毛虫的反刍食团，则在 3～20 日龄时，瘤胃中便可找到纤毛虫。若犊牛与成年牛接触，33～37 周龄在瘤胃中出现全毛虫。

三、奶牛的消化特点

牛进食的草料从口腔中稍经咀嚼后，经食管进入瘤胃，在瘤胃内浸泡、软化、混合，经瘤胃微生物降解发酵，未完全被消化的饲料经过反刍回到口腔内再次经过仔细咀嚼，重新吞咽到瘤胃、网胃中，继续进行微生物降解发酵。由食物经过发酵而产生的挥发性脂肪酸，如乳酸、乙酸、丙酸、丁酸等，被瘤胃、网胃壁吸收到血液中，剩下的食糜和微生物通过瓣胃的浓缩和皱胃的消化作用，最后进入小肠，经过小肠消化后吸收入血液中，或者随粪便排出体外。可见，奶牛对饲料的消化过程可分成三个主要阶段：首先是瘤胃的微生物（发酵）消化过程，其次是皱胃的酸消化过程，最后才是小肠的酶消化过程。其中，瘤胃的降解发酵过程是反刍动物特有的。

（一）摄食

奶牛的摄食特点是速度快、采食粗糙、咀嚼不充分。在休息时通过反刍作用将粗糙的食物返回口腔进行重新咀嚼。在自由采食的情况下，奶牛全天的采食时间为6～8h。放牧的牛比舍饲的牛采食时间长。如果采食粗饲料，则采食时间长。放牧情况下，牧草高度为30～45cm时，采食时间延长。由于牛没有上门齿，因此当牧草的高度未超过5cm时，最好不要放牧。天气过冷时，采食时间也会延长。

（二）反刍

奶牛在采食时一般不经过充分的咀嚼就吞入瘤胃中，然后，在休息时再返回到口腔内仔细咀嚼，这种特殊的消化活动就叫作反刍。反刍由一系列连续的反射性步骤组成，主要包括食糜由瘤、网胃的逆呕，逆呕出的食糜的再咀嚼，混唾液后的再吞咽，间歇一段时间后的再反刍。反刍时的再咀嚼要比采食时的咀嚼细致得多。在此过程中不断地有大量唾液混入食团，其唾液分泌量超过采食时的唾液分泌量。

通常在结束采食后0.5～1h开始出现反刍。正常情况下，成年奶牛每天有9～12个反刍周期，每个反刍周期长40～50min，所以奶牛每天用于反刍的时间为6～8h，与采食时间约成1∶1的比例。但这个比例随着饲料品质及种类的变化而变化，若是鲜嫩多汁的饲料，则反刍时间缩短，其比例小于1∶1，若是牧草粗老，反刍时间延长，则反刍与采食时间的比例大于1∶1。

反刍在奶牛的消化活动中具有重要意义：一方面，将饲料进一步磨碎，更有利于瘤胃微生物发酵；另一方面，在反刍过程中刺激唾液腺分泌大量唾液，中和瘤胃发酵产生的大量酸类。因此，奶牛采食后应给予充分的休息时间和安静舒适的环境，以保障其正常反刍。正常反刍是奶牛健康的标志之一，反刍停止或次数缩短，时间减少，说明奶牛已患病。

（三）嗳气

嗳气也是牛的正常消化生理活动。瘤胃具有高度的厌氧条件，瘤胃背囊的气体包括CO_2 50%～70%，甲烷20%～45%及少量氮、氢、氧等。这些气体由瘤胃微生物发酵所产生，一昼夜可达600～700L，除一部分气体为瘤胃微生物所利用外，大部分则通过嗳气排出。当气体产生量超过排出量时，就形成瘤胃臌气，导致奶牛一系列消化功能障碍。

（四）瘤胃发酵

奶牛消化最大的特点是瘤胃发酵和微生物消化。奶牛采食的饲料中有75%～85%的可消化碳水化合物、50%的粗纤维、60%以上的蛋白质都在瘤胃中消化降解。在瘤胃消化中起主导作用的是存在于瘤胃中的微生物。

瘤胃内具有高度的厌氧环境，温度为 38～40℃，pH 为 5.5～7.0，适当的水分环境，促进微生物的移动；通过胃壁的吸收作用及消化道下部的流出机制，有效地去除了发酵产物，从而形成一个厌氧微生物适宜的生存场所。当食物到达瘤胃后，大量微生物立刻紧贴在食物的表面，同时分泌纤维素酶、半纤维素酶及 β-葡糖苷酶等消化酶，于是食物中的纤维素、半纤维素和果胶等多糖类物质很快就被“切割”成单糖，并“变身”为挥发性脂肪酸和 CO_2 等，挥发性脂肪酸可为奶牛提供 60%～70%的能量（吴家劲等，2020）。

四、瘤胃中营养物质的消化代谢

瘤胃的消化作用在反刍动物整个消化过程中占有特别重要的地位，饲料中 70%～85%可消化的干物质和粗纤维在这里被微生物分解。反刍动物需要的能量主要为瘤胃内纤维素和半纤维素发酵形成的挥发性脂肪酸。将低质量的蛋白质和非蛋白氮转变成细菌蛋白。合成 B 族维生素和维生素 K，中和或破坏饲料中的一些有毒成分，如棉酚等（张一涵等，2021）。

然而，瘤胃发酵不当会造成一定的副作用，如产生甲烷和 CO_2，因此会损失部分能量。如果细菌没有足够的能量将氨转化成细菌蛋白，就有可能损失高质量的蛋白质（以氨的形式丢失）。低能量的植物纤维会停留在瘤胃很长时间，从而最终影响奶牛的采食量。

（一）碳水化合物的消化

饲料中的碳水化合物可分为两类：一类是淀粉和可溶性糖等非结构型碳水化合物，主要来自精料；另一类是纤维素、半纤维素、果胶等结构型多糖。瘤胃是碳水化合物消化的主要场所，分为两个阶段：第一阶段是将各种复杂的碳水化合物消化成各种单糖，催化这些反应的酶来自微生物的胞外酶，消化后立即被微生物吸收到细胞内代谢。在微生物细胞内进行的第二阶段代谢与动物体内的碳水化合物代谢过程相似，主要的终产物是乙酸（占 50%～65%）、丙酸（占 18%～25%）、丁酸（占 12%～20%）等挥发性脂肪酸和气体（甲烷、CO_2 等）及热量。大部分挥发性脂肪酸由瘤胃、网胃和瓣胃直接吸收，只有少量的穿过皱胃后在小肠被吸收。同时，利用饲料分解产生的单糖和双糖还可以合成糖原，储存于微生物体内，待微生物随食糜进入小肠被消化后，该糖原又可被利用，作为反刍动物的葡萄糖来源之一。

一般来说，淀粉、糖类等非结构型碳水化合物在细菌和真菌的作用下，降解较快，产物中丙酸比例较高；结构型碳水化合物（主要指粗纤维）降解较慢，产物中乙酸比例较高；但如果发酵过快（精料过多、过细），乳酸含量增加，pH 过低，那些能将中间产物乳化生成丙酸的细菌被抑制，造成乳酸过量，出现酸中毒。瘤胃发酵产生的乙酸和丁酸除可作为能源外，还能被用来合成乳脂肪；产生的丙酸可通过糖异生途径形成葡萄糖。丙酸是反刍动物最大的糖源。因此，乙酸比例提高，乳脂率提高，而丙酸比例高，奶产量高，乳脂含量降低。

上述各种挥发性脂肪酸的比例受奶牛采食饲料的影响。当饲料中精料比例大而粗料比例小时，或粗料太细及喂熟料时可以增加丙酸比例而减少乙酸比例。若乙酸比例下降到 50%以下时，乳中脂肪含量就要降低，而体脂肪沉积量就会增加，这对于奶牛是不利的。另外，还会导致瘤胃内容物 pH 降低，造成“酸中毒”或是“胃溃疡”。

（二）蛋白质的消化

蛋白质饲料进入瘤胃后被微生物的蛋白酶和肽酶分解形成肽和氨基酸。当瘤胃 pH 为

6.5～7.0 时，形成的氨基酸进一步分解，再脱氨基转化成氨、CO_2 和有机酸。瘤胃微生物的重要特点是能够利用蛋白质降解的中间产物合成微生物蛋白质，其中，氨是饲料蛋白质降解与微生物蛋白质合成的关键产物。但部分瘤胃微生物也利用氨基酸和小肽作为合成蛋白质的原料。因此，采用糊化淀粉、尿素等非蛋白氮饲料大量替代豆粕等也取得了一样的效果。

瘤胃细菌可利用氨、氨基酸合成菌体蛋白。纤毛虫和细菌不同，它主要利用蛋白质分解产物氨基酸和嘌呤合成纤毛虫蛋白质。菌体蛋白、纤毛虫蛋白和瘤胃未消化的饲料蛋白一起进入皱胃和小肠，受胃蛋白酶和肠蛋白酶的作用，它们被分解成氨基酸，成为奶牛的蛋白质来源。因此，饲料蛋白可以分成两类：瘤胃降解蛋白质和非降解蛋白质，后者又称为瘤胃未降解蛋白质。

1. 瘤胃降解蛋白质

摄入的粗蛋白在瘤胃中被微生物降解的部分称为瘤胃降解蛋白质。典型的奶牛日粮中约有 60%的粗蛋白被微生物降解为肽和氨基酸，氨基酸在微生物脱氨基酶的作用下，很快脱去氨基而生成氨、挥发性脂肪酸和 CO_2。所生成的氨可被瘤胃微生物用于合成菌体蛋白质。微生物蛋白质到达小肠后，被动物体消化吸收利用。奶牛所需要的蛋白质，有超过 60%的比例来自微生物蛋白质，而微生物蛋白质的最初来源是日粮中的瘤胃降解蛋白质。

2. 瘤胃未降解蛋白质

过瘤胃蛋白的特点是进入瘤胃后不会被降解，通过瘤胃到达小肠处分解，并以肽和氨基酸的形式被吸收。这部分能完整地通过瘤胃的日粮蛋白质，称为瘤胃未降解蛋白质。

不同来源的饲料蛋白质瘤胃的降解率差异很大，通常可分为三类：如过瘤胃值低（＜40%）的原料，豆粕、花生粕等；过瘤胃值中等（40%～60%）的原料，棉粕、苜蓿粉、玉米等；过瘤胃值高（＞60%）的原料：鱼粉、血粉、肉粉、羽毛粉等。通常粗饲料中蛋白质的降解率（60%～80%）高于精饲料或工业副产品中蛋白质的降解率（20%～60%）。对于优质蛋白质饲料而言，转化不利，如豆饼、花生饼等。对于质量较差的蛋白质饲料而言，转化有利，如啤酒糟等。

通常经小肠吸收的氨基酸中大约有 60%来自微生物蛋白质，另外，大约有 40%是未经瘤胃降解的日粮蛋白质（对于高产奶牛至少 44%的进食蛋白质必须是未降解蛋白质，一般泌乳牛的未降解蛋白质需用量占进食蛋白质的 37%～44%）。因此，最理想的日粮不仅可为瘤胃微生物合成最大量的微生物蛋白质提供需要的氮，而且同时可提供最多的优质饲料蛋白质，经过瘤胃到小肠中消化（孙燕勇等，2017）。

3. 非蛋白氮

饲料中含有氮元素的物质除蛋白质和肽以外，还有一种是非蛋白氮。非蛋白氮不直接提供氨基酸，但瘤胃微生物可将来自非蛋白氮的氮转化为氨基酸供它们生长和利用。然后非蛋白氮进入小肠中被消化并释放氨基酸，与饲料中真蛋白（由氨基酸组成）经消化后释放氨基酸的功能是一致的。因此，在反刍动物中可以用尿素或铵盐来代替日粮中的一部分蛋白质饲料。没有细菌的这一转化过程，氨和尿素对反刍动物将是无用的。

总之，瘤胃蛋白质的发酵既有其有利的一面，又有其不利的一面。一方面，瘤胃蛋白质的发酵能将蛋白质品质差的饲料转化成生物学中利用价值高的菌体蛋白，供反刍动物使用；另一方面，饲料中的蛋白质通过瘤胃时，被微生物分解成大量氨而遭受损失，特别是优质的蛋白质饲料，从而降低了蛋白质的利用率。

（三）脂肪酸的代谢

饲草中的半乳糖脂和谷实中的三酰甘油含有高比率的不饱和脂肪酸。瘤胃微生物主要将三酰甘油水解为游离脂肪酸和甘油，半乳糖脂被水解为半乳糖、脂肪酸和甘油。两者产生的甘油均被转化为挥发性脂肪酸。日粮中不饱和脂肪酸和瘤胃降解产生的不饱和脂肪酸，均被瘤胃微生物氢化。部分氢化的不饱和脂肪酸会发生异构变化。

1. 脂肪分解及生物氢化

真菌在日粮脂肪水解中不起作用。瘤胃原虫只能水解部分甘油三酯和半乳糖脂，瘤胃中起氢化作用的主要是细菌。溶纤维丁酸弧菌被认为是主要的脂肪氢化菌。

反刍动物常用饲料中的脂肪酸以 18 个 C 原子的不饱和脂肪酸为主，其次是 16 个 C 原子的饱和脂肪酸。其中饱和脂肪酸经过瘤胃到达小肠后被吸收进入体内，绝大多数不饱和脂肪酸在瘤胃被微生物氢化。例如，油酸经氢化后转变成硬脂酸，仅有少量能最终直接沉积到动物的肉、奶中。目前普遍认为瘤胃微生物发生氢化是由于不饱和脂肪酸对微生物具有毒性作用，瘤胃微生物通过氢化的方式来消除其对自身的不利影响。

2. 微生物脂类的合成

瘤胃微生物能利用瘤胃发酵产生的挥发性脂肪酸合成自身生长所需的脂肪酸，主要是利用乙酸合成 C18：0、C16：0 和 C14：0 等偶数碳链脂肪酸，利用丙酸合成奇数碳链脂肪酸（如 C15：0、C17：0 等），还能利用异丁酸、异戊酸和 2-甲基丁酸合成支链脂肪酸。当瘤胃微生物死亡进入小肠后，这些脂肪酸会被宿主消化吸收后沉积到肉、奶中。这也是反刍动物产品中奇数碳链和支链脂肪酸含量高的重要原因。由于瘤胃微生物能从头合成脂类，因此常出现过瘤胃脂类数量大于日粮中脂类数量的现象。日粮中脂类在瘤胃中的消失主要是通过瘤胃上皮代谢途径，以及部分被吸收或被微生物降解。

3. 从头合成脂肪酸

如奶牛瘤胃发酵产生的乙酸，被瘤胃壁吸收后通过血液循环进入乳腺，在乙酰 CoA 合成酶的作用下转化为乙酰 CoA，并以 2C 单位进行延长，最终合成 C4：0～C16：0 的饱和脂肪酸。

（四）维生素的合成

幼龄牛的瘤胃发育不全，全部维生素需由饲料供给。当瘤胃发育完全、瘤胃内各种微生物区系健全后，瘤胃中的微生物可以合成 B 族维生素和维生素 K，但不能合成维生素 A、维生素 D 和维生素 E，这三种维生素必须由饲料提供。不仅如此，瘤胃微生物对维生素 K、维生素 C 和胡萝卜素还有一定的破坏作用。不过由于动物自身能合成维生素 C，一般不会发生维生素 C 缺乏的现象。

第三节 奶牛的泌乳生理

一、奶牛乳房结构与功能

根据奶牛乳房解剖学，奶牛乳房主要由皮肤、乳头、外侧悬韧带、内侧（中央）悬韧带和结缔组织构成。根据功能可将乳房结构划分为支撑系统、乳头、毛细血管及供血系统、淋巴系统、乳房神经系统和结缔组织等。

（一）强大的支撑系统

高产奶牛在产奶期间每天可以分泌 30kg 以上的牛乳。此外，奶牛的乳房组织本身相当重，含奶和血液时可达 50kg，重达 100kg 的乳房也曾被报道过。所以乳房必须很好地跟骨骼和肌肉连在一起。

乳房的支撑系统主要由中央悬韧带和外侧悬韧带构成，皮肤也有一定的支撑和稳定乳房的作用，支撑系统使乳房紧贴着体壁。中央悬韧带是弹性较强的结缔组织，可缓冲乳房振荡、避免乳房损伤，并调整因奶牛年龄增长或泌乳期变化引起的乳房体积和重量的变化。外侧悬韧带是弹性较弱的结缔组织，起始于髋关节的肌腱，沿乳房侧壁向下延伸，形成放射状的纤维束悬吊支撑。

中央悬韧带、外侧悬韧带和结缔组织膜将乳房分隔为具有独立功能的 4 个乳区，每个乳区分泌的牛乳通过各自乳区上的乳头排出，互不相通。所以一个乳区发病并不影响其他乳区的正常产乳。通常后面两个乳区产奶占总量的 60%，前面两个乳区产奶占总量的 40%，这是由于后面两乳区较前面两乳区发育得更充分。

（二）乳头

泌乳牛的有效乳头是 4 个，对称地分布于每个乳区上，各乳头的间距为 8～12cm。乳头的分布、形状和大小并不直接决定泌乳牛的产奶水平，但决定是否适合机械挤乳。采用机械挤乳，乳头的形状以圆柱状最佳，最适宜的乳头长度为 7～9cm，直径为 2～3cm。

（三）毛细血管及供血系统

生成牛乳所需的大量营养物质来自乳房的毛细血管及供血系统中的血液。乳房每分泌 1kg 牛乳需要 400～500kg 的血液流经乳房。此外，由血液带入乳房的激素也可对乳房发育、牛乳合成及干乳期分泌细胞的再生进行调节。

只有当奶牛卧下休息的时候流经乳房的血液是最多的。因此，要维持奶牛高产首先要满足它所需要的营养，另外要关注牧场卧床、运动场的维护，让牛能舒服地卧下休息。

（四）淋巴系统

乳房也包含负责清除残余物的淋巴系统。淋巴结就好比一个过滤器，既可以过滤外来杂质，也可以制造淋巴细胞来抵御细菌感染。奶牛在泌乳初期，流入乳房的血量增加，有时会引起液体在乳房中积压，导致乳房水肿，而淋巴系统分泌的淋巴液可将乳房中多余的液体转移走，有助于进出乳房的液体保持平衡。

（五）乳房神经系统

乳房表面分布着对触摸及温度很敏感的神经受体，这些神经受体接受外源信号，并启动泌乳反射，还可与激素一起调节乳房血流。

（六）结缔组织

乳房由分泌组织（实质）和结缔组织（间质）组成。人们都认为体积较大的乳房产奶能力也较高，事实上这并不科学，因为较大的乳房可能含有更多的结缔组织和脂肪组织。分泌组织的大小及分泌细胞的数量才是乳房产奶能力的限制因素。

二、奶牛乳腺构造

乳房内部的结构由乳头管、乳头池、乳池、输乳管、腺泡、乳腺小叶等组成（图 1-26）。

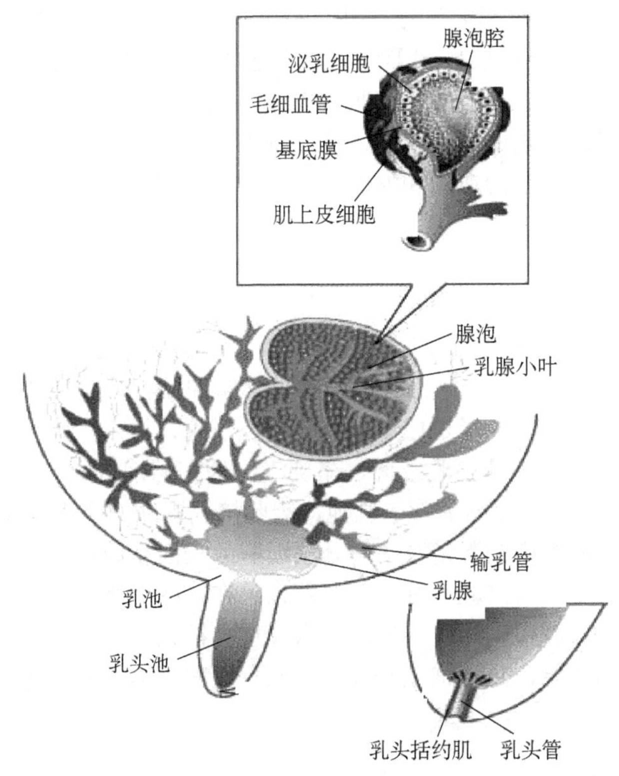

图 1-26　奶牛乳腺结构示意图（引自侯俊财和杨丽杰，2010）

（一）乳头管

乳头管又称奶口，管长 8～12mm。乳头管有纵向的也有环状的括约肌，其作用是保证两次挤乳之间乳导管处于闭合状态，防止乳汁自动流出，并能防止细菌侵入乳房。乳导管带有角蛋白或类似的物质，以保证在两次挤乳之间免受病原体细菌的感染。而当挤乳或小牛吸奶时迫使括约肌收缩打开，乳池中的牛乳通过乳头管流出。

（二）乳头池

在乳头管上方，乳头池开口于乳池。这两池之间有环形的肌肉皱褶能伸缩。收缩时能控制乳汁由乳池进入乳头池。

（三）乳池

在乳头池的上方，是不规则的长圆形空洞。分泌出的乳汁在此储存一部分。其容量因品种、个体而不同，一般乳用品种每个乳池平均容积为 450～500mL。

（四）输乳管

乳池上面有许多泌乳管的开口，这些输乳管分为许多乳管支，再分为乳管小支，最后深入乳腺泡。

（五）腺泡

腺泡是形成乳汁的地方，形如气球，其直径 0.1～0.3mm，内部是一个小的空腔，四周有一层 7～10μm 乳腺细胞以单层排列形成的中空泡状结构，外部有一层基膜。分泌的牛乳释放到中央的空腔中。有类似肌肉细胞的肌上皮细胞位于分泌细胞层之外。当挤乳或小牛吸奶时，这些上皮细胞受催产素的刺激收缩，从而将牛乳从乳腺泡的中央空腔中挤出并流入乳腺导管中。乳腺泡外含有丰富的血管和淋巴管，这些血管和淋巴管为乳腺泡输送营养和合成牛乳所需的各种物质。

（六）乳腺小叶

多个腺泡结合成葡萄状的乳腺小叶，乳腺小叶聚集构成乳腺叶。每个乳腺叶有个大乳管，开口于乳池。4 个乳腺中每一个都有一个中央乳腺腔储存分泌的牛乳并与乳头上的乳头池相通。在乳腺叶中形成的乳汁经过成千上万的输乳小管，再由大输乳管汇流输入乳池中，并通过乳头管向外流出。在两次挤乳之间，牛乳不停地在腺泡区域合成，60%～80%储存于腺泡、泌乳管中，只有 20%～40%储存于乳池，因此挤乳程序的应用就显得至关重要。

产奶量是与乳腺分泌细胞的数量及牛乳分泌细胞的表面积成比例的。这些高度特化的细胞是泌乳的基本单位。一些与产乳特征相关的基因只在这些细胞中表达。分泌细胞还分泌固体物质排到乳腺泡的中央腔中，通过渗透压，水分也会被输送到中央腔中以保持适当的牛乳浓度。随着“干乳”的开始，分泌细胞经过“复原”过程萎缩并回到休止状态，以等待下一次分娩。

三、乳的分泌与排出

泌乳是一个复杂的过程，该过程受到内分泌和神经系统的调节。母牛在分娩之前，脑垂体前叶的催乳素含量急剧增加，这对产后初乳的分泌是必要的。另外，脑垂体前叶的促肾上腺皮质激素及甲状腺激素对泌乳的发动也起到重要的作用。催乳素和上述激素对泌乳的维持也是必需的。

（一）乳的分泌

乳腺泡上皮细胞是制造乳汁的部位，它们从周围的毛细血管中取得各种营养原料，转化成乳汁的各种成分，分泌到腺泡腔内，最后排到分泌小管。

分娩以后，原来维持妊娠的激素——孕酮在血液中的含量突然下降，而催乳素的释放则迅速增加，并对乳汁的生成产生强烈作用，引起泌乳。以后由于哺乳或挤乳对乳房的刺激，会不断引起催乳素的释放，而维持泌乳。随着妊娠的进展，孕酮的含量又增加，而催乳素逐渐减少，产奶量逐渐降低，最后停止泌乳。

母牛在泌乳期间，奶的分泌量是连续不断的，刚挤完奶时，乳房内压低，奶的分泌速度最快。随着奶的分泌，储存于乳池、输乳管、末梢小管和腺泡腔中的奶不断增加，乳房内压不断升高，使奶的分泌逐渐变慢，这时如不挤乳，最后奶的分泌将会停止。如果挤乳，排出乳房内积存的乳汁，使乳房内压下降，奶的分泌速度便重新加快。因此，高产牛每日挤3～4次较每日挤乳两次的牛能够多产奶。

（二）乳的排出

挤乳操作和犊牛吮吸使母牛乳头及乳房皮肤的神经受到刺激，传至神经中枢导致垂体后叶释放催产素，经血液到达乳腺，从而引起乳腺肌上皮细胞收缩，使腺泡腔和末梢导管内储存的奶受挤压而排出，此过程称为排乳。

排乳反射对挤乳是非常重要的。奶牛在两次挤乳之间分泌的乳，大量储存于乳腺泡及导管系统内，小部分储存于乳池，靠挤压作用，只能挤出乳池中极小部分导管系统中的奶，而大部分储存于乳腺泡及导管系统中的奶不能挤出，只有靠排乳反射才能挤出乳房内大部分（或全部）的奶。

排乳作用在刺激后45～60s即发生。但内分泌对乳腺泡及乳管的收缩作用只有几分钟的时间，维持的时间最长达8min。因此在这几分钟内就应该很快将乳挤出，否则这种作用过了，就很难将乳挤出，这叫作“收乳”。及早开始挤乳（刺激作用以后1min内）和迅速挤乳是很重要的，这样才能获得最高的乳产量。

排乳反射过程中的各个环节都能形成条件反射。挤乳地点、时间、各种挤乳设备、挤乳操作、挤乳员的出现等，都能作为条件刺激物使牛形成排乳反射。挤乳时奶牛若发生不适情形，如过度兴奋、恐惧或疼痛等，则刺激产生的神经信息会传递到肾上腺，使其分泌肾上腺素，引起乳房的血管和毛细血管收缩，导致流入乳房的血流量降低，而流入乳房的催产素也随之减少，从而造成排乳抑制。同时，肾上腺素还有抑制肌上皮细胞收缩的作用，这会导致乳腺泡减少或停止释放牛乳。所以喧扰、新挤乳员不正确的操作等都能抑制乳反射，使产奶量下降。

另外，母牛分娩后10～12个月就干乳了，人们把泌乳牛的哺乳期能够维持时间长度的程度称为泌乳持续度。在泌乳达到高峰后，每月的产奶量应是前一个月的90%，超过90%的持续度是令人满意的。对奶牛来说，干乳期具有重要的生理意义，可以保证胎儿的健康发育，维护奶牛的健康，修复乳腺组织和治疗疾病等。

四、乳的生物学合成

乳是在乳腺泡的分泌细胞内合成的，然后分泌到腺泡腔中，经过导管系统运送到乳池。乳是由脂肪、蛋白质、乳糖、矿物质、维生素和水分等合成。乳成分的前体物大部分来自血液，再经乳腺体的分解和化合等理化作用而形成的。奶大部分是由水组成，乳中的水分一部分直接来自血液，一部分来自乳腺泡内的液体。

（一）乳蛋白的合成

乳中乳蛋白含量占3.5%左右。其中一类乳蛋白包括α-酪蛋白、β-酪蛋白、α-乳白蛋白和β-乳球蛋白，它们约占乳蛋白总数的90%，由乳腺细胞内的游离氨基酸所合成；另一类乳蛋白包括免疫球蛋白、血清蛋白和γ-酪蛋白复合物，约占10%，是由血液中的球蛋白经乳腺细胞直接渗透而形成的，在乳中未起变化。乳成分与血液中的前体物见表1-2。

表 1-2 乳成分与血液中的前体物（引自侯俊财和杨丽杰，2010）

乳的成分			血液中的前体物
蛋白质	碳水化合物	脂类	
α-酪蛋白	乳糖	长链脂肪酸	游离的氨基酸（90%）
β-酪蛋白		短链脂肪酸	免疫球蛋白
α-乳白蛋白		维生素	血清蛋白
β-乳球蛋白		矿物质	γ-酪蛋白
免疫球蛋白		水	葡萄糖
血清蛋白			长链脂肪酸
γ-酪蛋白复合物			乙酸及β羟丁酸
			维生素
			矿物质
			水

乳腺是合成乳蛋白的主要场所，所需的必需氨基酸全部来自血液，部分非必需氨基酸可在乳腺中利用葡萄糖、乙酸、必需氨基酸来合成。乳腺上皮细胞吸收的游离氨基酸首先与腺苷三磷酸（ATP）和氨基酸活化酶形成腺苷一磷酸（AMP）氨基酸和酶的复合物，活化的复合物的氨基酸部分在细胞质内与转移核糖核酸（tRNA）结合，形成氨酰转移核糖核酸（氨酰 tRNA）附着于细胞质核糖体表面，根据信使核糖核酸（mRNA）所传递的信息依次排列，形成多肽的一级、二级和三级结构，进而形成立体的乳蛋白分子，并依次从核糖体分离。具体过程如下：

氨基酸+ATP→AMP～氨酰+PP

AMP～氨酰+tRNA→氨酰～tRNA+AMP

$$（氨酰\sim tRNA）_n \xrightarrow[\text{mRNA}]{\text{rRNA}} AA_1\text{-}AA_2\text{-}AA_3\text{-}AA_4\cdots AA_n$$

遗传因素是影响乳蛋白合成的重要因素，尤其是对低产奶量奶牛影响更大。通过改良品种来提高乳蛋白率需要较长的周期，因此，通过调控饲料中的营养物质来提高乳蛋白含量是一种较为有效的途径。

（二）乳糖的合成

乳糖是哺乳动物乳腺分泌的一种特有双糖，在动植物组织中几乎不存在。乳糖由一分子的 *D*-葡萄糖和一分子的 *D*-半乳糖以 β-1，4 糖苷键结合成的，属于还原糖类。葡萄糖是乳糖合成唯一的前体物，每形成一分子的乳糖必须有两分子的葡萄糖进入乳腺细胞，其中一个葡萄糖分子转化成一个半乳糖，另一个葡萄糖分子与半乳糖结合，通过酶的催化作用而合成乳糖（李戎诺等，2023）。具体过程如下：

$$\text{葡萄糖+ATP} \xrightarrow{\text{己糖激酶}} \text{葡萄糖-6-磷酸+ADP}$$

$$\text{葡萄糖-6-磷酸} \xrightarrow{\text{葡萄糖磷酸变位酶}} \text{葡萄糖-1-磷酸（G-1-P）}$$

$$\text{G-1-P+UTP} \xrightarrow{\text{UDP-葡萄糖焦磷酸化酶}} \text{UDP-葡萄糖+PP}$$

$$\text{UDP-葡萄糖} \xrightarrow{\text{UDP-半乳糖-4-差向异构酶}} \text{UDP-半乳糖}$$

$$\text{UDP-半乳糖+G} \xrightarrow{\text{乳糖合成酶}} \text{乳糖+UDP}$$

（三）乳脂肪的合成

乳脂肪的生物学成分是甘油三酯的混合物，包括短链脂肪酸（C4～C14）和长链脂肪酸（C18～C20），大约各占一半。乳脂肪的特点是含饱和脂肪酸的比例较高。乳脂肪的合成有其前体物。

1. 长链脂肪酸的合成

合成长链脂肪酸的前体物来自母牛的日粮。母牛日粮中的脂肪被瘤胃微生物脂解成可利用的脂肪酸。日粮中的植物性脂肪酸多是不饱和的长链脂肪酸，这些脂肪酸被瘤胃细菌氢化成饱和脂肪酸后被小肠吸收，随后进入淋巴系统与蛋白质结合后进入血液，被乳腺细胞吸收，混合到乳汁中。

2. 短链脂肪酸的合成

短链脂肪酸不是直接来自日粮，而是由乳腺分泌细胞中的乙酸和酮体β羟丁酸所合成的，这两种化合物都来自瘤胃中植物性碳水化合物的发酵形成的挥发性脂肪酸。乙酸含有两个碳原子，酮体β羟丁酸含有4个碳原子，短链脂肪酸有芳香气味。

短链脂肪酸是在各种合成酶的作用下由乙酸分子逐步连接而成的，也就是说以每次循环增加2个碳的频率增加碳链长度。β羟丁酸则将4个碳原子作为α-碳单位当作乙酸来利用。另一利用β羟丁酸的途径是在乳腺细胞内将其转变成原来的挥发性脂肪酸——丁酸，然后每次接上两个C原子，逐渐连接成不同长度的短链脂肪酸。

另外，奶牛瘤胃大量产生乙酸对于创造适宜的泌乳条件是必需的。因为在乳脂肪的合成过程中利用乳酸比利用α羟丁酸多。同时乙酸还参与糖酵解过程给乳腺细胞提供能量。

（四）维生素和矿物质

乳腺细胞不能合成维生素和矿物质，乳中的矿物质和维生素都来自血液。

1. 维生素

牛乳中几乎含有所有的已知维生素，特别是B族维生素含量丰富，但维生素D的含量不多。脂溶性维生素包括维生素A、维生素D、维生素E、维生素K。水溶性维生素包括B族维生素和维生素C。乳中的维生素来自血浆，它们随着血流透过腺泡膜进入腺泡腔而成为乳的组分。维生素有的来自饲料，如维生素E，有的可以通过瘤胃中的微生物合成，如B族维生素。

2. 矿物质

乳中主要的矿物质含量约为0.75%，包括钙、磷、钾、氯、钠和镁等。其中，钙约为0.12%，磷约为0.1%，钾约为0.15%，氯约为0.1%。这些矿物质都是由血液中相应的无机盐扩散入乳腺中的。牛乳中的无机物大部分与有机酸结合成盐类，其中，钠、钾、氯绝大部分电离成离子，呈溶解状态存在；钠、镁小部分成离子状态，大部分与酪蛋白、磷酸、柠檬酸结合成胶体状态；而磷则是酪蛋白、磷脂和有机磷酸酯的组分。

第二章　优质原料奶中常见的污染因素及控制

第一节　优质原料奶定义及标准

一、优质原料奶定义

原料奶通常指的就是生鲜乳，即从奶牛乳房挤出的未经过任何处理的生牛乳。原料奶存在的安全隐患是多方面的，最好不要直接饮用原料奶。优质原料奶是指产自健康奶牛乳房，整个生产过程是按规范操作的，其乳成分含量要达到国家规定的标准，没有任何额外添加的水和其他物质，并且没有安全隐患的牛乳。

首先，优质原料奶应符合我国2010年发布的《食品安全国家标准　生乳》（GB 19301—2010）的相关规定，其质量指标应符合表2-1。在此基础上，优质原料奶包括特优级（A+）生乳和优级（A）生乳，核心指标包括脂肪、蛋白质、菌落总数和体细胞数，其限量值应该符合表2-2的规定。

表2-1　优质原料奶应符合的质量指标

项目	指标
脂肪/（g/100g）	≥3.1
蛋白质/（g/100g）	≥2.8
杂质度/（mg/kg）	≤4.0
相对密度/（20℃/4℃）	≥1.027
菌落总数/［CFU/g（mL）］	$\leqslant 2\times10^{6}$

表2-2　特优级（A+）生乳和优级（A）生乳应符合的限量值

项目	等级	
	特优级（A+）	优级（A）
脂肪/（g/100g）	≥3.4	≥3.3
蛋白质/（g/100g）	≥3.1	≥3.0
菌落总数/［CFU/g（mL）］	$\leqslant 5\times10^{4}$	$\leqslant 1\times10^{5}$
体细胞数/（个/mL）	$\leqslant 3\times10^{5}$	$\leqslant 4\times10^{5}$

二、生产规范及标准

优质原料奶应符合《生牛乳质量安全生产控制技术规范》（NY/T 4053—2021），以下为生产规范的内容。

（一）通用要求

1. 养殖环境

养殖环境和卫生应符合《奶牛场卫生规范》（GB/T 16568—2006）和《畜禽场环境质量

标准》（NY/T 388—1999）的规定，同时应达到《畜禽场环境质量评价准则》（GB/T 19525.2—2004）中Ⅲ级（安全级）以上。

2. 从业人员健康与卫生

（1）人员健康

1）应符合《奶牛场 HACCP 饲养管理规范》（NY/T 1242—2006）的规定。

2）应持有健康合格证，每年至少进行一次健康体检，并建立档案。

（2）人员卫生

1）应符合《良好农业规范　第 8 部分：奶牛控制点与符合性规范》（GB/T 20014.8—2013）。

2）应穿戴整洁的工作服，挤乳人员应穿戴工作帽和手套等卫生防护用品，不应佩戴首饰等装饰用品，不应使用化妆品和香水等散发气味的物品。

3. 奶畜健康

奶牛应健康无人兽共患病。

4. 水源

应满足清洁和饮用的需要，水源质量应符合《生活饮用水卫生标准》（GB 5749—2022）的规定。

（二）感官控制

1. 色泽

1）不应过度挤乳，否则会出现乳头破裂，血液混入储奶罐。

2）管道、储奶罐和运奶罐不应残留清洗用的酸液和碱液。

2. 滋味和气味

（1）储奶间

1）应远离堆粪棚、氧化塘和青贮饲料存储区域。

2）不应放置酸液、碱液等化学品和其他有气味的设备设施。

3）门、窗应装配完整；通风良好，宜强制通风。

4）下水道应保持通畅，清洁无异味，无其他废弃物流入或浊气逸出。

5）储奶罐上方罐盖，应处于密闭状态。

（2）设备设施

1）与生乳直接接触的管道、连接件、泵、橡胶件等设施设备应使用食品级材质。

2）挤乳管道、运输管道、储奶罐等与生乳接触的设备设施，新安装或是改造后，应对与生乳接触的内管壁进行检查，焊接点、内壁、弯道连接处等应无毛刺、无凸点、无凹点。

3）每班次挤乳结束后，应对奶水分离器及其上方真空管道进行清洗，要无奶垢残留，无异味。

4）真空盛气筒应每月检查，无废液，无异味。

5）每班次挤乳结束后，应对与生乳接触的设备设施进行清洗、消毒。

3. 组织状态

生牛乳流入储奶罐前，应通过直径 0.150mm（100 目）的滤网，每班次挤乳前，应更换清洁的滤网。

（三）理化指标控制

1. 冰点和相对密度控制

1）气顶奶、奶顶水等过程中不应有水进入储奶罐。

2）储奶罐、管道和运奶罐等与生乳接触的设施设备，不应残留水。

2. 脂肪和蛋白质

（1）饲料与营养

1）选用的饲料原料，应符合农业农村部《饲料原料目录》的要求。

2）选用的饲料添加剂，应符合农业农村部《饲料添加剂品种目录》的要求。

3）饲料卫生应符合《饲料卫生标准》（GB 13078—2017）的规定。

4）饲料及饲料添加剂的使用，应符合《无公害食品　畜禽饲料和饲料添加剂使用准则》（NY 5032—2006）的规定。

5）奶牛应实行分阶段分群饲养，日粮配方应符合《奶牛饲养标准》（NY/T 34—2004）的规定。

（2）管理

1）温湿指数（THI）大于68时，应执行防暑降温程序。

2）应减少奶牛的应激反应，维持瘤胃微生物稳态。

第二节　原料奶中常见的病原微生物及其污染途径

一、原料奶中的微生物来源及途径

（一）乳房内微生物的污染

从健康奶牛的乳房挤出的鲜乳并不是无菌的。乳房内的细菌主要存在于乳头管及其分支处，在乳腺组织内无菌或含有很少的细菌。乳头周围的微生物，沿着乳导管进入乳房内。虽然乳房组织对侵入的特异性物质有防御和立即杀灭的作用，但仍有抵抗力强的微生物在乳房中生存繁殖。乳头前端因容易被外界细菌侵入，细菌在乳管中常能形成菌块栓塞，所以在挤乳时最初挤出的乳应单独存放，另行处理。一般来说，乳头管处的细菌数达到每毫升6000个左右，后面挤出的牛乳中所含的微生物数量逐渐减少，通常达到每毫升200～600个。但是当奶牛患有乳腺炎后，因为感染病原微生物，会导致分泌出的牛乳中微生物数量水平显著升高。

（二）挤乳过程中的微生物污染

1. 牛体的污染

牛体的污染，是指自身生活习惯，如经常在泥泞或者存在较多粪便的地面上走动或卧地休息，或因奶牛场卫生管理不善或疏忽，从而导致乳房、牛蹄、躯体容易黏附大量粪便、土壤及饲料，而这些物质中都含有很多细菌，尤其是粪便，其是大肠杆菌的主要来源。一般来说，不清洁牛体上黏附的尘埃中，每克含有几亿至几百亿个细菌，通常每克湿牛粪含有几十万至几亿个细菌，每克干牛粪则含有几亿至几百亿个细菌。主要是带芽孢的有害杆菌和丁酸菌等。因此在挤乳前1h应对牛腹部、乳房进行清理；挤乳前10min对乳房进行洗涤按摩；

最后在挤乳前用0.3%～0.5%氯己定溶液药浴乳房，这样不仅可以减少牛乳的带菌量，而且对预防隐性乳腺炎也效果良好。

2. 空气的污染

牛舍是奶牛的生活场所，当褥草、饲料和粪便干燥化为粉尘时，会扩散到牛舍的空气环境中，造成牛舍的空气污染。大肠杆菌和环境性链球菌主要来自牛舍和粪便，牛舍中存在的葡萄球菌和革兰氏阴性菌可污染乳头进而对原料奶产生污染。另外，空气中存在球菌、真菌孢子和细菌孢子。洁净的牛舍内，每升空气中的含菌量为数十个至数百个，主要是带芽孢的杆菌、球菌，其次为霉菌及酵母菌等。进行牛舍管理活动如喂料、洗刷牛体、打扫牛舍等，可使每升空气中的尘埃和微生物数量急剧上升到上千个。

3. 挤乳设备的污染

大肠杆菌可从清洗挤乳设备的水进入原料奶中，蜡状芽孢杆菌和假单胞菌属可分别从挤乳设备和贮存容器中进入原料奶。因此，当进行机械挤乳操作时，要避免奶杯触碰牛体，不要让牛体身上的微生物、异物落入奶杯中造成原料奶的污染。另外，要做好挤奶机器的清洗消毒工作，一般挤奶机器存在卫生死角，如有疏忽未清洗干净，极易滋生细菌，下次使用时则会发生污染事件，因此，挤奶机器也是污染来源。有研究表明，挤奶机器管道的每1g残留物滋生的细菌数量有10^7个。所以平时对于挤奶机器的洗涤消毒杀菌必须严格注意，若进行得不彻底，污染程度会极为严重。

4. 其他污染

挤乳人员和管理人员也会把微生物带入牛乳中。挤乳人员在挤乳前如果未对双手或衣服进行清洗和消毒，就会将微生物带入牛乳中。工作人员本身的卫生状况和健康状况也影响鲜乳中微生物的数量。如果工作人员是病原菌的携带者，那会将病原菌传播到乳中，会很大程度地污染牛乳。据研究分析，人工挤乳造成的污染可使原料奶中的细菌数量达到10^6个/mL，这个数值也大大超出了国家标准。牛舍内蚊蝇、昆虫也是乳中微生物的主要来源。据报道，每只蚊蝇身上附着的细菌数平均可达100万～150万个，高者可达600万个及以上，而且蚊蝇的繁殖极快，极易传播细菌。

（三）挤乳后的微生物污染

挤乳后污染细菌的概率仍然很大。例如，过滤器、冷却器、奶桶、贮乳槽、奶槽车等都与牛乳直接接触，因此对这些设备和管路的清洗、消毒、杀菌是非常重要的。此外，车间内外的环境卫生条件，如空气、蝇、人员的卫生状况，都与牛乳污染程度有密切关系。

在贮存、运输过程中，牛乳易被微生物污染。牛乳在制冷完毕后，贮存时间不能超过24h，贮存时间太长会引起嗜冷菌的繁殖，从而使牛乳中的微生物超标。牛乳刚挤出时的温度一般为37～38℃，含水量为87%，加上富含营养，可作为大量细菌的繁殖培养基。尤其是当温度升高时，会促使细菌加速繁殖，从而造成牛乳变酸发生腐败。原料奶在运输过程中，如果运输容器不卫生，运输车没有保温设施，则会导致奶温度升高，再加上剧烈振荡等，会促使微生物加速繁殖，从而造成原料奶发生变质。

二、原料奶中的病原微生物

乳与乳制品是微生物非常好的培养基，同样也成为病原微生物的温床。常见的微生物包括细菌、酵母菌、霉菌等三大类。病原微生物是指可以侵犯人体，引起感染甚至传染病的微生物，或称病原体。与乳和乳制品关系较大的致病菌的生理、生态具体情况分述如下。

（一）葡萄球菌属

葡萄球菌属（*Staphylococcus*）是 R. Koch（1878 年）、L. Pasteur（1880 年）和 A. Ogston（1881 年）从脓液中发现的。葡萄球菌广泛存在于自然界，如人的皮肤、空气、土壤及其他物体上。葡萄球菌中最具代表性的是金黄色葡萄球菌。金黄色葡萄球菌常寄生于人和动物的皮肤、鼻腔、咽喉、肠胃、痈、化脓疮口中，空气、污水等环境中也无处不在。典型的金黄色葡萄球菌为球形，直径 0.8μm 左右，显微镜下排列成葡萄串状。金黄色葡萄球菌无芽孢、鞭毛，大多数无荚膜，革兰氏染色阳性。其营养要求不高，在普通培养基上生长良好，需氧或兼性厌氧，菌株最适的生长温度为 37℃，最适生长 pH 为 7.4。平板上菌落厚、有光泽、圆形凸起，直径 1～2mm。血平板菌落周围形成透明的溶血环。

（二）链球菌属

链球菌属（*Streptococcus*）细菌广泛分布于自然界。其中某些是人体的正常菌群成员，而另一些则会引起人类重大疾病。链球菌细胞直径 0.5～1.0μm，呈圆形或卵圆形、四链球状或不同长度的链状。革兰氏阳性球菌，极少运动，需氧或兼性厌氧菌，部分为厌氧菌。无芽孢，大多数无荚膜。链球菌的最适生长温度是 37℃，最适宜 pH 7.4～7.6，寄生在人类和哺乳动物的黏膜上，即咽喉和肠道等处。营养要求较高，需在加有血液、血清等成分的培养基中生长良好。能分解葡萄糖，不分解菊糖，不被胆汁溶解。后两点可与肺炎球菌区别。

（三）沙门菌属

沙门菌属（*Salmonella*）属于肠杆菌科，是一大群寄生于人类和动物肠道内、生化反应和抗原构造相似的革兰氏阴性杆菌，统称为沙门杆菌。1880 年，Eberth 首先发现伤寒杆菌，1885 年，Salmon 分离到猪霍乱杆菌。由于 Salmon 发现本属细菌的时间较早，在研究中的贡献较大，遂定名为沙门菌属。沙门菌大小是（0.6～1.0）μm×（2～3）μm，无芽孢，一般有鞭毛，无荚膜，多数有菌毛。兼性厌氧，在普通琼脂平板上形成中等大小、半透明的“S”形菌落。在肠道杆菌选择性培养基上形成无色菌落。不发酵乳糖和蔗糖，不产生吲哚，不分解尿素，VP 试验阴性，大多产生硫化氢。除伤寒沙门菌（*S. typhi*）产酸不产气外，其他沙门菌均产酸产气。目前至少有 67 种 O 抗原和 2000 个以上血清型，所致疾病称沙门菌病。根据其对宿主的致病性，可分为三类：①对人致病；②对人和动物均致病；③对动物致病。在这些沙门菌感染中，以伤寒沙门菌和鼠伤寒沙门菌引起的最为常见。

（四）志贺菌属

志贺菌属（*Shigella*）是主要的食源性致病菌之一，其低感染剂量和严重危害性受到人们广泛关注。1898 年，志贺洁首先发现志贺菌，后来以他的名字命名为志贺菌，主要是通过摄取（粪便-口的污染）食物感染，最常见的症状是腹泻（水腹泻）、发热、恶心、呕吐、胃抽筋、肠胃胀气和便秘。该菌主要从食品和水体中分离得到，是一类革兰氏阴性兼厌氧肠杆菌。有 4 种血清型，包括痢疾志贺菌（*S. dysenteriae*）、福氏志贺菌（*S. flexneri*）、鲍氏志贺菌（*S. boydii*）和宋氏志贺菌（*S. sonnei*）。其中福氏志贺菌和宋氏志贺菌常引起暴发和流行，鲍氏志贺菌主要引起重症菌痢。此外，痢疾志贺菌还可分泌出志贺毒素，引起溶血性尿毒综合征。

（五）布鲁氏菌属

布鲁氏菌属（*Brucella*）为革兰氏阴性杆菌，无荚膜、鞭毛，不释放外毒素，为兼性胞内寄生菌。20 世纪 60 年代至今已发现布鲁氏菌属分为 12 个种 25 个生物型，其中羊布鲁氏菌（3 个生物型）致病性最强，猪布鲁氏菌（5 个生物型）感染后有化脓倾向，牛布鲁氏菌（8 个生物型）致病性较弱。布鲁氏菌有特殊的细胞膜结构，主要包括脂多糖、外膜蛋白和脂质蛋白等。一般来讲，布鲁氏菌各个种的形态几乎一样，染色后在普通光学显微镜下呈微小的球状、球杆状和卵圆形，为严格需氧菌。羊布鲁氏菌以球形和卵圆形多见，大小为 0.3～0.6μm。其他种布鲁氏菌多呈球杆状或短杆状，比羊布鲁氏菌也大些，为 0.6～2.5μm。涂片标本上无特殊排列，常单个存在，极少见到呈两个相连或短链排列。无鞭毛不运动，无菌毛，不形成芽孢，毒力菌株有菲薄的微荚膜，多数人认为该菌也无荚膜。易自然突变，菌落类型有光滑型（S）、粗糙型（R）、中间型（I）和黏型（M）4 种。

（六）结核分枝杆菌

结核分枝杆菌（*Mycobacterium tuberculosis*）是引起结核病的病原菌。结核分枝杆菌属于放线菌目分枝杆菌科分枝杆菌属。1882 年由德国微生物学家科赫（Koch）发现。对人类有致病性的有人型、牛型和非洲型结核分枝杆菌。结核分枝杆菌为细长略带弯曲的杆菌，大小为（1～4）μm×0.4μm，为严格的需氧菌，生长最适 pH 为：牛型结核分枝杆菌 5.9～6.9、人型 7.4～8.0、非洲型 7.2。最适温度为 37～38℃。牛型结核分枝杆菌则比较粗短。分枝杆菌属的细菌细胞壁脂质含量较高，约占干重的 60%，大量分枝菌酸（mycolic acid）包围在肽聚糖层的外面，可影响染料的穿入。

（七）炭疽芽孢杆菌

炭疽芽孢杆菌（*Bacillus anthracis*）是炭疽病的病原菌，它们可以引起皮肤等组织变黑坏死，故称为炭疽。炭疽芽孢杆菌粗大，长 4～8μm，宽 1～1.5μm，两端平，在人体或动物体内单独存在或呈短链状。这种菌无鞭毛，不能运动，在有足够氧气和适宜温度（25～30℃）的条件下形成芽孢。芽孢呈椭圆形，大小为（0.8～1）μm×（1.3～1.5）μm，菌体易着色，革兰氏染色阳性，为专性需氧菌，在 14～44℃均可繁殖，最适温度是 37℃，pH 6.0～8.5 时均可生长，最适 pH 为 7～7.4。炭疽芽孢杆菌能分解葡萄糖、麦芽糖、蔗糖，不发酵乳糖、半乳糖。在牛乳中生长 2～4d 后，牛乳即出现凝固，然后缓慢地胨化。炭疽芽孢杆菌菌体的抵抗力与细菌相同，在湿热条件下，56℃、2h，60℃、15min，75℃、1min 均可被杀死。根据感染部位，炭疽可分为皮肤炭疽、肺炭疽和肠炭疽 3 种临床类型。

（八）大肠杆菌

大肠杆菌（*Escherichia coli*）是 Escherich 在 1885 年发现的，在相当长的一段时间内，一直被当作正常肠道菌群的组成部分，被认为是非致病菌。直到 20 世纪中叶才认识到一些特殊血清型的大肠杆菌对人和动物有病原性，尤其对婴儿和幼畜（禽），常引起严重腹泻和败血症。该菌为兼性厌氧、发酵乳糖产酸产气、两端钝圆、分散或成对排列、大多数以周身鞭毛运动的革兰氏阴性菌，无芽孢，生长最适温度为37℃，大小为0.5μm×（1～3）μm。许多菌株为荚膜或微荚膜，化能有机营养型，氧化酶阴性。所有种均能发酵乳糖产酸产气，吲哚和甲基红实验阳性，VP反应和柠檬酸利用实验阴性。在营养琼脂培养基上形成灰色、光滑、低凸、湿润的菌落。在麦康凯琼脂上形成红色菌落。大肠杆菌是人与动物肠道内正常存在的菌群。1岁左右的小儿肠道内就有大量的大肠杆菌。大肠杆菌随粪便从肠道内排泄到周围环境中去，因而土壤和水中都含有大肠杆菌。大多数大肠杆菌在正常情况下是不致病的，只有在特定条件下，一些少数的病原性大肠杆菌才会导致大肠杆菌病。根据不同的生物学特性将致病性大肠杆菌分为5类：肠致病性大肠杆菌（EPEC）、肠产毒性大肠杆菌（ETEC）、肠侵袭性大肠杆菌（EIEC）、肠出血性大肠杆菌（EHEC）和肠黏附性大肠杆菌（EAEC）。

（九）李斯特菌属

李斯特菌属（*Listeria*）是小的、类球形杆菌，大小为（0.4～0.5）μm×（0.5～2）μm，在有些培养基中稍弯，两端钝圆，单个、短链、细胞彼此连成“V”形，或成群的细胞沿长轴方向平行排列，在较老的或生长不良的培养物中，可能形成丝状；20～25℃时以4根周生鞭毛运动，在37℃时只有较少的鞭毛或1根鞭毛；无芽孢，无荚膜。兼性厌氧，在营养琼脂上的菌落呈低凸、半透明和全缘。在正光照下呈蓝灰色，在斜光照下具特征性的蓝绿色调。化能异养菌，葡萄糖发酵代谢，主要产酸*L*（+）-乳酸。接触酶阳性，氧化酶阴性，产生细胞色素。生长温度范围为2～42℃（也有报道在0℃能缓慢生长），最适培养温度为35～37℃。pH为4.4～9.6。李斯特菌属普遍存在于环境中，在绝大多数食品中都能找到李斯特菌。肉类、蛋类、禽类、海产品、乳制品、蔬菜等都已被证实是李斯特菌的感染对象。

三、原料奶中的病毒和噬菌体

噬菌体（bacteriophage）是一种侵害细菌的病毒，所以也叫细菌病毒，简称phage。噬菌体有蝌蚪形、球形和杆形，绝大多数为蝌蚪形，长度一般为100～200nm。原料奶中重要的噬菌体为乳酸菌的噬菌体。噬菌体对乳品工业生产有很大的危害性，干酪及酸奶发酵剂用的乳酸菌往往会被噬菌体所感染而使生产蒙受极大损失，一旦感染，其发酵作用很快会停止，发酵产物不再继续积累，菌种也将迅速被破坏。

（一）乳酸乳球菌乳酸亚种的噬菌体

乳酸乳球菌乳酸亚种噬菌体的头部直径70nm，尾部长度150～160nm，宽7nm，全长220～230nm。乳酸乳球菌乳酸亚种的噬菌体在制造干酪时、接种发酵剂之后及酸牛乳制造的恒温培养时，污染的机会较多，会使酸度不上升，凝块不凝固而遭受损失。

（二）乳酸乳球菌乳脂亚种的噬菌体

乳酸乳球菌乳脂亚种噬菌体的形态、性质均类似乳酸乳球菌乳酸亚种噬菌体，而且它们会彼此互相侵袭菌种，产生交叉感染。乳酸乳球菌乳酸亚种噬菌体会侵袭乳酸乳球菌乳脂亚种，反之，乳酸乳球菌乳脂亚种噬菌体也侵袭乳酸乳球菌乳酸亚种噬菌体。一般可从干酪发酵剂及干酪槽上分离出上述噬菌体。

（三）嗜热链球菌的噬菌体

嗜热链球菌噬菌体经常从干酪发酵剂中被分离出来，与从酸乳发酵设备中分离的噬菌体相比，它们显示出更丰富的基因组多样性。所有目前已知的嗜热链球菌噬菌体均属于有尾噬菌体目长尾噬菌体科，它们的特点是拥有等距的衣壳（60nm）、长而不可收缩的尾巴（220～330nm）及双链 DNA 基因组。

（四）乳杆菌的噬菌体

常见的乳杆菌包括德氏乳杆菌、植物乳杆菌、干酪乳杆菌、鼠李糖乳杆菌、发酵乳杆菌和瑞士乳杆菌等。乳杆菌的噬菌体已从瑞士干酪发酵剂中分离出乳酸乳杆菌的噬菌体、阿拉伯糖乳杆菌噬菌体及嗜酸乳杆菌的噬菌体等。在奶业中以往对于乳杆菌的噬菌体的重视程度远不如链球菌噬菌体，但现在由于发酵乳及活性乳酸菌饮料工业的迅速发展，乳杆菌的噬菌体为相关产品制造上提出了新的问题，已越来越被重视。

四、原料奶中的腐败微生物

（一）分解蛋白质的腐败微生物

蛋白质分解菌指在发育过程中能产生蛋白酶分解蛋白质的菌群，这些菌群有利于乳品生产。能产生蛋白酶或肽酶的蛋白质分解菌，可使蛋白质分解成低分子的肽（缩氨醇）。此外，也有分解蛋白质产生氨及许多有害含氮化合物的蛋白质分解菌、腐败性的蛋白质分解菌、碱化细菌、胨化细菌、产生苦味的细菌等。在低温细菌中，有很多能产生蛋白酶的菌群。

1. 酸性蛋白分解菌

酸性蛋白分解菌分有益菌和有害菌两种，其中使蛋白质分解至肽或者氨基酸的菌株，对干酪和稀奶油、发酵乳的生产非常重要。用于干酪和发酵乳生产的菌株有乳酸杆菌、乳酸链球菌、嗜酸乳杆菌和保加利亚乳杆菌等。这几种细菌分泌的酶需在中性或酸性条件下发挥作用。另外，部分乳酸菌分解蛋白质过程中产生带苦味的肽类影响干酪的质量。

2. 产气菌

大肠菌群分解乳糖产生气体，同时在酸性环境下能分解蛋白质。另外，产气菌中还有丁酸菌和丙酸菌等。

3. 分解蛋白质的有害菌

分解蛋白质的有害菌是一群在碱性环境中分解消化蛋白质的菌群。能使乳蛋白分解胨化、碱化，其中有假单胞菌属革兰氏阴性低温菌和微球菌属、溶解微球菌、枯草杆菌等好气性芽孢杆菌及一部分放线菌。

（二）分解脂肪的腐败微生物

脂肪分解菌指能使甘油酯分解生成脂肪酸的菌群。脂肪分解菌中除一部分在干酪生产方面有用外，一般都是能使牛乳及乳制品变质的细菌，尤其对稀奶油、奶油生产害处更大。主要脂肪分解菌有荧光极毛杆菌、莓实假单胞菌、无色解脂菌、解脂小球菌、干酪乳杆菌、乳酸链杆菌、白地霉、黑曲霉、大毛霉等。

五、原料奶中的乳酸菌

乳酸菌指发酵糖类主要产物为乳酸的一类无芽孢、革兰氏阳性菌的总称。凡是能从葡萄糖或乳糖的发酵过程中产生乳酸的细菌统称为乳酸菌。这是一群相当庞杂的细菌，目前至少可分为18个属，共有200多种，常在牛乳和植物产品中发现。乳酸菌大体可分为球菌和杆菌，其中球菌可分为成串排列的链球菌，两个菌成对存在的双球菌等。杆菌可分为长杆菌、中杆菌、短杆菌及“Y”形的双歧杆菌等。

（一）乳球菌属

1. 乳酸乳球菌（*Lactococcus lactis*）

乳酸乳球菌是乳球菌属的代表菌种，为最普通的乳酸菌，其某些菌株是制备奶油发酵剂、干酪发酵剂和一些发酵乳制品（如酸牛乳）所需发酵剂纯培养的重要菌种。乳酸乳球菌呈椭圆形，直径0.5～1μm，一般呈双球或短链球状，个别的有的呈长链球状。无运动性，不形成孢子，革兰氏染色阳性，兼性厌氧，繁殖最适温度为30～35℃，产酸温度为10～40℃，可耐4%食盐水和pH 9.2的环境。

2. 唾液链球菌（*Streptococcus thermophilus*）

嗜热链球菌是制备酸牛乳及某些干酪时使用的菌株。菌株呈椭圆形，直径为0.7～0.9μm，一般为双球或短链球状，革兰氏染色阳性，繁殖温度为40～45℃，可耐60～65℃，30min的低温长时间杀菌。产酸温度为50～53℃，化学耐性弱，在20%食盐水中不能生存。

3. 乳酸乳球菌乳脂亚种（*Lactococcus lactis* subsp. *cremoris*）

乳酸乳球菌乳脂亚种也称乳脂链球菌，常用于制备奶油、干酪的发酵剂，有时与乳酸乳球菌共同培养以制备菌种发酵剂。乳酸乳球菌乳脂亚种菌体呈球形或椭圆形，直径为0.6～1.0μm，连接两个呈短链球状，无运动性，不形成孢子，革兰氏染色阳性，兼性厌氧，最适繁殖温度为30℃，在40℃时停止繁殖，在4%食盐溶液和pH 9.2环境下停止繁殖。乳酸乳球菌乳脂亚种产酸温度是18～20℃，产酸快，但不耐酸，在20～30℃的凝固乳中只能存活数日。

4. 粪链球菌（*Enterococcus faecalis*）

粪链球菌又叫粪肠球菌，为革兰氏阳性菌，呈椭圆形或圆形，可顺链的方向延长，直径为0.5～1.0μm，大多数呈双或短链状排列，通常不运动。粪肠球菌中个别菌株能使柠檬酸发酵生成乙酸、甲酸、乳酸和二氧化碳。粪肠球菌中的个别菌株有运动性，繁殖温度为10～40℃，有的菌株可耐62.8℃的温度，有的甚至可耐90℃的高温。

5. 肠膜明串珠菌乳脂亚种（*Leuconostoc mesenteroides* subsp. *cremoris*）

肠膜明串珠菌乳脂亚种，又称乳脂明串珠菌，在制备奶油和干酪发酵剂时，常和乳酸菌混合使用。可以通过柠檬酸生成联乙酰和3-羟基丁酮，一般和乳酸乳球菌及乳酸乳球菌乳脂亚种共同生存。菌体呈球形，直径0.6～1.0μm，连成两个或呈锁链状，无运动性，不形成孢子，革兰氏染色阳性，微好气性，通常厌氧，繁殖温度20～25℃。

（二）乳酸杆菌

1. 德氏乳杆菌保加利亚亚种（*Lactobacillus delbrueckii* subsp. *bulgaricus*）

德氏乳杆菌保加利亚亚种是了解最早的乳杆菌，菌体呈棒状，有时呈长、大链状。其繁殖需要乳成分或乳清成分，混合培养基中加入蛋白质分解物发育得更好。繁殖过程中，其产酸量在乳酸菌中是最高的，可使牛乳凝固，分解蛋白质生成氨基酸的能力很强，能使牛乳稀奶油变黏稠。德氏乳杆菌保加利亚亚种是生产酸牛乳的主要菌种，并可用于生产酸乳饮料或用乳清生产乳酸，与嗜热链球菌一起作为瑞士干酪的发酵剂。其繁殖适温是 37～42℃，20℃不能繁殖，60℃以上可杀死。

2. 嗜酸乳杆菌（*Lactobacillus acidophilus*）

这种菌主要存在于动物的肠道中，可从幼儿及成年人的粪便中分离出来。菌体呈细长形，可单独存在或 2～3 个形成短链状存在。嗜酸乳杆菌的耐酸性很强，但凝固牛乳的作用弱，37℃、2～3d 才能使牛乳凝固。在肠道内分解乳糖、麦芽糖、淀粉类生成乳酸，有抑制肠道菌群的作用，是制备发酵乳制品、嗜酸乳杆菌乳的纯培养发酵剂的有用菌种。嗜酸乳杆菌繁殖适温为 37℃，最高温度可达 43～48℃，22℃以下不产酸。

3. 干酪乳杆菌（*Lactobacillus casei*）

它们在牛乳中存在较多，菌体呈细长链状，无运动性，不形成孢子，革兰氏染色阳性，微好气性。干酪乳杆菌在发酵乳糖形成乳酸的发酵过程中同时分解蛋白质产生香味物质，干酪乳杆菌是干酪成熟中必要的菌株。生长的最高酸度条件是含乳酸 1.5%～1.8%，适温是 30℃，但 10℃以下也能生长。

4. 鼠李糖乳杆菌（*Lactobacillus rhamnosus GG*，*Lactobacillus GG* 或 *LGG*）

LGG 在耐胃酸和胆汁方面的性能非常突出，可以活体进入人体肠道，而其他大部分益生菌种在进入肠道前就已经因胃酸和胆汁的作用而死亡。生长温度为 22～53℃，最适温度一般是 30～40℃，耐酸，最适 pH 通常为 5.5～6.2，一般在 pH 5.0 或更低的情况下可生长。

六、原料奶中的嗜温菌

肠杆菌科是革兰氏阴性小杆菌，有 12 个属，它们是埃希菌属（*Escherichia*）、爱德华菌属（*Edwardsiella*）、柠檬酸杆菌属（*Citrobacter*）、沙门菌属（*Salmonella*）、志贺菌属（*Shigella*）、克雷伯菌属（*Klebsiella*）、肠杆菌属（*Enterobacter*）、哈夫尼菌属（*Hafnium genus*）、沙雷菌（*Serratia*）、变形菌属（*Proteobacteria*）、耶尔森菌属（*Yersinia*）和欧文菌属（*Erinia*）。除欧文菌属和爱德华菌属外，其余都与牛乳有关。

肠杆菌科的特性是细胞为较小直杆状，大小为（0.4～0.7）μm×（1.0～4.0）μm，通常是单个，但有时也会聚集在一起。革兰氏染色阴性，好氧和兼性厌氧。有机化能营养。除欧文菌属为 37℃外，其他的最适生长温度是 30℃。有些种寄生在人和动物的肠道中，有时会引起肠道紊乱；有的是植物致病菌（欧文菌的某菌株）；其余的是腐生菌，分解动物尸体。不耐热，经巴氏杀菌就可以消除牛乳中的这类菌。

七、原料奶中的嗜冷菌

凡在 0～20℃下能够生长的细菌都属于低温菌。国际乳品联合会（IDF）提出，凡是在 7℃以下能生长的细菌即为低温菌，而在 20℃以下能生长的细菌叫嗜冷菌。牛乳与乳制品中的低温菌属有假单胞菌属、明串珠菌属、醋酸杆菌属、无色杆菌属、黄杆菌属、产碱杆菌属和一部分大肠菌群。此外，一部分乳酸菌、微球菌、酵母菌和霉菌也属于低温菌。

（一）假单胞菌属

假单胞菌属（*Pseudomonas*）在自然界中广泛存在，能产生各种荧光色素，能发酵葡萄糖。该属多数能使乳与乳制品蛋白质分解而变质。例如，荧光极性鞭毛杆菌除能使牛乳胨化外，还能分解脂肪，导致牛乳酸败。

1. 恶臭假单胞菌（*Pseudomonas putida*）

恶臭假单胞菌能从含各种碳源的土壤和水的样品中分离到，土壤与水相比是更好的来源。4℃能生长，但42℃不能生长，最适生长温度为25～30℃。营养多样化，严格好氧。

2. 荧光假单胞菌（*Pseudomonas fluorescens*）

荧光假单胞菌在培养物中产生扩散性的荧光色素，尤其是在缺铁的培养基中。根据产生的色素不同，反硝化的不同，能否利用蔗糖合成果聚糖和能否利用多种碳水化合物作为碳源，可以将它们分为4种生物型（生物型Ⅰ、生物型Ⅱ、生物型Ⅲ和生物型Ⅳ）和一些混杂的菌株。这类菌绝大多数是在水中和土壤中分离得到，一般与食物（鸡蛋、生肉、鱼和牛乳）腐败有关，特别是在消费前进行冷藏的食物。乳与乳制品的腐败主要是由嗜冷菌和对热稳定的水解酶引起的。生物型Ⅰ可分解脂肪，生物型Ⅱ不分解脂肪，其他生物型对解脂不定。这类菌不仅能使牛乳胨化，并且生物型Ⅰ能分解脂肪，使牛乳产生酸败，会导致稀奶油和牛乳变质。最适生长温度为25～30℃，大多数在4℃或4℃以下生长，在41℃不生长。营养多样化，严格好氧。

3. 腐败假单胞菌（*Pseudomonas putrefaciens*）

腐败假单胞菌能从水体和土壤中分离得到，是鱼、牛乳和乳制品的腐败菌，如奶油表面的污点。能产生红褐色或粉红色的色素。4℃能生长，最适生长温度是21℃，但37℃不能生长。兼性厌氧，在乳中或其他培养基中能迅速产生磷酸酶。

（二）明串珠菌属

1. 类肠膜明串珠菌（*Leuconostoc paramesenteroides*）

类肠膜明串珠菌存在于牛乳、乳制品、牧草和发酵植物中，分布很广泛。它们比同属的其他菌株更耐酸，可以在pH 5.0的培养基中生长。许多菌株可以在30℃下生长，但有的更适合于18～24℃。

2. 肠膜状明串珠菌（*Leuconostoc mesenteroides*）

肠膜状明串珠菌见于牛乳、乳制品、黏糖、果汁和蔬菜中。一些菌株可由蔗糖形成特征性的葡聚糖黏液，20～25℃更适合于它的产生，它可以作为冰淇淋填充剂。某些来自乳制品中的菌株能产生很少量的葡聚糖。

（三）醋酸杆菌属

醋酸杆菌属（*Acetobacter*）能使有机物尤其是乙醇氧化生成有机酸和各种氧化物，当乳与乳制品发生酸败或出现乙醇发酵时，醋酸杆菌则能使发酵产物氧化以至腐败。醋酸杆菌属中有纹膜醋酸菌（*A. aceti*）、许氏醋杆菌（*A. schutzenbachii*）和巴氏醋酸菌（*A. pasteurianus*）等。

八、原料奶中的嗜热菌

耐热性细菌，广义上是指能形成嗜热芽孢的菌群，生产上是指经巴氏杀菌还能生存的细菌，如一部分乳酸菌、耐热性大肠菌、小杆菌及一部分放线菌和球菌等。牛乳和乳制品中存在的嗜热菌如下。

1. 嗜热链球菌（*Streptococcus thermophilus*）

嗜热链球菌为球形或卵圆形细胞，直径为0.7～0.9μm，成对或长链状，45℃时细胞或其一部分变为不规则。菌体大小为0.5μm×3.0μm。无运动性，也不形成孢子，革兰氏染色阳性，一般嫌气。嗜热链球菌的耐热性很强，加热60℃，30min可以存活。生长最低温度为19～21℃，最高为52℃，低于10℃或高于53℃不生长，最适为37℃。71℃，30min或82℃，2.5min加热可杀死。

2. 嗜热脂肪芽孢杆菌（*Bacillus stearothermophilus*）

嗜热脂肪芽孢杆菌菌落形状从圆形到卵圆形，透明到模糊，光滑到粗糙，非常难以辨别，大小如针尖。它能在65℃的条件下生存，但只有微弱的抗酸性，在pH 5.0以下就停止生长。嗜热脂肪芽孢杆菌出现在土壤、温泉、沙土、温度极低的水体、海洋沉积物、食物和堆肥中。乳制品中的嗜热脂肪芽孢杆菌并不是来自牛乳本身，而是来自淀粉、糖或谷物等配料中。该种的孢子比芽孢杆菌属的其他嗜温菌孢子更耐热，但营养体对不良条件非常敏感，若将它们冷至室温，营养体立即失去活性。它的芽孢经过罐式热处理仍能生存，并引起产品酸败，但不产气，所以产品即使已经过期变质，也并不胀罐。

九、原料奶中的芽孢菌

芽孢菌为典型的内生孢子、革兰氏阳性菌，是芽孢菌科（Bacillaceae）菌群的总称。一般可发酵许多糖类，多数为产气性，有的具有致病性，由土壤、水、尘埃等污染牛乳及乳制品。因为它可以生成耐热性的芽孢，故在杀菌处理后仍能生存。

1. 芽孢杆菌属（*Bacillus*）

芽孢杆菌属的菌株可按芽孢的形状和菌的大小区分，枯草芽孢杆菌（*B. subtilis*）为其代表菌种。枯草芽孢杆菌好气，自然界分布很广，经常从干草、谷类、皮和草等散落到牛乳中，所以常常从牛乳中检出，菌体大小为（0.7～0.8）μm×（2～3）μm，单个或呈链状，有运动性，革兰氏染色阳性，能形成孢子，生长温度为28～50℃，适温为28～40℃，最高生长温度可达55℃。枯草芽孢杆菌分解蛋白质的能力强，可使牛乳胨化，一般不分解乳糖，可发酵葡萄糖、蔗糖，能利用柠檬酸。牛乳在好气性芽孢杆菌的作用下会出现异臭和苦味。蜡状芽孢杆菌（*B. cereus*）与炭疽芽孢杆菌的亲缘关系最近，也是该菌属仅次于炭疽芽孢杆菌的第二主要病原菌。人群和其他哺乳动物都会出现轻重程度不同的感染，蜡状芽孢杆菌是无可置疑的感染原，它们会引起两类食物感染症状，即呕吐和腹泻。

2. 梭状芽孢杆菌属

梭状芽孢杆菌属是可发酵许多糖生成丁酸等各种酸的芽孢杆菌。与乳制品有关的菌多为嫌气性（严格厌氧菌），是干酪成熟后期形成的气孔缺陷的病原菌。创伤梭菌、丙酮丁醇梭菌、金黄丁酸梭菌、产气荚膜梭菌、肖氏梭菌、败毒梭菌等会出现在乳制品中。干酪成熟后期造成气孔缺陷的原因就是丁酸梭菌，代表菌株是丁酸芽孢杆菌。在乳酸菌产酸到达一定程度时，这些丁酸梭菌就停止生长，并开始显示其活性。在产气的同时，还产生丁酸并进行乙醇发酵，在这些发酵过程中还伴随有甲酸、乙酸、丙酸等有机酸和戊醇、丁醇等。

十、原料奶中微生物数量的动态变化

通常情况下，微生物会从牛体（包括挤乳环境、牛粪、乳房等）、空气、盛乳容器、饲料等处进入牛乳中。由于牛乳的营养非常丰富，含有大量的水分，特别适合微生物的繁殖需要，所以牛乳在贮存期间，微生物会出现大量的繁殖。

（一）刚挤出的新鲜牛乳含菌量的变化

刚挤出的新鲜牛乳含菌量依牛的健康、泌乳期、乳房状况及挤乳前对乳房的卫生处理、挤乳环境卫生等情况而有所不同。在挤乳过程中细菌含量的变化情况是，先挤出的牛乳中含菌量较高，随后挤出的含菌量逐渐下降。

（二）混合乳中细菌含量的变化

新挤出的鲜乳一般含菌量较少，但受不同挤乳用具、容器、牛体、牛舍空气不同程度的污染，混合乳中细菌数量变化很大。不同的挤乳条件对牛乳污染程度如表 2-3 所示。

表 2-3 不同的挤乳条件对牛乳污染程度的比较（引自侯俊财和杨丽杰，2010）

污染来源	遵守卫生条件/（CFU/cm^2）	不遵守卫生条件/（CFU/cm^2）
牛皮肤与毛	50	20 000
空气	1	30
挤乳者的手	1	10 000
滤奶器	1	100 000
挤乳用小桶	70	1 000 000

（三）新鲜牛乳保存期间细菌的变化

1. 牛乳在室温下贮存时微生物的变化

新鲜牛乳中的微生物菌群演替如图 2-1 所示。原料奶中含有乳过氧化物酶系统（LP-S）、溶菌酶等抑菌物质，可使乳汁本身具有抗菌特性，在一定时间内不会发生变质现象。这种特性延续时间的长短，随乳汁温度的高低和细菌的污染程度而不同。通常新挤出的乳，迅速冷却到 0℃可保持 48h，5℃可保持 36h，10℃可保持 24h，25℃可保持 6h，30℃仅可保持 2h，在这段时间内，乳内细菌是受到抑制的。当乳的自身杀菌作用消失后，若乳液静置于室温下，即可观察到乳所特有的菌群交替现象。

2. 牛乳在冷藏时微生物的变化

生鲜牛乳在未消毒即冷藏保存的条件下，一般的嗜温微生物在低温环境中被抑制；而低温微生物却能够增殖，但生长速度非常缓慢。低温时，牛乳中较为多见的细菌有假单胞菌、醋酸杆菌、产碱杆菌、无色杆菌、黄杆菌属等，还有一部分乳酸菌、微球菌、酵母菌和霉菌等。冷藏乳的变质主要指乳脂肪的分解。多数假单胞菌属中的细菌，均具有产生脂肪酶的特性，它们在低温时活性非常强并具有耐热性，即使在加热消毒后的牛乳中，残留脂肪酶还有活性。冷藏牛乳中可经常见到低温细菌促使牛乳中蛋白质分解的现象，特别是产碱杆菌属和假单胞菌属中的许多细菌，它们可使牛乳胨化。

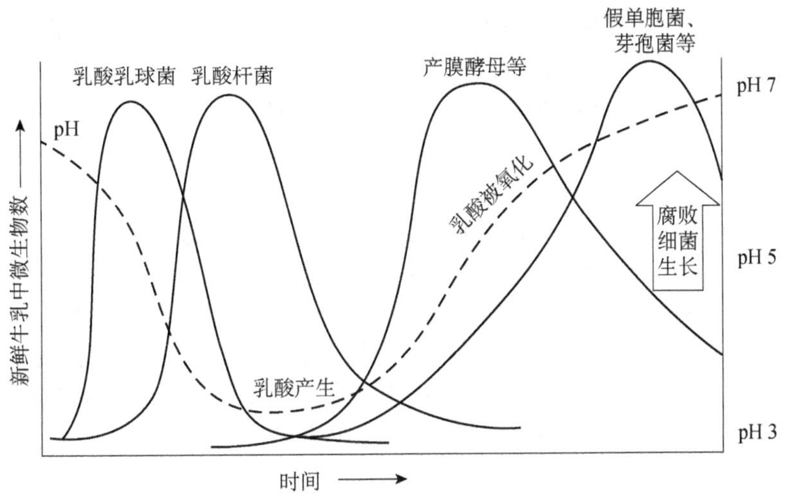

图 2-1 新鲜牛乳中的微生物菌群演替（引自侯俊财和杨丽杰，2010）

十一、原料奶中微生物的控制

（一）巴氏消毒

1. 低温长时消毒法（low temperature long time，LTLT）

60～65℃，加热保温 30min，目前市场上见到的玻璃瓶装、罐装的消毒奶、啤酒、酸渍食品、盐渍食品采用的就是这种常压喷淋杀菌法。其杀菌效果一般最高达到 99%，对耐热性嗜热细菌及孢子等则不易杀死，如对乳酸菌，还可能有 1.3%～4.0%的乳酸菌残留于乳中，同时牛乳中的酶并没有受到完全纯化。

2. 高温短时杀菌（high temperature short time pasteurization，HTST）

将牛乳置于 72～75℃下加热 4～6min，或 80～85℃加热 10～15s，可杀灭原有菌 99.9%。用此法对牛乳消毒时，有利于牛乳的连续消毒，但如果原料污染严重时，难以保证消毒的效果。

3. 高温瞬时消毒（high temperature short time method）

目前许多大城市已采用高温瞬时消毒法，即控制条件为 85～95℃，2～3s 加热杀菌，其消毒效果比前两者好，但对牛乳的质量有影响，如容易出现乳清蛋白凝固、褐变和加热臭等现象。

4. 超高温瞬时杀菌（ultra high temperature instantaneous sterilization，UHT）

许多科学家做了大量的试验，发现在保证相同杀菌效果的前提下，提高温度比延长杀菌时间对营养成分的损失要小些，因而目前比较盛行的乳灭菌方法是超高温瞬时杀菌。即牛乳先经 75～85℃预热 4～6min，接着通过 136～150℃的高温 2～3s。预热过程中，可使大部分的细菌杀死，其后的超高温瞬时加热，主要是杀死耐热的芽孢细菌。该方法生产的液态奶可保存很长的时间。

（二）超高压均质化技术

超高压均质化（ultra-high pressure homogenization，UHPH）是一种依赖超高动态压力的新兴技术。高压、温度、剪切、空化和冲击的组合优化处理能提供更高质量和更长保质期的商业无菌乳品。UHPH 一方面可以使食品颗粒粒径达到纳米级，增加食品稳定性以达到均质、乳化的外观效果，另一方面还具有杀菌、钝酶的作用。作为非加热的物理杀菌技术，能从营养、风味、色泽等方面更好地保留食品原有品质，具有代替传统热处理技术的潜力。

（三）脉冲电场技术

脉冲电场（pulsed electric field，PEF）技术是将待灭菌液态奶采用泵送等方式，流经设置有高强脉冲电场的处理器，给予高压电脉冲，形成脉冲电场。微生物在极短时间内受强电场力作用后，细胞结构破坏，菌体死亡。由于 PEF 技术可以提高产品的质量和稳定性，同时不影响产品和工艺安全，近年来受到广泛关注并作为巴氏杀菌可能的替代技术得到深入研究。PEF 技术能够控制大肠杆菌、单核细胞增生李斯特菌、沙门菌、金黄色葡萄球菌、荧光假单胞菌、蜡状芽孢杆菌及乳品中绝大部分的有害微生物。

（四）微滤技术

微滤（micro-filtration，MF）是利用筛分原理，分离、截留直径为 0.05～10μm 的大小粒子的膜分离技术。膜的孔径为 0.1～10μm，其操作压力为 0.01～0.2MPa。微滤可以截留脱脂乳中 99.99%的细菌孢子和体细胞，一方面微滤可以作为巴氏杀菌的预处理工艺来延长液态奶的货架期；另一方面采用了微滤除菌延长货架期的巴氏杀菌奶（ESL 奶），保持了牛乳的原汁原味和较高的营养价值。

第三节　原料奶中的毒素和抗生素

一、原料奶中可能被污染的毒素及来源

（一）细菌毒素及来源

细菌毒素（bacteriotoxin）是细菌在代谢过程中产生的有毒化学物质，分为外毒素和内毒素。

1. 外毒素（exotoxin）

外毒素是一些病原菌在代谢过程中分泌到菌体外的物质，并可从菌体扩散至环境中。若将产生外毒素细菌的液体培养基用滤菌器过滤除菌后，便可以得到外毒素。产生外毒素的细菌主要是一些革兰氏阳性菌，如金黄色葡萄球菌、链球菌、破伤风杆菌等。

外毒素的一般特性如下：具有亲组织性，选择性地作用于某些组织和器官，引起特殊病变。外毒素通常是蛋白质，其中有的起着酶的作用。菌体外毒素分子量一般为 27 000～900 000，常见的细菌外毒素见表 2-4。外毒素不稳定且不耐热，易被破坏。外毒素可被蛋白酶分解，遇酸发生变性，毒性强。

表 2-4　常见的细菌外毒素（引自侯俊财和杨丽杰，2010）

细菌种类	革兰氏染色	引起疾病	毒素名称	毒素作用方式
百日咳杆菌	–	百日咳	百日咳毒素	坏死性
内毒杆菌	+	肉毒中毒	6 型特异性毒素①	麻痹（抑制乙酰胆碱释放）
诺维氏梭菌	+	气性坏疽	α-毒素 β-毒素 δ 毒素	坏死性 溶血性卵磷脂酶，坏死作用 溶血性

续表

细菌种类	革兰氏染色	引起疾病	毒素名称	毒素作用方式
产生荚膜杆菌[2]	+	气性坏疽	α-毒素	溶血性卵磷脂酶，坏死性
			β-毒素	溶血性心脏毒素
			λ-毒素	溶蛋白性
破伤风杆菌	+	破伤风	破伤风溶血毒素	溶血性心脏毒素
			破伤风痉挛毒素	引起骨骼肌痉挛
白喉杆菌	+	白喉	白喉毒素	坏死性
鼠疫杆菌	−	鼠疫	鼠疫毒素	可能坏死性
志贺氏痢疾杆菌	−	菌痢	神经毒素	出血性，麻痹性
霍乱弧菌	−	霍乱	肠毒素	引起小肠过度分泌液体
化脓性链球菌	+	化脓性感染与猩红热	α-毒素	溶血性
			红疹毒素	猩红热红斑（疹）
			溶血毒素 o	细胞毒性，溶血性
			溶血毒素 s	收缩平滑肌，溶血性
金黄色葡萄球菌	+	食物中毒	肠毒素	呕吐
		化脓性感染	α-毒素	溶血性，杀白细胞性坏死性
			β-毒素	溶血性
			δ 毒素	皮肤坏死性，溶血性，杀白细胞性
			杀白细胞素	杀白细胞性

注：①毒素中 C 型与 D 型作用于低等动物；②只列举由这种细菌产生的部分毒素

2. 内毒素（endotoxin）

首先由 Broivin 等（1933）用三氯乙酸自鼠伤寒杆菌中提出。1940 年，Morgan 使用志贺菌阐明了细菌内毒素是由多糖脂质及蛋白质两部分所组成的复合物，到 20 世纪中期，对细菌内毒素的化学组分、化学结构及生物活性的研究更加明确。研究表明，细菌内毒素是一种由革兰氏阴性菌的细胞壁外壁分泌的一种由脂多糖和微量蛋白质组成的复合物。

细菌内毒素的主要化学成分为脂多糖（LPS）。各种细菌内毒素的成分基本相同，均由类脂 A、核心多糖和菌体特异性多糖（O 特异性多糖）三部分组成。

细菌内毒素的一般特性如下。

1）极端环境适应性强。细菌内毒素不是蛋白质，它具有很强的耐热性。

2）作用无特异性。细菌内毒素的作用没有组织器官选择性，不同病原菌所产生的细菌内毒素致病症状和病理变化大致相同。

3）主要由革兰氏阴性菌产生，存在于细菌细胞内，为细胞壁结构成分，细菌细胞裂解时才释放出来。

4）毒性较小，低于细胞外毒素。内毒素和外毒素的主要区别见表 2-5。

表 2-5 内毒素和外毒素的主要区别（引自侯俊财和杨丽杰，2010）

项目	外毒素	内毒素
产生菌	革兰氏阳性菌为主	革兰氏阴性菌为主
化学组成	蛋白质	磷脂-多糖-蛋白质复合物
释放时间	一般随时分泌	为细菌细胞壁结构成分，菌体死亡裂解后释放

续表

项目	外毒素	内毒素
治病特异性	不同外毒素作用不相同	不同病原体的内毒素作用基本相同
毒性	强毒性，常致死	弱毒性，很少致病
抗原性	完全抗原，抗原性强	不完全抗原，抗原性弱
制成类毒素	用甲醛对毒素进行处理后脱毒成类毒素，但处理后的毒素仍保持免疫原性	没有
热稳定性	差，60℃以上能迅速破坏	耐热性强，160℃，2～4h 被破坏
发热潜能	不会对寄主产生发热	化脓，经常使寄主发热

（二）真菌毒素

真菌毒素（mycotoxin）是指某些丝状真菌在生长繁殖过程中产生的次生有毒代谢产物。谷物、坚果、水果等农作物极容易遭受真菌的侵染，以上作物生长期间受到病害、虫蚀，收获期遇到连阴雨或收获后未能及时干燥，以及在高温高湿条件下贮存等，都很容易发生霉变和产生毒素。

1. 来源

真菌毒素可混入饲料中供牲畜进食从而在体内转化后间接进入乳中，也可通过挤乳过程直接进入乳中。

2. 真菌毒素生成机制

（1）*黄曲霉毒素*　黄曲霉毒素（aflatoxin）是真菌毒素，是曲霉菌属（*Aspergillus*）的三种真菌（*A. flavus*、*A. parasiticus* 及 *A. nomius*）产生的一组毒素，普遍存在于自然界中。主要代谢产物黄曲霉毒素 M1（AFM1）是污染乳的最重要物质。该毒素是 1963 年由 Alleroft 首先在牛乳中发现的，并在 1965 年命名为黄曲霉毒素 M（aflatoxin M）。20 世纪 90 年代，研究发现黄曲霉毒素 B1 的毒性及致癌性极强且耐热。1993 年，世界卫生组织（WHO）的癌症研究机构将 AFB1 划定为（对人类）Ⅰ类致癌物。我国于 2022 年 2 月 22 日发布并施行《食品安全国家标准 食品中黄曲霉毒素污染控制规范》（GB 31653—2021），该标准重点关注食品链中黄曲霉毒素的产生、消除、降低、控制等措施，对于加强黄曲霉毒素的过程控制，确保原料及下游产品食用安全具有重要意义。我国在《食品安全国家标准 食品中真菌毒素限量》（GB 2761—2017）中规定牛乳及其制品中黄曲霉毒素 M1 不得超过 0.5ng/kg。

（2）*其他毒素*　其他进入乳中的真菌毒素也有报道。在乳制品中已经检测到镰刀霉菌属（*Fusarium*）的毒素，如玉米赤霉烯酮（ZEA）是镰刀菌产生的霉菌毒素。

二、原料奶中的抗生素

抗生素是指一类由微生物或高等动植物在生活过程中所产生的具有抗病原体或其他活性的次级代谢产物，能干扰其他生活细胞发育功能的化学物质。国家卫生健康委员会，国家市场监督管理总局，农业农村部三部门联合发布的《食品安全国家标准　食品中 41 种兽药最大残留限量》（GB 31650.1—2022），于 2022 年 9 月 20 日正式实施，规定了动物性食品中得曲恩特等 41 种兽药的最大残留限量。

（一）原料奶中抗生素残留的来源

1. 治疗奶牛疾病时抗生素的残留

对泌乳期奶牛用药不规范或不注意休药期时间是造成牛乳中抗生素残留的主要因素，尤其是采用乳房灌注治疗奶牛乳腺炎时，更易造成牛乳中抗生素的残留。

1）使用不正确的抗生素或滥用抗生素。乳腺炎在奶牛中常有发生，当奶牛患病时，用药剂量、给药途径、用药部位和用药种类等方面不符合用药规定，造成药物在奶牛体内存留时间延长，从而需要增加休药期天数。

2）不遵守休药期有关规定，休药期系指畜禽停止给药到许可屠宰或其产品（乳、蛋）许可上市的间隔时间。在休药期间，动物组织或产品中存在的具有毒理学意义的残留可逐渐降低，直至达到安全浓度。

3）超量用药随着集约化饲养时间的延长，常用药物的抗药性日趋严重，因而药物添加剂的添加量和药物的使用量越来越高，造成药物在动物体内残留的时间会延长。

2. 抗生素作为奶牛饲料添加剂的残留

一些饲料厂家或奶牛场为获得更高的经济利益，不惜滥用各种药物添加剂，如泌乳期奶牛长期食用含抗生素的饲料，吸收后的抗生素既会流到全身的各个部位，又可通过挤乳过程残留到乳中。

3. 挤乳操作不规范、不卫生致使乳被抗生素污染

给泌乳奶牛饲喂含有抗生素的饲料，操作人员未定期清洗奶牛的乳房、乳头，未及时检验奶牛是否存在乳腺炎，就会感染健康牛，导致乳中残留抗生素。

4. 人为添加抗生素

奶牛在高温季节分散养殖时，为了降低成本，没有冷藏设备，但又要防止生鲜牛乳腐败变质，经常人为故意将抗生素添加到鲜乳中防腐保鲜。

（二）原料奶中抗生素残留的危害

1. 危害人体健康

（1）中毒反应　如果乳产品中的兽药残留严重，人体一次摄入的量过大，就会引起急性中毒反应。药物残留的危害绝大多数是通过长期接触或体内逐渐蓄积而造成的。

（2）过敏反应　部分人对某些抗菌药物过敏，轻者引起皮肤瘙痒、发热、荨麻疹、蜂窝织炎及关节肿痛等，重者可出现急性血管性水肿等症状，甚至危及生命。

（3）三致作用　三致即致畸、致癌、致突变，指药物及某些化学药品可引起人类基因突变或染色体畸变而产生对人类的潜在危害。兽药中的一些致畸物质在极低剂量下就具有效应，在胚胎发育的关键阶段，短暂接触致畸物质就有可能导致胎儿畸形。

（4）对胃肠道菌群的影响　正常机体内寄生着大量菌群，其中有有益菌群如乳酸菌、双歧杆菌等，也有一小部分致病菌，这些菌群互相拮抗维持平衡，构成人体内外的微生态环境，但当长期接触含抗生素残留的牛乳时，该平衡破坏，人体菌群失调。

（5）激素（样）作用　性激素及其类似物主要包括甾类同化激素和非甾类同化激素。肝、肾和注射或埋植部位常有大量同化激素残留存在，一旦被人食用后可产生一系列激素样作用，则有可能干扰人体的内分泌功能，影响生育能力，如潜在致癌性、发育毒性（儿童早熟）及女性男性化或男性女性化现象。

2. 细菌耐药性增加

近年来，随着各类抗生素的广泛使用，细菌耐药性问题已日趋严重，且出现了多重耐药。耐药菌株大量繁殖，耐药性不断增强。

3. 对环境的影响

兽药及其代谢产物通过尿、粪便进入环境中，对生态环境产生影响。绝大多数兽药排入环境中，仍然具有活性，会对土壤微生物、水生生物及昆虫等造成影响。

4. 对乳制品生产工艺的危害

从乳制品加工的角度来看，原料奶中抗生素残留物严重干扰发酵乳制品的生产，还可影响干酪、黄油、发酵乳的起酵和后期风味的形成，因而含抗生素的牛乳不能加工高质量的奶酪、酸奶等高品质的产品。

5. 影响我国乳品工业的未来发展

滥用药物易造成乳中药物残留，从而影响乳品工业的发展和在国际市场上的地位。《食品安全国家标准 食品中兽药最大残留限量》（GB 31650—2019）规定了动物性食品中阿苯哒唑等 104 种（类）兽药的最大残留限量，氯丙嗪等 9 种允许做治疗用，但不得在动物性食品中检出兽药。

我国注重加强社会共治，引导食品行业协会开展（原料奶）质量提升行动，推动食品产业树立高质量发展理念。引导企业加强市场调研、分析消费需求、加强研发创新、制订质量标准、推行绿色生产、强化生产控制，推行先进的质量管理标准和食品良好生产规范，为广大人民现在及将来的食品安全保驾护航。

第四节　原料奶中有害化学物质的来源及控制

一、原料奶中有害化学物质残留

化学污染物是对大众食品有非安全性影响的一类有毒物质。

（一）多氯联苯（PCB）化合物

多氯联苯（polychlorinated biphenyl，PCB）是一类典型的、持久性的有机污染物，是联苯苯环上的氢被氯取代而形成的多氯化合物，具有 209 种同系物。具有稳定性、不易燃性、抗热性的 PCB 已经应用到不同的工业产品当中。研究发现，随着 PCB 中氯含量的增加，其在环境系统中的降解效率会逐渐降低，导致蓄积性增加，反之亦然。

环境中的 PCB 主要存在于土壤、水和空气中，主要通过空气传播到饲料原料中，以气态或气溶胶状态形式存在。PCB 在牛乳中和动物脂肪中的残留水平正常应低于 5μg/kg。由于被分析的 PCB 类似物的种类和动物的饮食方式均不同，因此在动物性食品及人体中的残留量水平也不相同。

持久性有机污染物（persistent organic pollutant，POP）中的 PCB 具有生物蓄积性、持久性、高毒性及远距离迁移性等特点，又往往以复合物的形式存在，因此，对其科学精确评价十分困难。PCB 对于人类来说是属于潜在的致癌性物质。通过动物实验表明，PCB 的存在对于人体生殖、发育、免疫均具有毒性作用。每人每天 PCB 的摄入量估计为 7～70μg，对于目前的暴露水平，没有足够的证据证明 PCB 对人体的毒性作用。

（二）氯化二苯并二噁英（PCDD）和氯化二苯并呋喃（PCDF）

二噁英（dioxin）俗称二噁因，属于氯代三环芳烃类化合物，是氯化二苯并二噁英（polychlorinated dibenzo-p-dioxin，PCDD）和氯化二苯并呋喃（polychlorinated dibenzofurans，PCDF）的总称，是由200多种异构体、同系物等组成的混合体。PCDD和PCDF是环境污染物，具有亲脂性、化学稳定性及低挥发性，并已经发现其在动物和人体脂肪组织中的低浓度残留。

二噁英主要来自垃圾焚烧、农药及含氯有机物的高温分解或不完全燃烧。化学工业废物是二噁英的来源，其在奶制品中的残留水平通常用毒性当量（TEQ）来表示，据检测，平均每克奶脂肪中为0.6～3pg①，在周边有相关污染源的牧场的牛乳中期数值有轻微升高。欧盟委员会规定牛乳脂肪中PCDD和PCDF的最高残留限量为3pg/g，这个规定可能导致全球许多国家奶制品对欧盟无法出口。二噁英与二噁英类似物PCB通常是以相似的作用方式产生毒性，但是它们潜在毒性的大小又各不相同。国际对二噁英在食品中含量的一般标准为每克动物脂肪（包括肉类、乳制品）不超过5pg。

（三）其他蓄积毒性卤代烃化物和有机氯杀虫剂

蓄积毒性卤代烃化物和有机氯杀虫剂在环境中持续存在，虽然在现实当中未被人们注意，但在牛乳中确实可以检测到其残留，如多溴防燃剂（多溴二苯乙烯）、毒杀芬（氯化硼烷化合物）、氯化石蜡、多氯化萘及DDT、氯丹、七氯、百菌清等有机氯杀虫剂。

（四）抗菌药物及抗生素

抗菌药物用于治疗细菌性感染或者用于饲料中的添加剂以预防疾病的发生。所有应用于奶牛疾病治疗的抗菌药物在牛乳中都有一定量的残留。在家禽养殖场中，抗菌药物进入环境的方式主要通过动物粪便。由于口服的药物很难在畜禽的胃肠道被吸收，高达90%的口服的抗菌药物会以活性状态存在，通过原形或者代谢产物的形式排出动物机体。

目前在动物中使用抗菌药物主要用于治疗、预防、控制、促生长。抗生素耐药性已严重威胁公共健康、经济增长和社会经济稳定。这可能导致人类治疗变得复杂，可能引起耐药菌株在肠道内选择性产生。

（五）抗寄生虫药物

抗寄生虫药物是一类可以杀死或至少排出动物体内寄生虫的药物。体内寄生虫可入侵牧场动物包括泌乳的奶牛。对于成体动物主要分为两群，一群是吸附于牧草上的肝片吸虫，另一群是毛圆线虫家族的一种蠕虫。

（六）激素类药物

将激素应用于畜牧业有几个目的，其中包括促进动物生长、治疗和提高繁殖能力。一些影响动物增重的激素类药物被归类为生长促进剂、同化或性能增强剂，主要是为了提高动物的经济价值。

激素类药物按照化学成分可以分为天然激素、半合成和合成类激素。天然激素（类固

① $1pg=10^{-12}g$

醇、小肽或蛋白质），牛乳中天然激素的残留量会通过动物不同生理时期、营养状态或者可能的其他因素的影响产生波动。半合成和合成类激素，在乳腺炎治疗过程中，合成皮质激素，如地塞米松、氢化可的松及其衍生物系统给药或注入乳池中以减轻炎性反应。（半）合成类激素醋酸甲烯雌醇、醋酸去甲雄三烯醇酮和右环十四酮酚，在一些国家中应用于肉产品作为动物生长促进剂。

（七）杀虫剂

当杀虫剂大量应用于喷洒食品和饲料植物农药中时，应在奶制品生产过程中严格执行良好农业操作规范。事实上构成危害的显著残留应该是不存在的。目前，相关营养安全委员会已经对 191 种杀虫剂进行了讨论，其中 85 种规定了在牛乳及其副产品中的残留限量为 0.008～0.1mg/kg。

（八）重金属污染

重金属可以通过许多途径污染牛乳。例如，通过储奶的不锈钢罐可直接受到重金属铬和镍元素的污染，通过焊锡的罐可直接受到锡金属元素的污染。对于奶制品而言，考虑到浓缩因素，污染物监测应该在鲜乳中进行。有些重金属如铅和镉可以与奶中的特殊成分酪蛋白牢固结合，这些特殊成分可以用来浓缩或移除重金属元素。

（九）硝酸盐和亚硝酸盐

硝酸盐和亚硝酸盐通常以钠或钾盐的形式存在。在牛乳及其副产品中，即使在奶酪加工过程中应用硝酸钾，其氮离子浓度通常仍然很低。若奶牛的饮用水、饲料及奶牛的生长环境中硝酸盐和亚硝酸盐的含量过高，则牛乳中的硝酸盐和亚硝酸盐含量可能会超标。

（十）包装材料对食品的污染

食品包装材料，如单体和增塑剂，可导致特殊化学成分的痕量转移。在包装材料中常用的聚合体有聚氯乙烯和聚氯苯乙烯，氯乙烯是聚氯乙烯的单体，苯乙烯是应用于一些塑料制品的加工原材料。氯乙烯已被确定为动物和人类肝脏的致癌物质，苯乙烯诱导的毒性作用包括肾脏和肝脏的损害，肺水肿和心律失常。

（十一）清洁剂和消毒剂

清洁和消毒是食品生产中良好操作规范的关键所在，清洁剂和消毒剂可以保证从设备表面移除细菌和残留的牛乳。但是如果在牛乳设备和容器的清洁、消毒、除垢过程中没有执行正确的操作规范，除垢剂、清洁剂和消毒剂可以通过牛乳运输加工等途径引入牛乳中。

二、原料奶中有害化学物质控制

目前我国采取适度规模的标准化养殖模式，按照农业部《标准化奶牛养殖小区项目建设标准》（NY/T 2079—2011）实施标准化奶牛养殖小区建设，对牛场的选址与建设、饲养管理、卫生与防疫、挤奶厅建设与管理、粪便及废弃物处理等方面严格按照规范的技术要求执行。

（一）饲养卫生与环境

我国奶牛养殖的主体模式是奶牛分散养殖。针对这种模式存在的疫病防控难度加大、环境污染问题严重等主要问题，有如下几种具体控制方法：奶牛场应建设在地势平坦干燥、背风向阳、排水良好、场地水源充足、未被污染和没有发生过传染病的地方；牛舍应具备良好的清粪排尿系统；牛舍内的温度、湿度等应满足奶牛不同饲养阶段的需求；牛场应分设管理区、生产区及粪污处理区，管理区和生产区应处上风向，粪污处理区应处下风向。

（二）奶牛饲养

奶牛对饲料和饲养管理水平十分敏感，因此在饲养时应普及推广科学技术，改善饲养卫生与营养条件，创造良好的饲养环境。在加强饲养管理的同时，各地应根据疫病特点制订合理的免疫程序，定期对奶牛预防接种，防止疾病的发生。

为了规范管理，应该建立奶牛管理经营档案，对每头奶牛进行编号，制定生产日历。要采取统一饲养、统一饲料配方、统一疫病防治、集中机械挤乳的管理模式。用过兽药的牛只应有明显的标识，并设立专门的病牛牛舍隔离饲养。挤乳前，挤乳员应认真检查每一头牛，确认用药的牛只没有混入健康牛群中等。

（三）挤乳

科学的挤乳方法可以提高奶牛的产奶量，如果操作不当就会增加原料奶被污染的概率，所以需要格外注意以下几点。

1. 乳房的清洁

在挤乳前先将乳房清洗干净，这样可以保持乳房的清洁，避免污染乳汁，还可以促进乳房血液循环，对产奶有利。

2. 前三把乳的舍弃

最先挤出的少数乳液中微生物数量最多，超过 10^3 个/mL。因此，为了提高原料奶的品质，需将头三把菌数较高的乳弃去。随着挤乳的进行，乳中的微生物数量逐渐减少，最后挤出的乳中菌数含量降低至 10～10^2 个/mL。

3. 奶站及挤乳设备

挤奶厅定期消毒，日常保证干净卫生，挤奶厅必须是通风良好无牛粪和其他异味，夏季应配备防蝇虫设施。挤乳开始后，及时处理挤奶厅出入门口及地面的牛粪、污水。每次收奶后及时对厅内卫生进行清扫。定时检查挤乳设备的微生物状况。

4. 贮存

为了避免将杂质和细菌带入奶罐，应使用过滤器，每个过滤袋只能使用 1 次。刚离体的牛乳温度在 37℃左右，适合于大多数微生物的生长繁殖，须采用就地清洗（clean in place，CIP），将乳在 2h 内降至 3～5℃。

5. 运输

使用具有隔热或制冷设施的奶罐车进行运输，夏季要在清晨或夜间运输牛乳，在运输中奶温不应高于 10℃。运输原奶必须及时装卸，防止奶温升高，避免将微生物数量级不同的原料奶混合，运输奶罐车交奶后必须进行 CIP。

第五节 常见物理性物质对原料奶的污染及控制

一、常见物理性污染物及来源

在原料奶中常见的物理性污染物大多是源自牛体的牛粪、牛体皮肤、垫料和清洗乳房的污水，牛乳容器、挤奶机械、过滤器、挤乳员的手等卫生条件不合格带来的灰尘、土壤、墙面剥落碎屑等，人员的非法操作或操作失误，设备使用不当而造成的磨损等。

二、污染物的控制

（一）场内工作人员卫生要求

挤乳人员需进行手部、工作服或胶靴的消毒；工作人员进入生产区应更换工作服，工作服不应穿出场外；饲养人员应具有健康合格证明，工作中不得患有传染性疾病；外来参观者进入场区参观应彻底消毒，更换场区工作服和工作鞋，并遵守场内防疫制度。

（二）挤奶厅环境要求

挤奶厅（榨乳间）外保持整洁；有特定地点堆放垃圾，并且及时清除垃圾免除污染；卫生设施齐全有效，并保持清洁、干燥；有足够的洗手设施及明显的洗手标志；电源开关、线路、插座及用电器符合消防要求并保持安全状态；消防设施符合要求。

（三）挤乳要求

奶牛养殖人员要在挤乳中讲究科学方法，结合牛泌乳的实际特征开始进行挤乳操作，进而达到预防奶牛发生乳房疾病，同时提高产奶量的目的。

要严格按照挤乳规程进行挤乳，书中前面章节有相关内容，后续章节仍会详细介绍。

第三章　原料奶的生产与利用

第一节　奶的种类与组分差异

一、牛主要品种对原料奶质量的影响

我国饲养奶牛的主要品种是荷斯坦牛及其杂交牛，其次为水牛、牦牛，另外还有一些乳肉兼用牛，如西门塔尔牛、草原红牛、三河牛和新疆褐牛等品种。不同品种牛的生产性能差异较大，产奶量高的牛乳，其乳脂率较低；反之，乳脂率高。不同品种牛乳的主要营养成分比较见表 3-1。

表 3-1　不同品种牛乳的主要营养成分（引自梁霄，2012）

营养物质	水牛	荷斯坦牛	牦牛	娟姗牛
水分/%	82.5	87.2	82.3	84.9
干物质/%	17.5	12.8	17.7	15.1
脂肪/%	7.5	3.7	6.7	5.3
蛋白质/%	4.3	3.5	5.5	4.0
乳糖/%	4.8	4.9	4.6	4.9
灰分/%	0.8	0.7	0.9	0.7

水牛乳含 17%～18%的干物质，高于普通牛乳，故较黏稠。水牛乳缓冲容量高，故在加工酸乳时发酵时间比荷斯坦牛乳长。水牛可将乳中胡萝卜素转化为维生素 A，故水牛乳颜色比普通牛乳白。水牛乳脂肪含量高，适合制作黄油、奶油。水牛乳的乳脂肪球较大，平均为 4.15～4.6μm，蛋白质胶粒大，利于蛋白质凝胶形成，从而利于干酪生产。水牛乳比荷斯坦牛乳热稳定性差，这可能因为水牛乳含更高的 Ca 和 Mg，使水牛乳酪蛋白胶粒大，κ-酪蛋白稳定性降低。

牦牛乳干物质含量高，比荷斯坦牛乳高 5 个百分点，脂肪含量高 3 个百分点，富含不饱和脂肪酸，尤其是共轭亚油酸（conjugated linoleic acid，CLA），牦牛乳中维生素 A、维生素 C、维生素 D 和 B 族维生素含量丰富，且富含 Ca、Mn、P 等矿物质及人体必需的 8 种氨基酸。

娟姗牛起源于英国的娟姗岛，经过约 200 年的封闭培育而成，后因乳质醇厚，脂肪球大及其优越的抗病性和耐热性而被美国引进，经过培育，改善了娟姗牛的种质水平，大大提高了生产性能。娟姗牛平均乳脂率为 5%～6%，个别牛甚至达 8%。其脂肪球大、颜色偏黄、易于分离，是加工优质奶油的理想原料。娟姗牛乳的短链脂肪酸和中链脂肪酸含量显著高于荷斯坦牛。娟姗牛乳蛋白含量比荷斯坦奶牛高 20%左右，加工奶酪时，比普通牛的产量高 20%～25%。娟姗牛与荷斯坦牛泌乳性状之间存在极显著差异，娟姗牛乳脂率和蛋白率极显著高于荷斯坦牛，而荷斯坦牛产奶量相关性状（日产奶量、校正奶量、高峰奶量、305d 奶量及成年当量）极显著高于娟姗牛（$P<0.01$）（王梦琦等，2018）。不同品种牛乳主要蛋白

质组分的相对含量见表 3-2。

表 3-2 不同品种牛乳主要蛋白质组分的相对含量（引自梁霄，2012） （单位：%）

品种	BSA	α-CN	β-CN	κ-CN	β-Lg	α-La	CN	β-Lg/α-La
荷斯坦牛	2.33±0.16bc	27.66±0.46d	27.81±0.49a	11.63±0.33ab	19.97±0.45a	10.61±0.27ab	67.21	1.91
牦牛	3.75±0.44a	34.31±1.49ab	22.94±0.74cd	9.78±0.89b	20.35±0.35a	8.76±0.30c	67.15	2.35
娟姗牛	2.03±0.07c	34.81±0.96a	26.80±0.34ab	13.21±0.61a	16.71±0.19b	6.44±0.02c	74.82	2.60
水牛	3.18±0.33ab	31.43±1.36bc	21.46±1.24cd	13.05±0.86ab	13.68±0.53c	10.06±0.58b	64.24	1.45

牛乳中均含有牛乳血清蛋白（BSA）、α-酪蛋白（α-CN）、β-酪蛋白（β-CN）、κ-酪蛋白（κ-CN）、β-乳球蛋白（β-lactoglobulin，β-Lg）和 α-乳白蛋白（α-lactalbumin，α-La）6 种主要蛋白质。荷斯坦牛乳、牦牛乳及娟姗牛乳中含有的蛋白质种类较为一致，而水牛乳的蛋白质种类较复杂。

二、遗传对原料奶质量的影响

牛乳由水和干物质组成，干物质的主要成分是乳脂肪、乳蛋白和乳糖等，它们具有不同的遗传力。各成分间的表型相关和遗传相关也不一样（表 3-3）。

表 3-3 牛乳主要成分的变异系数、遗传力、表型及遗传相关

性状	变异系数（CV）	产量				浓度/（g/kg）		
		Y	F	P	L	f	p	l
产奶量（Y）	0.22	0.27	0.82	0.87	0.96	−0.27	−0.18	0.01
脂肪量（F）	0.24	0.88	0.24	0.86	0.67	0.26	−0.11	0.2
蛋白质量（P）	0.23	0.95	0.93	0.27	0.81	0.04	0.22	0.00
乳糖量（L）	0.31	0.96	0.75	0.87	0.25	−0.36	−0.29	0.29
脂肪浓度（f）	0.09	−0.20	0.24	−0.01	−0.18	0.47	0.55	0.22
蛋白质浓度（p）	0.08	−0.19	−0.04	0.06	−0.35	0.49	0.48	−0.07
乳糖浓度（l）	0.07	0.21	0.31	0.06	0.47	0.11	−0.56	0.28

注：对角线上为遗传相关，下为表型相关，数字下有横线者为遗传力

产奶量与其他的产量性状呈较高的正相关，而与乳脂率、乳蛋白率呈负相关。乳脂量、乳蛋白量及乳糖量之间呈较强的正相关，乳脂率与乳蛋白率呈较强的正相关，而乳蛋白率与乳糖率呈较弱的遗传负相关。产奶量的遗传力为 0.20～0.29，牛乳浓度的遗传力为 0.50～0.60。

对产奶量进行选择时，一般不能提高质量，所以对要求提高干物质含量的牛乳来说是不利的。如果只对乳脂率进行选择，牛乳产量就可能下降。在我国现有的条件下，应以产奶量选择为主，同时对乳脂率及蛋白率进行选择，以提高牛乳中的干物质量，这才是增加数量、提高质量的有效方法。当前在提高牛乳质量方面，仍然以乳脂率为选择目标，因为乳脂率及乳脂量的变异系数均较其他为大，选择效果好。根据消费者对低脂牛乳的需求，完全可以用机械分离的方法将脂肪提取出来。此外，还要注意对蛋白率及蛋白质产量的选择。

第二节　酪蛋白对原料奶产量的影响

蛋白质是牛乳中最有价值的成分之一，占牛乳的 3%～3.7%，牛乳蛋白主要有酪蛋白和乳清蛋白两大类，主要为酪蛋白，其次为乳清蛋白（α-乳白蛋白、β-乳球蛋白、血清白蛋白）及其他小肽。酪蛋白是牛乳中含量最高的含磷酸性蛋白质，与钙结合后形成稳定的胶束结构。它是乳中钙和磷的重要来源，也是主要的营养性蛋白质。酪蛋白含有 8 种人体必需氨基酸，是一种全价蛋白质，并且含有大量的脯氨酸，对新生儿的营养需求特别重要。除具有营养功能外，研究发现，酪蛋白酶解后可分离得到许多生物活性肽，如降血压肽、抗血栓肽、免疫调节肽、促进矿物离子吸收肽、抗菌肽等，具有重要的生理功能。此外，由于酪蛋白具有持水性、乳化性等功能特性，在食品工业中的应用十分广泛。

牛乳中，95%的酪蛋白以酪蛋白胶粒的形式存在，每个胶粒平均由 104 个酪蛋白分子组成，也含有部分胶体磷酸钙（colloidal calcium phosphate，CCP）。酪蛋白胶粒具有重要的生理作用及加工特性，如酸性条件下，酪蛋白经凝乳酶作用而形成奶酪。酪蛋白、α-乳白蛋白及 β-乳球蛋白等都具有一定的致敏原性，且酪蛋白和乳清蛋白含量比对牛乳致敏性具有重要的决定性作用，通过改善二者比例有利于减少牛乳蛋白的过敏性。同时，对乳蛋白粒径、凝胶型、表面疏水性等产生影响，酪蛋白和乳清蛋白的比例上升，酸奶凝胶硬度、黏度、持水力下降，并且酸奶颗粒变粗糙。

酪蛋白含量占总乳蛋白的 80%，空间结构和氨基酸的差异使得酪蛋白存在多种变体，酪蛋白包括 α-酪蛋白、β-酪蛋白、κ-酪蛋白、γ-酪蛋白 4 种类型，其中大约 40% α_{s1}-酪蛋白、10%α_{s2}-酪蛋白、36%β-酪蛋白、14%κ-酪蛋白及其他来自酪蛋白磷酸化和糖苷化水解的蛋白质，如 γ-酪蛋白。而 β-酪蛋白作为第二丰富的蛋白质，具有良好的营养吸收特性。牛 β-酪蛋白不同的基因突变导致产生 A1、A2、A3、B、C、D、E、F、G、H 和 I 等多种遗传变异体，其中 A1 与 A2 型是主要的两种，详见表 3-4。

表 3-4　β-酪蛋白主要的变异体（引自邱月，2023）

β-酪蛋白变异体	氨基酸及其位置													
	18	25	35	36	37	67	72	88	93	106	122	137/138	152	*
A1						His								
A2	SerP	Arg	SerP	Glu	Glu	Pro	Gln	Leu	Met	His	Ser	Leu/Pro	Pro	Gln
A3										Gln				
B						His					Arg			
C			Ser		Lys	His								
D	Lys													
E				Lys										
F						His							Leu	
G						His						Leu		
H		Cys						Ile						
I									Leu					

注：*表示 A2 型 β-酪蛋白肽链上 114～169 位的 Gln

由于单核苷酸的差异，A1 型是由 A2 原始型氨基酸链 67 位氨基酸——脯氨酸（CCT）变为组氨酸（CAT）形成的。与 A2 型 β-酪蛋白相比，在蛋白酶的水解下，A1β-酪蛋白（B 或 C 亚型 β-酪蛋白）被水解生成多肽 β-酪啡肽-7（β-casomorphin-7，BCM-7）和相关的短 β-

酪啡肽（BCM-5、BCM-4 和 BCM-3），其中活性最高的是 BCM-7 和 BCM-5，这种物质是影响人类健康的不良因素。而 A2β-酪蛋白水解不会产生此类多肽物质（汤晓娜等，2023）。

一般来说，A1β-酪蛋白浓度高于 A2β-酪蛋白的牛乳被称为 A1 牛乳，而 A2 牛乳通常指仅含有 A2β-酪蛋白的牛乳。因此仅含有 A2β-酪蛋白的乳制品在市场上日益受到消费者的青睐。A2β-酪蛋白基因提高了奶牛的泌乳量和乳蛋白产量的育种值，同时降低了乳脂肪的育种值。可见 A2β-酪蛋白基因型奶牛的选育有提高群体泌乳性能的潜力。

第四章　奶牛水源、饲料管理与原料奶质量

第一节　水源地选择和卫生质量控制

与国外奶牛养殖相比，我国的奶牛养殖模式具有较为突出的规模化程度高和养殖体量大的特点。从养殖场用水的角度来分析，国外奶牛的养殖用水一般包含饮用水、喷淋水、清洁用水及消毒牛舍和设备的相关用水，用水构成因气候、养殖规模、挤奶厅类型等不同而略有差异。而我国奶牛场的用水构成则是由养殖及区域分布特点决定，这与国外的模式有较明显的区别。总体上，国内奶牛场用水可分为 4 类，用量最多的为饮用水，其次为挤奶厅用水和喷淋用水，而消毒清洁用水占比比较小。

水是生命所需的必需物质，也是在饲养过程中最容易被忽视的养分。奶牛饮水水质卫生质量的好坏会直接影响到奶牛的饮水量、饲料消耗量、健康状况和生产水平。常常有一些奶牛养殖户会因过度重视日粮的质量而忽视了养殖用水水质的重要性，那么就会出现奶牛饮水不足，食欲减退，幼牛发育迟缓，成年牛产奶量下降及消化迟缓等情况。

本节从水的质量、污染物的来源、检测水的质量、取样方法、检测微生物污染和饮用水的卫生质量控制 6 个方面入手，强调水源地选择和卫生质量控制对生产安全、优质原料奶的重要性。一个动物的健康和生产性能及所产乳的质量和安全取决于饲料和水的质量与管理，乳质量也会受清洗挤乳的设备和储奶间水质的影响，如果水被污染，污染物可以影响乳的安全和质量。国家乳品管理和法规要求任何清洗用水必须满足《生活饮用水卫生标准》（GB 5749—2022）。

一、水的质量

有研究表明，泌乳牛每天所需水分的 70%～97%是通过饮水获得的，通常情况下，奶牛夏季每天的饮水量在 100～150L，冬季的饮水量也会在 50～70L，高产奶牛每天饮水量大概为 120～150L。奶牛饮水量的多少在很大程度上会影响奶牛产奶量的高低，即使是保证了充足的日粮供给，但是如果饮水出现问题就可能使产奶量下降 18%～20%。

奶牛能量与养分的消化代谢，养分及代谢产物的转运，废物排出（通过尿液、粪便和呼吸），机体离子、体液及热量平衡的维持等活动都需要水的参与。牛乳中约 87%的成分是水，水的质量可直接影响奶牛的健康，继而影响牛乳的质量。成年奶牛机体总含水量占体重的 65%左右，泌乳前期奶牛机体的含水量比泌乳后期奶牛机体的含水量高，怀孕后期奶牛体内水分含量约占总体重的 65%。而且如果体内水分流失量占总量的 20%左右就会发生致死的现象。由上可见，奶牛的养殖是一定离不开水的，而且在确保水源充足的同时也要注重养殖用水的质量安全。

拥有让人放心的水源是奶牛养殖中的重点，水源地的选择要同时满足两个基本条件：一个是要符合《无公害食品　畜禽饮用水水质》（NY 5027—2008），每升水中大肠杆菌数不超

过 10 个，pH 在 7.0～8.5，水的硬度在 10～20 度等；另一个是能保证水源充足，能够满足养殖用水的需要，在城区应选择水质较好的自来水，在农村应选择地下深井水。

奶牛场的水源地选择应避开农药厂、化工厂和屠宰场等。水源周围 50～100m 内不应该存在任何的污染源。如果水的颜色、味道和气味发生改变或被洪水、雨水污染之后，推荐对水源进行硝酸盐的附加检测。如果牧场或牧场附近普遍使用杀虫剂，尤其是区域水井某些水源硝酸盐含量已经超标或邻近区域水井已经发现杀虫剂，则水源都应该进行杀虫剂检测。如果在附近有石油或溶剂泄漏或者牧场位于工厂或垃圾场附近，则水井拥有者应该检测水中的挥发性有机化合物。如果在水井附近有旧的地下燃料储存罐，那么检测水中的挥发性有机化合物就显得更加重要。

二、污染物的来源

牧场本身、牧场内居民生活和邻居的活动能直接影响水的质量。许多污染物进入水供应系统就会威胁到家庭、家畜健康和清洗挤乳设备用水的质量。

（一）最普遍的污染物

1. 病原微生物

水中的病原微生物有细菌、病毒、原虫等。

2. 有毒化学物质

有毒化学物质包括无机污染物、无机有害物质、有毒有害物质、植物营养素和油污染物。

3. 硝酸盐

硝酸盐主要源于生活污水与粪便、化肥、大气氮氧化合物干湿沉降、地下水超采和工业废水等。

（二）大多数井水被污染的原因

1. 工业污染源

工业污染是重要的污染源，主要指工厂排放的工业废水。

2. 农业污染源

农业污染源是指由于农业生产而产生的水污染源，包括牲畜粪便、农药、化肥及农业废弃物等，这些污染物会经过雨水冲刷、地表径流进入水体。

3. 生活污染源

生活污染源主要指的是人们在日常生活中排放的各种污水，比如洗涤衣物、沐浴和清洗大小便等活动产生的污水，如果不经处理或者处理不当就会给水体造成污染。

4. 水井积沙

水井使用时间的增加和水井质量的参差都会导致井内积沙越来越多，影响到水质、水井的供水量和水井的使用寿命，所以要定期进行水井的清沙工作。

三、检测水的质量

为确保水质良好，经常对养殖场用水进行检测是必不可少的工作之一。养殖场水质检测结果一旦出现超标现象，必须及时进行消毒和处理，只有在多次确保水质安全合格后才可以再让动物饮用。因为水质的良好与否关系到奶牛的健康、牛乳的质量及养殖场的效益。通常养殖场对水质进行的实验室检测包括两个方面：一是物理化学指标的检测，二是微生物指标的检测。物理化学指标的检测至少每年一次，而微生物指标的检测每年不少于两次。

目前养殖场多利用井水作为畜禽饮用水，而地下水或塘水受污染的情况也是非常普遍的。有些水源不能轻易通过品尝、气味和颜色来判断是否被污染或者被污染的程度，所以进行实验室检测是发现大多数污染物和保证安全水供应的唯一途径。所有的水每年都必须检测总大肠菌群数、大肠杆菌数和菌落总数。

《生活饮用水卫生标准》（GB 5749—2022）概括出了饮用水中的微生物指标及限值，可供参考，见表 4-1。

表 4-1　饮用水微生物指标及限值（引自 GB 5749—2022）

指标	限值
总大肠菌群/（MPN/100mL 或 CFU/100mL）[a]	不应检出
大肠杆菌/（MPN/100mL 或 CFU/100mL）[a]	不应检出
菌落总数/（MPN/mL 或 CFU/mL）[b]	100

注：MPN 表示最大可能数；CFU 表示菌落形成单位。a 表示当水样检出总大肠菌群时，应进一步检验大肠杆菌；当水样未检出总大肠菌群时，不必检出大肠杆菌。b 表示小型集中式供水和分散式供水因水源与净水技术受限时，菌落总数指标限值按 500MPN/mL 或 500CFU/mL 执行

四、取样方法

采集任何样本应符合实验室要求。需要的特殊包装或检测步骤，则取决于所要求分析的类型。如果没有特殊的指导或步骤，则可以按照下面的方法采集水样。

第一步　在取样前应根据水质检验目的和任务制订采样计划，内容包括采样目的、检验指标、采样地点、采样数量和样品保存方法等。

第二步　水源水的取样：水源水是指集中式供水水源地的原水，在充分抽汲后进行井水的取样，以保证水样的代表性。

第三步　末梢水的取样：取样时应打开水龙头放水数分钟，使其排出沉积物。并且在采集用于微生物学检验的样品前应该使用酒精灯或酒精棉拭子对水龙头出水口进行消毒处理。

第四步　水样的过滤和离心分离：在采样时或采样后不久，用滤纸、滤膜或砂芯漏斗等过滤样品或将样品分离，以去除水样中的悬浮物，沉淀藻类或其他微生物。

第五步　水样保存：根据测定指标选择合适的保存方法。有冷藏或冰冻保存及加入保存药剂保存这两种方法。

第六步　水样运输：水样采集后应尽快测定，要求水样要妥善保管，在运输的过程中要保证其不受污染、不受损坏、不丢失、信息完整。对于现场测试的样品应当严格记录现场检测结果并妥善保管。对于实验室内检测的样品应当准确记录取样信息（比如时间、地点、编号等），运输时应将样品妥善包装并且对于需要冷藏的样品，应当放入制冷剂，在样品箱上应当有“切勿倒置”和“易碎物品”的明显标识。

五、检测微生物污染

养殖场中使用到的饮用水很容易受到污染，因为多数养殖场的水源来自地下水，其中地下水很容易受到化学物质和畜禽粪便等污染，如果将被污染的水饲喂给奶牛群，就会影响牛

群的身体健康和牛乳的质量。除此以外，一般养殖场里要保证充足的水源供应，所以会在养殖场内搭建水塔、贮水池和输水管道，如果不能对它们进行定时有效的清洗和消毒工作，那么就会出现杂草、青苔和淤泥等垃圾，造成微生物滋生，从而污染水质。所以养殖场应该定期检测饮用水的微生物指标，用微生物的测定结果判断水质清洁度是否符合标准。

评价水质清洁度的三个重要指标分别是菌落总数、总大肠菌群、耐热大肠菌群。养殖场贮水池/水井、水塔、饮水线入口三处水质的微生物学指标具体如下：菌落总数<100 个/mL，总大肠菌群<10 个/100mL，耐热大肠菌群不得检出；饮水线末端水质的微生物学指标采用经验值：菌落总数<1000 个/mL，总大肠菌群<10 个/100mL，耐热大肠菌群不得检出。实验室进行养殖场水源微生物指标测定方法参考《养殖场饮用水微生物检测方法的建立》，首先进行水样采集，然后进行水样稀释，再分别准备营养琼脂、双料乳糖蛋白胨培养液和伊红-亚甲蓝培养基，接着将未稀释和稀释过的水样分别接种至三种培养基中，在特定的温度下培养24h 或 48h，最后进行菌落总数、总大肠菌群判定和耐热大肠菌群的判定，并与标准最大限值比较，如果菌落总数、总大肠菌群、耐热大肠菌群三项检测结果低于指标限值，则证明水样微生物检测合格，如果高于则报告不合格。

六、饮用水的卫生质量控制

水作为生命之源，也是农业生产的重要基础，它对于保证养殖场生产运营和奶牛新陈代谢来说具有重要意义，所以养殖场的用水问题一直是养殖场主人、管理者和政府部门等关注的重点。水源的水质有时达不到饮用水标准的要求，所以必须对饮用水进行净化和消毒处理，保证饮用安全。水的净化是指将自然界中含有许多可溶性和不溶性杂质、常呈混浊状态的水通过各种途径净化处理的过程。方法主要包括沉淀（自然沉淀及混凝沉淀）、过滤、消毒、蒸馏及其他一些特殊的净化处理。沉淀和过滤的目的主要是提高水的理化性质，去除水中的悬浮物质及部分病原微生物；消毒的目的主要是杀灭水中的病原体；蒸馏的目的是除去溶于水的杂质，使硬水软化，净化程度较高。

（一）混凝沉淀

由于地下水中往往存在着大量的泥沙等悬浮物和胶体物质，因此水的浑浊度很高。当水流速度减慢时，水中大颗粒悬浮物会在自重的影响下逐步沉降，最终达到初步的澄清效果。但是当较小的胶体物质漂浮在水里时，由于它们都带着负电荷，胶体粒子彼此之间互相排斥，所以它们不能凝集成比较大的颗粒，故它们可以长时间在水中悬浮而不会沉淀。那么如果要去除这些微小胶体带电粒子就需要借助于混凝剂，混凝剂是为了使胶体颗粒脱稳而聚集所投放的物质，比如明矾。常见的混凝剂种类主要有无机类混凝剂、有机类混凝剂、天然高分子混凝剂和复合类混凝剂。

（二）过滤

过滤是使水通过过滤物而得到净化。过滤净化水的目的，首先是起到一个屏障的作用，水中悬浮物粒子大于滤料的孔隙者，不能通过滤层而被拦截；其次是沉淀和吸附作用，虽然水体中的细菌、胶体颗粒等比砂粒更细小的物质无法被滤层拦截，但是这些物质在经过过滤层后会沉积在滤料表面，滤料表面可因某些非致病性细菌的生长而形成胶质的生物滤膜，该滤膜对水体内的细小微粒和病原体有很强的吸附性。通过过滤可除去80%～90%及以上的细菌及99%左右的悬浮物，同时还可以去除臭、味、颜色及阿米巴包囊及血吸虫尾蚴等。过滤方法有活性炭吸附过滤法、沉淀物过滤法和超过滤法等。

（三）消毒

为了防止传染病的介水传播，确保饮用水的安全，饮用水需经过消毒处理。常用的消毒法有两大类，即物理消毒法和化学消毒法。物理消毒法一般包括巴氏消毒、紫外线消毒或煮沸消毒，化学消毒法的种类有很多，臭氧、过氧化氢、次氯酸等均是常用的化学消毒剂，目前主要采用氯化消毒法。

第二节 饲料的采购和储存管理

饲料是所有人饲养的动物食物的总称，比较狭义的一般饲料主要指的是农业或牧业饲养动物的食物，包括单一饲料、配合饲料、浓缩饲料、预混饲料和反刍动物精料补充料，是动物获得营养的载体。国际上把饲料分为八大类，即粗饲料、青绿多汁饲料、青贮饲料、能量饲料、蛋白质饲料、矿物质饲料、维生素饲料和饲料添加剂。

在奶牛场中，饲料的选择与奶牛的健康息息相关，饲料是奶牛生长和生产所需的能量与营养物质的来源，同时也是奶牛场日常运营中的重要组成部分。而且饲料是从外部定期进入奶牛场的，是最有可能携带危险生物的物质，因此，加强饲料的选择、饲料的储存和质量控制有利于减少奶牛场的污染，从而保障奶牛的健康。

一、饲料的选择

饲料原料的质量是影响饲料最终产品质量的关键，也是饲料安全生产的第一关键控制点。饲料原料的来源复杂，加上在运输、储存等环节，往往可能产生霉菌超标、农药残留和物理性杂质等。这些危害直接影响动物的生长性能和健康，或者通过在动物体内的沉积作用来影响人类的健康。因此，在购进饲料时应注意以下几点。

（一）饲料来源

仅能从使用ISO 9001或危害分析和关键控制点（HACCP）计划的供应商手中购买饲料产品，且供应商应提供明确的饲料配方，以担保用于奶牛的产品安全性。同时，确保饲料来自可靠的供应商，以保证饲料的质量和安全性，优先选择有机、绿色、环保的饲料来源。

（二）饲料成分

在购进奶牛饲料时，要注意饲料的营养成分、天然植物毒素成分、饲料中农药残留或重金属成分及益生菌含量。根据奶牛的不同生长阶段和营养需求，合理选择不同种类的饲料，确保其营养价值和安全性

（三）饲料中的有害微生物

奶牛场的主要有害微生物是寄生虫、霉菌、致病性细菌和病毒，它们会直接或间接地危

害奶牛的健康。因此，购进奶牛饲料时，要进行抽样检测，检测饲料中的有害微生物。此外，还要关注饲料的卫生状况，避免因饲料卫生问题引发奶牛疾病。

（四）饲料安全与监管

加强对饲料的安全监管，包括定期对饲料进行抽检、检测，确保饲料的安全性和卫生达标。此外，还要对饲料的使用情况进行监督，确保饲料的使用合理、规范。

（五）饲料购进记录与报告

建立完整的饲料购进记录，包括饲料种类、数量、来源、品质等信息，以便跟踪和管理。同时，如发现任何问题，应立即向上级管理部门报告，以便及时采取措施防止问题扩大。

总之，饲料与奶牛场的关系非常密切，在奶牛场的饲料购进管理中，需要从多个方面入手，综合考量和优化饲料管理流程，以确保奶牛的健康生长和生产效益的最大化。

二、饲料的储存和质量控制

在原料正式进入生产加工前需要对原料进行一定时间的储存，饲料原料的储存与原料在后续工序中的利用率有直接的关系。原料储存的过程中会受到水分、相对湿度、温度及虫咬鼠害等因素的影响，从而使原料出现结块及霉菌。为了避免谷物原料的结块和霉菌生长，需严格控制入库原料的水分（安全水分一般要求控制在12%以下），在低于安全水分之下时，可抑制大部分微生物和昆虫的产生。另外，还需要防止其内在营养物质的损失。原料入库要求离地离墙堆放，保持通风干燥，具有防潮、防霉等措施（一般料库的相对湿度应低于65%，温度一般控制在20℃以内，夏季尽量不超过30℃），可有效保持饲料营养成分不被破坏，防止发生交叉污染和有害微生物的生长。产品质量控质部门应定期对原料进行温度和质量检查，发现问题及时解决，杜绝饲料质量不合格的隐患，坚持先进先出，推陈出新的原则。应重视饲料的储存条件，一般来说，奶牛场进、混合和储存原料时容易接触污染物，不正确的储存和管理会导致药物泄漏或与饲料原料交叉污染。下面的一些方法将帮助减少饲料污染的危险。

（一）应用国家批准使用的化学产品

动物身上、牧场中、饲料和饲料设备上使用的所有化学产品，必须是国家批准的产乳和产肉家畜能使用的化学产品，以确保产品的安全性和有效性，并保障奶牛的健康和高产。奶牛场中可用到的化学产品包括：①饲料添加剂；②药物性饲料；③杀虫剂；④清洗和卫生化学物质；⑤任何其他的化学物质。

（二）正确管理和使用化学物质

1）用于预防、治疗和诊断疾病的药物应符合国家质量安全标准。

2）用不同种类的化学物质和化学物品进行治疗时应当考虑不同化学物质之间混合使用会造成的反应，根据各类化学药物的特性选择合适的喷洒周期和特定量，严格避免交叉使用和过多喷洒。

3）混合化学物质或药物治疗的设备或设施不要等同于奶牛使用的设备，因为残留物质将保留在设备上或者出现通过喷洒、空气和倒吸作用等形成的交叉污染。

4）确保所有操作人员遵守正确的停药时期和药物管理技术的规定。

5）对奶牛进行药物治疗后，应密切关注奶牛的健康状况。如果发现有任何不良反应或过量喷洒的迹象，应立即请兽医进行处理。

所有的化学物质，无论它们是否是国家批准在奶牛场运行过程中使用的，都必须妥善地管理，避免它们偶然进入饲料和水源中，最终进入乳和肉产品中，继而影响乳品产品的质量。在使用的过程中，都必须根据化学产品的标签或说明书使用，适度使用，不得超量使用，否则会导致化学物质在畜产品中的残留，引起奶牛个体本身的耐药性问题。

（三）保留所有潜在残留来源的精确记录

在预防潜在残留方面，信息交流是非常关键的。奶牛场需要制订相应的管理制度和规范，对这些产品进行科学合理的管理。

保留所有潜在残留来源的精确记录的方法有：①建立全面的记录体系；②定期进行监测和检测；③建立可追溯系统；④制订应急计划。

（四）了解如何和何时使用实验和检测仪器

不是所有潜在的污染物都是容易被检测出的。一些污染物可以从单个奶牛乳中获得（如乳中抗生素残留），其他的污染物（如杀虫剂）则要求用具有被检测的特定化学物质的相关知识及精湛的实验手段才可被检测到。

实验室检测：为了采集一个适合的样本，必须遵守实验室提供的指导进行采样。一般指导意见如下。

1）清楚标记所有样本的标签，包括产品名称、来源、储存地点和采样日期。

2）使用正确的采样技术，获得具有代表性的样本。

3）核对实验室的预先要求，决定采集样本重量及储存条件。

4）遵守实验室的规定和要求。

（五）避免饲料被病原菌和病毒污染

饲料病原菌污染是指饲料及其原料在运输、储存、加工及销售过程中，由于保管不善或储存时间过长等因素，被病原微生物污染。在奶牛场中，饲料病原菌污染常是饲料被牛粪污染物引起的。一些疾病，如球虫病、沙门菌病、牛肺结核病和新孢子虫病等，与牛粪污染饲料相关。常见的细菌，如沙门菌、大肠杆菌、肉毒梭菌和葡萄球菌等，都可能会引起饲料污染和相关疾病。牛粪污染来源主要包括以下几方面。

1）在上完牛粪后，马上收割或放牧。

2）使用牛粪污染的设备饲喂奶牛（如前后装货设备）。

因此，奶牛场要做到定期清洁、消毒。尤其是注意牛舍卫生，控制牛舍的温度和湿度，饲养员要定期对牛舍中的粪便进行集中处理，降低奶牛感染寄生虫的概率，从而避免对饲料、环境及人类健康造成影响。

（六）建立一个生物安全的饲料计划

生物安全的饲料计划需要从多个方面入手，包括饲料原料生产和运输、饲料生产和运输，以及饲料储存和饲养环节。生物安全可以描述为将避免新疾病进入牛群的管理实践。要想做到这一点，要求只有符合 ISO 9001 质量管理标准和 HACCP 技术标准，并获得优良制造实践证书的企业才允许向牧场提供混合饲料。

1. 饲料制造过程的质量保证

饲料制造过程的质量保证通过执行以下标准来实现。

1）质量管理标准。

2）用料成分检测标准（监测有害成分）。

3）饲料制造设备的技术标准。

4）制造和储存的卫生标准。

5）饲料产品最终检验标准（成分和质量）。

6）最终产品和用料的运输、储存标准。

2. 饲料质量的保障

牧场生产者必须做到以下几点以保障饲料质量。

1）明确所有材料的原始来源。

2）明确饲料或饲料添加剂与其他饲料成分和动物之间的相互作用。

3）通过维持清洁和干燥的饲料环境，保护动物免受污染。

4）所有化学物质（如杀虫剂、药物处理的种子等）的储存场所要远离饲料储存地点和混料地点。

5）清楚地标记出饲料储存箱、商品棚和一般储存区域。

所有新购买的和自家种植的饲料必须考虑到潜在的健康危险。新购进的饲料，包括牧草，应该被仔细观察和取样。样本应该分析其基本的营养物质含量，剩下的样本保留起来，为将来出现问题时检验使用。若怀疑饲料质量，应与营养学家、兽医或奶牛专家调查处理、协商解决。表 4-2 列出了饲料危害品及最佳管理实践概要。

表 4-2 饲料危害品及最佳管理实践概要（引自侯俊财和杨丽杰，2010）

危害品	来源	管理实践
化学性		
饲料中杀虫剂	● 饲料或牧草中使用杀虫剂 ● 控制寄生虫使用的药物 ● 不正确储存杀虫剂 ● 药物处理的种子	● 确保药物处理的种子与饲料成分分开储存 ● 储存杀虫剂的地方要远离饲料和饲料原料 ● 按标签说明使用，注意“放牧天数”或“收获天数”警告 ● 牧场或牧草地仅能使用国家批准使用的杀虫剂 ● 保留牧场使用过的杀虫剂 ● 与家庭成员和员工时刻交流关于杀虫剂残留的危害 ● 预防饲料交叉污染 ● 对怀疑的污染物质使用实验和检测工具 ● 编写一个喷洒杀虫剂手册
饲料中药物和添加剂	● 添加的饲料和饲料添加剂	● 确保饲料供应商有有效的药物饲料生产许可证 ● 遵守所有使用饲料药物和添加剂的规定 ● 仅使用国家批准使用的药物性添加剂 ● 根据标签或兽医书面指导，使用饲料药物 ● 以一种不污染牛乳、肉或饲料的方式储存所有动物药物 ● 有一个如何处理疾病牛乳和疾病牛屠宰书面计划 ● 对任何家畜药物产品使用推荐操作步骤 ● 确保饲料生产和供应商使用 HACCP 系统控制产品质量 ● 预防饲料交叉污染 ● 清晰地标记饲料 ● 保存购买饲料和原料的样本
饲料中肥料	● 污染 ● 混合错误 ● 喷洒	● 以一种安全方式储存肥料，储存地应远离饲料和饲料原料

续表

危害品	来源	管理实践
水中杀虫剂	● 喷洒或泄漏 ● 背部水管喷洒器将药物喷到水井或水线内 ● 从处理的土地中滤去杀虫剂	● 仅使用国家批准使用的产品，按推荐方式储存药品 ● 有一个关于如何处理水被杀虫剂污染的书面计划 ● 杀虫剂的储存和使用应以一种不污染水源的安全方式进行 ● 检测水和认证水源 ● 正确地存放杀虫剂操作设备 ● 安装抗逆流设施
饲料或杂草不良气味	● 日粮配比不合理 ● 低质的饲料防腐剂 ● 杂草	● 确保饲料不存在杂草和其他污染物 ● 提供合理的日粮，并且监控所有潜在的营养物质和污染物的来源 ● 管理和控制导致饲料不良气味物质的使用 ● 制订杂草控制计划，明确杂草问题
水中挥发性有机化合物	● 燃料储存泄漏 ● 工作车间和机器漏油 ● 工业用地	● 有一个关于如何处理被污染水的书面计划 ● 检测水和认证水源 ● 清洗泄漏的农药 ● 更新储存药品的方法 ● 检查和维修水井，污染严重者要重打一个新的水井
重金属	● 使用未许可的污物沉淀	● 要有必要的许可处理污物沉淀
生物性		
饲料中的病原体（细菌的和滤过性的）寄生虫（如囊状幼虫）	污染饲料供应 ● 牛粪 ● 淤泥沉淀中病原体 ● 灰尘	● 维护饲料供应的生物安全计划 ● 确保饲料设施、设备和饲养方法 ● 维护好交通区域，避免粪、泥土、水和碎石块集聚 ● 按照规定的时间，在放牧或收获庄稼前，停止使用污染物、沉淀物 ● 控制害虫
乳中细菌	● 牛粪污染水源，将影响挤乳设备卫生	● 每年检测水源中的细菌总数、大肠杆菌总数和排泄物大肠杆菌数 ● 确保挤乳设备卫生用水满足细菌标准 ● 有一个如何处理被污染水的书面计划 ● 正确地储存牛粪 ● 管理所有污染的废物 ● 检查和维修水井盖 ● 重新选址建水井 ● 池塘、防空壕和河道交叉 ● 降低放牧密度 ● 限制奶牛通过 ● 提供替换供水设施

第三节　放牧与饲喂精饲料对乳成分的影响

一、放牧对乳成分的影响

放牧是一种简单经济的草地利用方式，对产乳家畜进行放牧是生态系统中重要的能量循环方式，对家畜及草场都有良好的影响。在放牧的过程中，家畜以草场作为生活和活动场所，品质好的牧草，可溶性碳水化合物比例、可消化粗蛋白质含量高，能够为动物提供能量、蛋白质，同时其含有丰富的微量矿物质和维生素。

奶牛在放牧条件下，其生活环境靠自然调节，采食的牧草也随季节变化，牧草是影响放牧奶牛乳组成的重要因素。牧草中的脂肪酸、氨基酸、碳水化合物经代谢后会影响牛乳及乳制品的品质。牧草的脂肪酸含量受牧草种类、品种、日照强度、降水量、施肥量及生长阶段等多种因素的影响。牧草中的主要脂肪酸为C16：0、C18：0、C18：1*n*-9、C18：2*n*-6和C18：3*n*-3 5种。牧草的种类、生长阶段、施肥及以前对草地的利用强度等都会引起牧草营养价值的变化。随着牧草植物的成熟，叶茎比例及茎的组成会发生改变，从而引起奶牛对牧草消化率的改变。春天牧草的消化率高于冬季牧草的消化率，进而影响乳成分。夏季高温多湿，奶牛受到热应激，饲料及牧草的采食量普遍不足，营养状况较差，因此对乳成分的影响很大，乳中营养成分随季节而变动。以乳蛋白为例，一般夏季高温乳蛋白率较低，8 月份最低，以后逐渐上升，冬季低温乳蛋白率较高，1～2 月份达最高。在一年的不同时期，牧草的营养素含量不同，即使饲喂相同牧草（线叶嵩草、针茅、早熟禾）的奶牛所产的牛乳也有所不同。

研究发现，来自放牧和饲喂精饲料奶牛的乳脂肪酸组成存在着显著差异。当奶牛日粮中精饲料比例提高时，一些酶的含量会下降，如脂肪酸合成酶和硬脂酰辅酶 A 去饱和酶等，这些酶在奶牛体内与脂肪的合成代谢有关，可能会导致乳脂肪含量下降。而提高饲料中粗纤维的比例时，可以促进脂肪合成酶的代谢水平，可以增强奶牛的反刍活动，反刍后的饲料混合唾液再进入瘤胃后可以提高瘤胃中的 pH，有助于促进纤维分解类微生物的活性，使得瘤胃中乙酸的含量上升。乙酸作为脂肪酸合成的前体物，可以有效提高牛乳中乳脂肪的含量。

放牧不仅对乳中脂肪酸有影响，还对乳脂肪球及乳脂产品的特性产生影响。乳脂大多是由甘油三酯组成的，乳脂的物理特性在很大程度由碳链的长度和组成甘油三酯的脂肪酸的不饱和程度所决定。乳中的脂肪酸有 4 个来源：C18 或更长链的脂肪酸来自直接摄入的食物中，C4～C16 的脂肪酸是由乳腺从头合成的，还有反刍动物瘤胃中的微生物发酵，以及动物机体的动员。日粮脂肪在瘤胃中要经过微生物的加工修饰，因此，可以被奶牛利用的脂肪酸包括日粮中的脂肪酸和瘤胃加工的产物，瘤胃中最重要的加工修饰作用是多不饱和脂肪酸的饱和作用。

牛有 4 个胃室，分别是：瘤胃、网胃、瓣胃和皱胃。反刍是指进食一段时间以后，将半消化的食物从胃里返回嘴里再次咀嚼。瘤胃是最主要的消化场所，在这里牛可以消化草并吸收其营养，若想保证产奶质量就要维持稳定且理想的瘤胃环境。因此饲喂奶牛时需要使用优质牧草。优质牧草具有成熟、多叶、鲜绿、干净及芳香等特征。优质牧草可以更好地被消化与吸收，奶牛身体更健康，产出的牛乳有良好的风味。

二、饲喂精饲料对乳成分的影响

精饲料主要是含营养成分丰富的饲料，蛋白质含量和提供的能量都高于粗饲料，如蛋白质饲料、能量饲料、钙磷补充料、食盐和各种添加剂。粗饲料是指在饲料中天然水分含量在 60%以下，干物质中粗纤维含量等于或高于 18%，并以风干物形式饲喂的饲料，如牧草、农作物秸秆、酒糟等。对奶牛来说，各种饲料所含的营养价值不同，没有一种饲料的养分含量能完全符合奶牛的需要，单一饲料中各种养分的含量总是不足的，只有合理搭配多种饲料成分，获得与动物需要基本相似的饲料，才能保证奶牛的营养及能量摄入充足。配制优质的精饲料补充料，对养好奶牛、提高奶牛生产力、降低饲料成本、提高经济效益都有很重要的意义。

高比例的精饲料可提高奶牛泌乳性能和乳品质的原因可能为反刍动物在采食较高精饲料比例饲粮时，可大量发酵碳水化合物，降低瘤胃液 pH，促进有益微生物的生长繁殖，为后肠道尤其是盲肠提供更适宜的发酵环境，增加对蛋白质、脂肪、纤维素等营养物质的消化吸收，并能够刺激腺体分泌消化酶，以增加挥发性脂肪酸的含量，进而提高奶牛的产奶性能并改善乳品质。随着奶牛饲粮中精饲料比例的增加，奶牛血清中免疫球蛋白 IgG、IgA、IgM

的含量也随之升高，说明调整精饲料的比例确实可以显著提高奶牛的免疫力和抗病力。同时有研究指出，随着奶牛饲粮中精饲料比例的增加，乳品中体细胞数量也随之降低，进一步表明精饲料比例的增加可提高奶牛的免疫力，降低奶牛乳腺炎等疾病的发生率，乳腺炎感染率的降低又可进一步提高奶牛的产奶量和改善乳品质。

在奶牛饲养中，精饲料主要满足奶牛的产奶营养需要。在泌乳盛期，由于产奶量处于上升期，而采食量的增加比产奶量的增加缓慢，奶牛处于能量负平衡。如果精饲料喂量不足，会延长奶牛的能量负平衡期，使产奶高峰期缩短，影响整个胎次的产奶量。但精饲料过多会使奶牛发生代谢病，如瘤胃酸中毒、酮血病等，并引起乳腺炎和蹄叶炎等疾病。饲料能量水平是影响乳蛋白含量的重要因素之一。乳腺细胞从血液中摄取的氨基酸用于合成牛乳中的酪蛋白及α-乳白蛋白和β-乳球蛋白等乳清蛋白。饲料中碳水化合物的种类和数量对乳蛋白的合成有重要影响。

维生素是人和动物机体不能缺少的有机物质，牛乳中含有较丰富的维生素，在奶牛的常乳中含有维生素 A 200IU/100mL、维生素 E 50μg/g 乳脂、维生素 B_1 30～40μg/100mL、维生素 B_2 110～150μg/100mL、维生素 B_5 80～100μg/100mL、维生素 B_6 350μg/100mL。乳中脂溶性维生素的含量与饲料中的供应量有较为密切的关系，提高日粮中维生素 A、维生素 D、维生素 E 的含量可相应地增加它们在乳中的含量。奶牛需要 8 种不同的水溶性维生素，可以通过瘤胃中的细菌合成，但通常通过饲料提供足量的维生素，以避免缺乏。在饲养畜牧的过程中，若缺乏维生素，可能导致生产速度和产品质量的降低。

乳中脂溶性维生素的含量与饲料中的供应量有较为密切的关系，有的饲料（如晚冬的干草）中维生素 A 严重不足，只喂这种饲料，乳中的维生素 A 含量就会显著下降。有资料报道，日粮中添加维生素 A 能提高奶产量、增强乳腺健康和免疫功能；增加奶牛日粮中维生素 D、维生素 E 和维生素 C 的含量时，可相应增加其在牛乳中的含量。一般情况下春夏的牧草都缺乏维生素 D，为了维持产奶母牛和产犊前奶牛正常的钙磷代谢，保证牛乳中维生素 D 的含量是十分必要的。应该使奶牛经常在户外运动，接受阳光的照射，除此之外，还应饲喂品质优良的青干草。维生素 E 是一种有效的脂溶性抗氧化剂，通常与硒元素一起保护细胞免受氧化损伤以维持健康，当绿色植被稀缺时，草食动物可能会缺乏维生素 E，给放牧牛补充维生素 E 可降低乳腺炎的发病率，改善下一个泌乳期的乳房健康。虽然泌乳牛瘤胃内由于微生物的作用能合成部分 B 族维生素，但为了提高奶牛生产水平，饲喂日粮中仍需添加 B 族维生素，尤其应注重烟酸、维生素 B_1、维生素 B_2、胆碱和生物素的添加等。因此在放牧过程中饲喂含有足够维生素和矿物质的配合饲料不仅可以维持夏季高的产奶量，而且可以确保牛的健康和秋天产犊牛在冬季的生产性能。

日粮中添加色素或其他物质，会在一定程度上相应地使其在乳中的含量得到提高。饲料中色素物质的含量会影响乳中色素的含量，从而影响乳的颜色。新鲜牛乳是白色或微带黄色的不透明液体，其中溶于脂肪不溶于水的胡萝卜素含量多少是牛乳黄色深浅的原因。冬季饲料中胡萝卜素含量低，所以奶油的黄色变浅。核黄素是一种水溶性的色素，会使乳清带有黄绿色；日粮中添加 1，3-丙烯磺酸内酯等添加剂或注射牛生长激素、寡肽注射液也可影响乳蛋白的产量；饲料中添加沸石粉可提高奶牛乳产量而使乳脂率和乳蛋白降低。

牛乳中的矿物质含量较稳定，一般受饲料的影响很小。饲喂缺钙缺磷的饲料可降低产奶量和影响牛的健康，但其乳中钙、磷含量仍维持正常。日粮中添加这些元素，在一定程度上相应地会使其在乳中的含量得到提高，补充精饲料也可以维持畜牧足够的矿物质摄入。镁是放牧动物应首先考虑的矿物质，低镁的后果十分严重，会使牛发生草痉挛。因为春季牧草一般都缺镁，低镁症经常群发，而且经常伴随着高水平的钾和低水平的钠。预防的方法是注射或者口服镁制剂，如向饮用水中加入氯化镁，向饲料中添加碳酸镁或补充菱镁矿。新鲜牧草中很少缺钙，但磷含量经常不足，而且磷的吸收会由于钙磷比较高而受到限制。牛在放牧过程可能会缺乏的微量元素有钴、碘、硒和锌，在一些草地中高水平的钼和铁会干扰其他微量元素特别是铜的吸收。利用有机锌在提高锌的利用率方面有一些优势，特别是在湿草地条件下牛易发蹄炎，添加有机锌的效果较好。乳中一些微量矿物元素含量，如碘、铁、铜、锰和硼等也受饲料的影响。

第四节　日粮的饲喂管理

日粮是满足一头动物一昼夜所需各种营养物质而采食的各种饲料的总量，调整日粮是公认调控乳脂肪酸最方便且见效迅速的方法。一般情况下，饲料营养物质会影响牛乳的组成成分，其中乳脂含量和乳脂肪酸组成最易受影响，乳蛋白含量次之，乳糖含量则很少受到影响。正常的饲喂可以提高奶牛的产奶量，增加牛乳中干物质的含量。如果改变奶牛日粮饲料的供应量，则会引起产奶量、奶中蛋白质与脂肪含量的变化。一般来说，高精料、高蛋白质或高精料比率的日粮，能提高乳蛋白、脂肪的含量。增加日粮中的粗饲料，特别是干草的比例，可以提高乳脂率。

日粮饲料对乳脂肪的性质也有显著的影响，如大量喂给新鲜的牧草时，乳脂肪较柔软，制成产品如奶油后的熔点低；喂给不饱和脂肪酸丰富的饲料时，则乳脂肪的不饱和脂肪酸含量增加；饲喂大豆较多时，则奶油表现柔和。饲料中维生素或矿物质含量不足时，不但会降低产奶量和牛乳中维生素及矿物质的含量，而且影响奶牛健康。

一、乳脂肪酸组成的特点

乳脂肪是反映牛乳品质的关键指标，含量通常为3.0%～5.0%。乳脂肪中的成分98%以上是三酰基甘油酯，还有一部分为磷脂。乳脂肪中含有很多不同结构的脂肪酸，其脂肪构成较为复杂，饱和脂肪约占56%，多不饱和脂肪只占6%，而且还含有一定量的反式脂肪。

乳脂肪的化学成分组成及其性质与其他动物性脂肪不同：乳脂肪则以含碳数较低的低级脂肪酸为主；乳脂肪中含有20种左右的脂肪酸，而其他动植物油脂中通常只含有5～7种脂肪酸；乳脂肪中短链低级挥发性脂肪酸含量达14%左右，其中水溶性挥发脂肪酸含量高达8%（如丁酸、己酸、辛酸等），而其他动植物油中水溶性挥发脂肪酸含量低于1%；乳脂肪易受光、空气、热、金属作用而氧化，从而产生脂肪氧化味；在解脂酶及微生物作用下易产生水解，产生特别的刺激性气味；吸收周围环境中的其他气味（如饲料味、牛舍味）。乳脂肪在5℃以下呈固态，11℃以下呈半固态；乳脂肪较其他动物性脂肪易消化吸收，它赋予乳品以丰润圆熟的和柔润细腻的组织状态，但比其他脂肪易变质，主要是氧化和水解。有些脂肪酸不仅是营养指标，还有其他的生物学功能，如共轭亚油酸具有抗癌、降血糖、增强机体免疫能力等功能。此外，乳脂肪的含量对于牛乳的风味品质也有关键的影响。

二、日粮调控对乳脂肪酸组成的作用

日粮调控对乳脂肪酸组成具有重要的影响，通过科学合理的日粮调控，可以改善乳脂肪

酸组成，提高乳制品的品质和营养价值。

反刍动物如牛羊瘤胃营养具有特殊性，日粮脂肪在摄入不久后就会在微生物脂解酶的作用下被水解释放出游离脂肪酸，瘤胃微生物利用日粮发酵过程中产生的氢，将不饱和脂肪酸进行生物氢化，形成饱和脂肪酸，进而影响动物产品中饱和脂肪酸和不饱和脂肪酸的含量。

乳脂肪酸的组成受日粮中油脂的添加、碳水化合物的来源与水平、蛋白质的来源与水平、营养性添加剂与非营养性添加剂等多种因素的影响。由于乳脂含量越高，乳的口感就越细密，因此乳脂含量是确定乳品价格的重要因素。

日粮中脂肪对乳脂有正负两种作用，正作用是提高日粮能量，提供脂肪酸合成乳脂，负作用是降低消化率，不饱和脂肪酸在瘤胃内和氢结合可促进丙酸生成，导致乳脂含量下降。研究证明，饲料中的脂肪有 65%用于形成乳。一般脂肪的适宜添加量为 3%～4%，若超过 5%，超过部分应由包被脂肪或惰性脂肪代替。

（一）油脂的添加

日粮中的脂肪酸种类和含量会通过消化吸收、代谢转化等过程直接影响乳脂肪酸的组成。日粮中添加适量的不饱和脂肪酸可以显著提高乳中的多不饱和脂肪酸含量，改善脂肪酸的品质。向饲料中直接添加油脂，对乳脂肪酸的影响较大。有许多研究证明了这一点，向饲粮中添加 0.5%、1%的豆油与 1%的亚麻籽油能够增加乳脂率，添加油脂能够明显增加乳中共轭亚油酸（conjugated linoleic acid，CLA）的含量。

给奶牛日粮添加过瘤胃保护的脂肪，会使产奶量显著提高，乳脂率呈上升趋势，乳蛋白含量增加，对提高奶牛生产性能起到了积极的作用。明显较未添加组增加了乳脂中 C18：2 与 C18：3 脂肪酸的比例。有研究表明，向奶牛日粮中补饲棉籽油、豆油、玉米油后，明显较未补饲组降低了乳脂中 C14：0、C16：0 的比例。此外还有试验发现，向奶牛饲喂植物油如大豆油、向日葵油、花生油或亚麻籽油，都可以增加乳中 CLA 的含量。

在研究日粮不饱和脂肪酸对乳脂组成的影响时发现，日粮提供总不饱和脂肪酸的含量是日粮精粗比例影响乳脂 CLA 合成的前提条件，当日粮总不饱和脂肪酸含量低于 2%，尤其是在日粮亚油酸和亚麻酸含量低的情况下，日粮结构对乳脂 CLA 合成的调控程度有限，当日粮总不饱和脂肪酸含量超过 8%时，日粮结构影响牛乳 CLA 的合成量。

在研究添加整粒植物油籽对乳的影响时，向日粮中添加膨化大豆后，乳脂中 CLA 含量提高了 83.33%（$P<0.05$），全脂整粒大豆组、混合油籽组及全脂膨化大豆组乳脂中月桂酸和豆蔻酸含量分别比对照组降低了约 1/3，因此日粮添加植物油籽可以改变乳脂脂肪酸的组成。由于 CLA 的含量增加，月桂酸和豆蔻酸含量降低，因此乳品质有所提高。

（二）碳水化合物来源与水平

碳水化合物是动物体能量的主要来源，动物体代谢所需能量的 70%来自可溶性糖的氧化，是动物体的能量贮备物质，同时饲料中适量的可溶性糖可以减少动物体蛋白质的分解供能，提高饲料蛋白质的利用率。因此，在日粮中合理选择能量来源，并控制脂肪酸种类和含量，可以调控乳脂肪酸的组成。碳水化合物供能较为经济划算，是畜牧养殖的理想供能物质。

奶牛瘤胃中的原虫和细菌可将日粮中的大分子碳水化合物分解成葡萄糖来获取能量，葡萄糖又经发酵生成甲烷、二氧化碳、水和挥发性脂肪酸（主要是乙酸、丙酸和丁酸）。研究表明，当日粮中含有高比例粗饲料和少量精料时，乙酸的形成占 60%～70%，丙酸占 15%～

20%，丁酸占 5%～15%。饲喂大量精料时，乙酸比例可能会降至 40%，而丙酸的比例升至 40%，可能会造成乳腺的乙酸供给不足，使乳脂含量下降，进而影响奶总产量。因此饲粮要粗细搭配，提供适量的精料保证奶牛高产，同时保证有一定比例的粗饲料以提高乳脂率。

如果日粮中的淀粉含量过多，会在瘤胃中快速发酵，导致瘤胃呈酸性。这可能进一步导致亚急性瘤胃酸中毒。当大量谷物（淀粉）在瘤胃中发酵成挥发性脂肪酸（VFA）时，就会出现这种情况。瘤胃酸中毒会对奶牛产生重大影响，可能产生采食量下降、产奶量下降、胃肠道损伤、跛行及肝脓肿等不良症状。

（三）蛋白质来源与水平

日粮中蛋白质的种类和质量会影响乳脂肪酸的合成和代谢过程。蛋白质参与乳脂肪酸中一些重要的多不饱和脂肪酸的体内合成途径。

日粮的蛋白质水平对家畜的日增重、饲料转化率和动物产品质量影响极大，并受家畜的品种、日粮的能量水平及蛋白质的配比所制约。奶牛的自身生理结构具有特殊性，因此对日粮中蛋白质消化、吸收与利用具有独特性。日粮中的蛋白质被奶牛采食后首先经过瘤胃，在瘤胃微生物的作用下，一部分日粮蛋白质被降解为氨基酸、小肽和氨，继而参与微生物蛋白质的合成。微生物蛋白质、未被瘤胃微生物降解的蛋白质和内源性蛋白质随着食糜一起流入真胃和小肠，在小肠消化酶的作用下，蛋白质被分解成小肽和氨基酸，小肽和氨基酸经小肠壁吸收后进入肠系膜静脉，然后经由门静脉进入肝脏，在肝脏中氨基酸进行了再平衡，之后由肝静脉汇入后腔静脉再进入心脏，经过肺循环携氧后变为动脉血，分配给外周组织（如肌肉、皮肤、脂肪和乳腺等组织）利用。有 90%以上的乳蛋白是奶牛乳腺利用游离氨基酸和小肽从头合成的，大部分通过优化日粮，以提高奶牛生产性能，提高乳腺对乳成分前体物的摄取与利用效率。

（四）营养性添加剂与非营养性添加剂

在饲料中适当补充营养性添加剂与非营养性添加剂会影响乳中成分的构成，包括脂肪酸。营养性添加剂是指饲料中原有但量不足的，如氨基酸、维生素、矿物元素等，非营养性添加剂是指饲料中原来没有的，但有特殊作用，且只需添加少量就能改变饲料性质的物质，如色素、抗氧化剂、香料、抗球虫药等。矿物质是脂肪酸合成代谢的重要辅助因子，如锌、铜等矿物质可以影响脂肪酸合成酶的活性，从而影响乳脂肪酸的组成。

家畜的营养不足可能会导致乳腺炎的发生概率增高，能量不足、蛋白质不足、过度节约的饮食都会造成代谢紊乱，甚至产生鳞状细胞癌。若特定的营养不足，特别是矿物质微量元素如硒、锌、锰、铁，维生素如维生素 A、维生素 C，胡萝卜素都与家畜的乳腺和鳞状细胞癌健康状况相关。不同组分的微量元素都发挥着重要的抗氧化及保护细胞膜的作用。具体地说，这些成分都有保护细胞免疫系统完整性的基本功能。在患病且缺乏抗氧化成分的情况下，可能会抑制中性粒细胞白细胞的杀菌活性，使乳房内的感染情况不能得到改善，因此适当的矿物质和维生素补充剂对牛或羊有积极的影响。

三、乳与乳制品的脂肪酸组成改变对其风味、贮存与加工质量的影响

乳与乳制品的脂肪酸组成是影响其风味、贮存与加工质量的重要因素之一。脂肪酸是构

成脂类的主要组成部分，它们可以分为饱和脂肪酸、单不饱和脂肪酸和多不饱和脂肪酸。关于其与人体健康的关系已有许多报道，不饱和脂肪酸易于消化吸收，且能促进胆固醇向胆汁酸转化，故有利于血管内胆固醇的运输，对因胆固醇过高而引起的动脉粥样硬化及冠心病有辅助疗效；而饱和脂肪酸增加血中胆固醇的含量，并易凝固沉淀在血管壁上导致动脉硬化，增加了冠心病的发病率。因此提高乳脂中不饱和脂肪酸的含量，对改善牛乳的食用价值，提高乳制品的保健作用，扩大牛乳的销路将是十分有益的。

乳与乳制品的脂肪酸组成对其风味和生理功能有着重要影响。长链多不饱和脂肪酸（long-chain polyunsaturated fatty acid，LCPUFA）又叫多烯酸，是指分子结构中含有两个或两个以上不饱和双键且碳原子数目在 20 个以上的脂肪酸。与人体健康密切相关的多不饱和脂肪酸主要有两类：一类是 *n*-3 系多不饱和脂肪酸（*n*-3 PUFA）；另一类是 *n*-6 系多不饱和脂肪酸（*n*-6 PUFA）。营养学家在研究脂质对人类健康的影响时，发现膳食及体内保持一定的 *n*-6 PUFA/*n*-3 PUFA 比例平衡很重要。饱和脂肪酸具有较高的熔点和牢固的结构，当含量过高时，会给乳制品带来油腻、涩口的感觉，降低其风味品质。而单不饱和脂肪酸，如油酸、棕榈酸等，可以提供乳制品丰富的风味，提高其风味评分。多不饱和脂肪酸，如亚油酸、亚麻酸等，具有较低的熔点和流动性，可以使乳制品的口感更为柔滑，提高其整体风味。

脂肪酸组成的改变还会影响乳与乳制品的贮存质量。饱和脂肪酸相对稳定，其含量较高的乳制品在贮存过程中更加耐高温、不易氧化，有利于延长乳制品的保质期。但是过高的饱和脂肪酸含量会导致乳制品的胆固醇含量增加，增加心血管疾病的风险。多不饱和脂肪酸容易受到氧化和过氧化的影响，容易产生不稳定的氧化产物，因此在贮存过程中容易变质。因此，在乳制品的加工过程中，需要适当调整脂肪酸的组成，平衡饱和脂肪酸和不饱和脂肪酸的含量，以延长乳制品的贮存期，保持其质量稳定。

脂肪酸组成的改变还会影响乳与乳制品的加工质量。乳脂肪中的脂肪酸组成会影响乳制品在制作过程中的流动性、结构稳定性和质感。饱和脂肪酸可以提高乳制品的稳定性，使其在加工过程中保持较稳定的结构，增加乳制品的柔滑感。不饱和脂肪酸则具有较低的熔点和流动性，可以提高乳制品的流动性，使其更易于加工和混合。因此，在乳制品的加工过程中，需要根据所需的产品特性和加工工艺，选择合适的脂肪酸组成，以达到最佳的加工质量。

总之，乳与乳制品脂肪酸组成的改变对其风味、贮存与加工质量有着重要影响。合理调整脂肪酸的含量和比例，可以提高乳制品的口感、延长保质期，并提高其加工质量，这在乳制品的生产与加工中具有重要意义。

四、脂肪酸组成改变对乳与乳制品贮存加工的不良影响及其控制措施

脂肪酸是乳与乳制品中的重要组成部分，其组成改变可能会对乳与乳制品的品质、营养价值和贮存稳定性产生不良影响。脂质氧化是食品和乳制品化学变质的主要原因，它会导致乳制品的营养价值、风味和质地发生令人反感的变化。控制乳与乳制品发生自动氧化的措施包括向奶牛日粮中添加维生素 E 或硒，或者向乳与乳制品中直接添加抗氧化剂。这些抗氧化剂可能是人工合成的，如丁基羟基茴香醚（BHA）或二丁基羟基甲苯（BHT），也可能是天然来源的，如迷迭香提取物和维生素 E。

（一）脂肪酸组成改变对乳与乳制品贮存加工的不良影响

脂肪酸的氧化会导致乳与乳制品的变质，并引起营养价值的改变。脂肪酸在贮存过程中容易发生氧化反应，产生酸价升高、挥发性化合物增加、氧气吸收能力下降等现象，从而导致乳与乳制品的质量下降。特别是不饱和脂肪酸容易被氧化，如亚油酸、亚麻酸等，使其含量下降，降低营养价值。特别是长期贮存的乳制品，脂肪酸的不饱和度会逐渐降低，其营养价值也会逐渐下降。

脂肪酸的组成改变还会对乳制品的质地和口感产生影响。乳制品中的脂肪酸可以影响乳蛋白和乳糖的稳定性，进而影响乳制品的质地和口感。脂肪酸的水解反应会导致乳脂肪逐渐分解为游离脂肪酸和甘油，从而使乳制品失去原有的乳脂特性，产生油脂分离、稠化不良等问题。

脂肪酸组成的改变对乳与乳制品的贮存加工会产生不良影响，包括品质的下降、保质期的缩短、营养价值的降低及质地和口感的变化等。因此，在乳与乳制品的贮存加工过程中，应注意保持脂肪酸的稳定性，避免氧化、水解等反应的发生，从而保证乳与乳制品的质量和营养价值。

（二）脂肪酸组成改变对乳与乳制品贮存加工的控制措施

脂肪酸是乳制品中的主要脂质成分，其组成的改变可能会对乳与乳制品的贮存加工产生不良影响。这些不良影响主要包括氧化、酸败、异味和质地变化等。

氧化是乳制品贮存加工过程中常见的问题，脂肪酸的氧化会导致乳制品的变质和味道的变化。为了控制脂肪酸的氧化，可以采用以下措施。

（1）降低温度　降低贮存温度可以减缓脂肪酸的氧化反应速率。

（2）增加抗氧化剂　添加合适的抗氧化剂，如维生素 C、维生素 E 等，可以有效地减少脂肪酸的氧化。

（3）保持真空包装　真空包装可以减少与氧气的接触，降低脂肪酸的氧化反应。

酸败是脂肪酸在贮存加工过程中被微生物分解产生的。酸败会导致乳制品发酸且产生异味。为了控制脂肪酸的酸败，可以采取以下措施。

（1）降低温度　降低贮存温度可以抑制微生物的生长和活性。

（2）加入抑菌剂　在乳制品中添加抑菌剂如山梨酸钾、乳酸盐等，可以抑制微生物的生长。

（3）采用高温短时间灭菌　高温短时间灭菌可以有效地杀灭微生物，延缓酸败的发生。

脂肪酸的组成改变还可能导致乳制品产生异味和质地变化。这些问题通常是乳制品中的不饱和脂肪酸氧化产生的。为了解决这些问题，可以采取以下措施。

（1）降低贮存温度　低温可以减缓脂肪酸的氧化反应速率，减少异味的产生。

（2）添加抗氧化剂　合适的抗氧化剂可以抑制脂肪酸的氧化反应，减少异味的产生。

（3）采用干燥技术　将乳制品进行干燥处理可以减少不饱和脂肪酸的氧化反应，延缓质地变化的发生。

通过日粮调控可在短期内有效改变乳脂中的脂肪酸组成，使其更适应市场（生产者与消费者）的需求，为乳与乳制品向功能性食品方向发展提供了可能，尽管乳脂中长链不饱和脂肪酸比例增加时乳的抗氧化性下降，但是通过真胃灌注、日粮添加、肌内注射或口服维生素 E 均可有效增强乳的抗氧化性。

第五章　乳腺炎与原料奶质量

第一节　乳房的防御机制

乳腺组织因其特殊的生理构造，在发挥其正常泌乳功能的同时，也参与监护与维持自身的健康。乳腺自身防御系统包括乳头管的物理屏障、乳腺内的防御细胞、乳腺组织内的可溶性抗菌成分等，它们协同发挥抗感染及保护作用。

一、乳头管的物理屏障

乳头管括约肌和乳头管内上皮细胞分泌的角蛋白构成了乳腺抗感染的第一道防线。

乳头管是外部病原进入乳房的唯一途径，向上连接乳池，向下在乳头末端开口。在正常生理条件下，乳头管内壁的鳞状上皮细胞不断剥离和脱落形成角蛋白，角蛋白沉聚在乳头管的管腔中，封堵管腔，阻止外部病原侵入。在奶牛干乳期，充盈的角蛋白甚至可以将乳头管完全封闭。此外，角蛋白中还含有高浓度的抗感染作用的脂肪酸，角蛋白还含有阳离子的蛋白质（泛激素），可直接破坏致病菌细胞壁的正常结构，从而达到抑菌作用。奶牛进入泌乳期后，在挤乳过程中乳汁会冲刷掉一部分沉积在乳头管的角蛋白，但是从乳头管内壁新脱落下来的上皮细胞及细胞成分会沉积下来，替换被冲刷下去的那部分角蛋白。

乳头管周围环绕的括约肌可以控制乳头管的开关，在挤乳间隙括约肌紧缩，从而关闭乳头管以阻止病原微生物侵入，并且能够紧紧地挤压着乳头管的角蛋白以防止病原微生物侵入。挤乳时，乳头括约肌由收缩变为松弛，牛乳即可流出。如果乳头括约肌软弱无力，会导致乳头“外翻”，虽然排乳速度变快了，但也更容易发生乳腺炎。

二、乳腺内的防御细胞

乳腺上皮组织中存在不同类型的细胞，通常由巨噬细胞、淋巴细胞、多形核白细胞（polymorphonuclear leukocyte，PMN）和少量乳腺上皮细胞等组成，这些细胞也被称为乳体细胞（表 5-1）。正常牛乳中的体细胞数为 10 万～20 万个/mL。然而在感染乳腺炎牛乳中，体细胞数高达 50 万个/mL 以上。

PMN 是炎症早期乳腺中的主要细胞。在健康奶牛的乳腺白细胞中，PMN 含量占 9%～10%，但在患乳腺炎的奶牛乳腺白细胞中，PMN 可高达 90%。PMN 有两大作用：一是释放一种可改变血管渗透性的物质，使液体自由进入乳腺组织，以稀释刺激乳腺的物质，中和有毒产物；二是其在乳腺泡、乳导管和乳池周围聚集，然后进入乳汁，吞噬和消化病原微生物，减少病原微生物数量。

在未感染的乳汁中，巨噬细胞数占总细胞数的 30%～74%。当病原体侵入乳腺时，一方面，巨噬细胞及乳腺上皮细胞就会释放出直接将 PMN 迁移到该区域的趋化剂，使 PMN 从循环中迅速流入到感染灶。另一方面，巨噬细胞可吞噬病原微生物、异物和细胞碎片。更为重要的作用是在与主要组织相溶性复合物结合的过程中对抗原的加工和递呈。此外，巨噬细胞可产生细胞因子和少量的炎性介质，在炎症反应初期发挥重要作用。

表 5-1 乳体细胞的组成（引自侯俊财和杨丽杰，2010） （单位：%）

乳类型	多形核白细胞	巨噬细胞	淋巴细胞	上皮细胞
初乳	62	35	4	0
常乳	3	79	16	2
干乳期乳	3	89	7	1

淋巴细胞是免疫反应的核心，分为 T 淋巴细胞、B 淋巴细胞、自然杀伤细胞（NK 细胞）及巨噬细胞，是机体进行特异性免疫应答的重要细胞成分（表 5-2）。在抗原刺激时，成熟的淋巴细胞分化和增殖，如 T 淋巴细胞分化为 $CD8^{+}T$ 细胞（细胞毒性 T 细胞）和 $CD4^{+}T$ 细胞（Th 细胞），这些淋巴细胞产生大量的炎症趋化因子、细胞因子和宿主防御肽，对维持机体的免疫平衡和抵抗外源微生物的入侵具有重要的作用，详见表 5-2。

表 5-2 流式细胞仪对淋巴细胞的组成分析（引自侯俊财和杨丽杰，2010） （单位：%）

成分	T 淋巴细胞	B 淋巴细胞	NK 细胞	巨噬细胞
外周血	48	20	10	22
常乳	52	14	9	25
干乳期乳	43	19	11	27

在反刍动物乳腺中，已经确定的免疫球蛋白有 IgG（包括 IgG1 和 IgG2）、IgA 和 IgM。其中，IgG 是主要的免疫球蛋白，IgG1 能固定补体（IgG2 不能），并能选择性从血清到乳汁中去。因此，初乳和常乳中 IgG1 是主要的免疫球蛋白（75%），而 IgA 和 IgM 仅占初乳抗体的 20%。初乳中的免疫球蛋白对于幼畜的存活非常重要，它们能协助胃肠道预防感染。详见表 5-3。

表 5-3 血液和初乳中免疫球蛋白的含量（引自侯俊财和杨丽杰，2010） （单位：mg/mL）

成分	IgA	IgM	IgG1	IgG2
血液	0.37	3.0	11.2	9.2
初乳乳清	4.7	7.1	48.2	4.0
常乳乳清	0.08	0.08	0.5	0.06

三、乳腺组织内的可溶性抗菌成分

乳中的过氧化物酶、硫氰酸盐和 H_2O_2 也具有抑制杀灭金黄色葡萄球菌、大部分链球菌和大肠杆菌的作用。乳腺中溶菌酶可通过断裂细菌的细胞壁破坏细菌。乳汁和初乳中的乳铁蛋白在化学性质上是一种铁的螯合物，可以抑制大肠杆菌、链球菌及其他病原菌的生长，也可能涉及调节巨噬细胞、淋巴细胞和 PMN 的活性。

第二节 乳腺炎的致病过程

一、病原入侵

由于乳房的特殊结构，一般情况下，病原微生物入侵乳房的主要路径为：乳头表面或乳头管—乳池—乳导管—乳腺泡，然后向上进入泌乳组织，引起乳腺感染或乳腺炎。在不同的饲养和生产阶段，病原微生物的侵入途径如下。

（一）挤乳时入侵

细菌的入侵最常发生在挤乳期间。在挤乳过程中，乳头括约肌舒张与收缩交替发生。由于乳头口真空波动，乳头产生乳汁的微型小滴，如果其中含有病原微生物，可以通过“逆流回冲机制”侵入乳头管。逆流回冲机制是指在挤乳杯内衬滑落下来或其他原因导致短奶管突然进气时，含有细菌的乳滴就会被逆向回吸到集乳器中，再经集乳器辅助入口加速回吸到短奶管末端，在惯性作用下冲向乳头末端，这是老式挤奶器引发乳腺炎的常见原因。通过增加短奶管直径和集乳器容积、采用防滑内衬、减少过度挤乳和增加轻柔挤乳的动作等改进措施，新型挤奶器性能大幅提高，逆流回冲问题已得到明显改善。

（二）挤乳间歇期入侵

乳头导管在挤乳后约 2h 才能恢复到正常的关闭状态，因此，挤乳后要及时给乳头药浴消毒和给奶牛喂料，使其具有充沛的体力和精力，以保持站立状态。正常的乳头管只有在挤乳 1～2h 内处于扩张状态，但是损伤乳头的乳头管长期处于部分开放状态。如果奶牛躺卧在泥土、粪便或有病原污染的垫料上，环境中的微生物或存在于乳头末端损伤皮肤内的微生物易侵入开放或半开放的乳头管。每经过一个泌乳期，乳导管都会变粗，病原的入口和通道变大。

（三）干乳期入侵

进入干乳期的奶牛，由于不再进行乳房清洗和乳头药浴，乳头皮肤上的病原数量会明显增加。同时也不再有挤乳时形成的乳流冲刷作用，乳头管腔内的致病菌更容易增殖并侵入乳腺。

此外，长时间过度挤乳、不适当治疗或者挤乳设备质量差，都可引起乳头导管的损伤，从而增加新的感染机会。

二、乳腺内感染

病原微生物突破乳头管的防线后，侵入乳腺内。乳腺内的巨噬细胞、PMN、淋巴细胞等免疫细胞能够杀灭进入乳腺的病原微生物，防止乳腺炎的发生。但长期对高产奶量奶牛的选育，使每头奶牛的产奶量大大增加，乳腺组织需要源源不断地从血液中吸取营养物质，转化为乳成分并排出体外。乳腺组织长期高负荷的运作，使其对病原微生物的抵抗力降低。病原微生物不能被及时地清除，在接近乳头的乳区下部的乳管壁或分泌组织中生长和繁殖，并逐渐建立感染区，然后向上扩散到乳区的其他部位（图 5-1A）。扩散的速度和范围，因入侵病原微生物的数量、繁殖速度、毒力强弱和黏附乳腺上皮的能力等因素而异（赵悦等，2020）。

在炎性反应的初期，受损害乳区血管扩张，血流变慢，血管通透性增加（图 5-1B）。随着血管中含有的炎性介质（如组胺、白细胞三烯、细菌毒素）及血液中的凝固因子增多，炎性反应加剧（图 5-1C）。如果感染持续不退，感染乳区退化的泌乳细胞和白细胞一起，阻塞排乳导管，则滞留的牛乳使泌乳细胞进入静止（不产奶）状态，腺泡组织开始萎缩（图 5-1D）。然后这些被破坏的腺泡组织部位则由结缔组织及瘢痕组织所代替（图 5-1E 和图 5-1F），致使其余有泌乳功能的乳腺泡功能退化，形成瘢痕组织。随着疾病的发展，奶中体细胞数量会不断升高并导致长期奶产量的下降（图 5-1）。

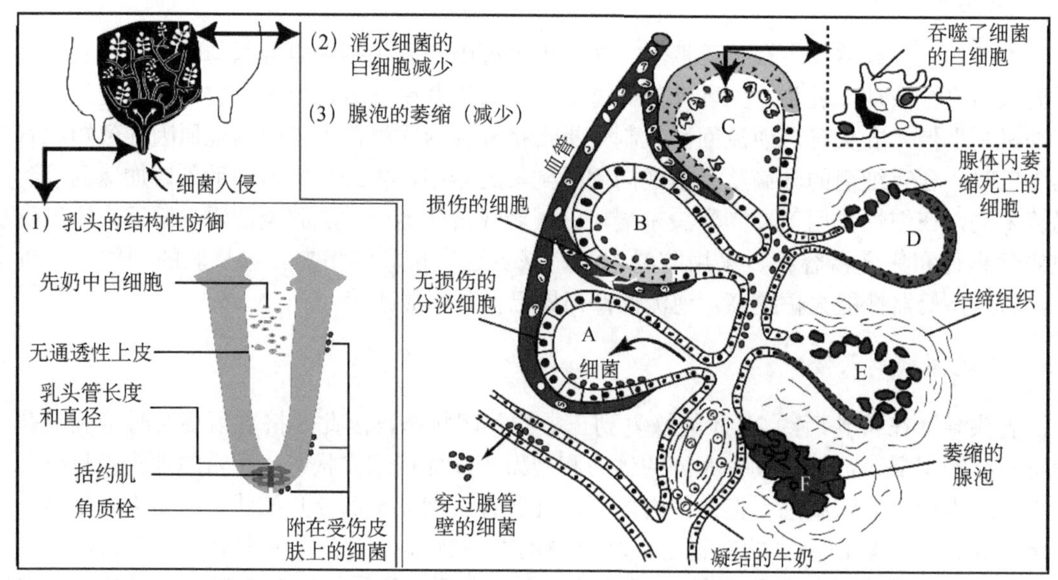

图 5-1　乳腺炎的发展过程和奶牛抗感染的机制（引自侯俊财和杨丽杰，2010）

（一）炎症的产生

感染初期，细菌只对大的集乳导管和乳池的内皮组织产生较小面积的组织损伤。乳腺 PMN 会聚集至病原菌感染部位，通过吞噬作用杀灭病原菌以遏制感染。随后，病原菌通过不断增殖和奶牛运动时产生的乳流，开始侵入小乳导管和乳腺腺泡区域。泌乳细胞被细菌分泌的毒素破坏。大量的白细胞从损伤的泌乳细胞之间挤入腺泡组织。体液、矿物盐类和凝血因子也渗入感染部位。入侵的细菌与脱落的乳腺上皮组织碎片、乳汁中的白细胞等会凝聚成团块，堵塞泌乳导管，有助于将感染限制在一定区域。如果堵塞的泌乳导管被疏通，细菌就会传播到乳腺的其他区域，在不同泌乳区之间形成持续感染，通过分泌毒素和其他刺激物质，引起泌乳组织肿胀和死亡。

（二）瘢痕的形成

在穿过血管、腺泡、导管和乳池部位的内皮组织并移行到感染部位的过程中，PMN 会释放出一些酶，损害局部泌乳细胞，使腺泡变成永久性的瘢痕组织（纤维化）。瘢痕组织由巨噬细胞和成纤维细胞组成，巨噬细胞起到限制和杀死细菌的作用，成纤维细胞产生胶原蛋白或结缔组织。形成瘢痕组织是机体的一种有效防御机制，它可以将细菌感染限制在一个部位，但它也会阻止药物进入感染灶而无法发挥抗菌或杀菌作用，这也是抗生素对金黄色葡萄球菌感染等的治愈率比较低的原因。

如果感染部位始终有细菌存在，而 PMN 又无法限制其增殖，周围的组织就会不断受到侵害。这种情况下，动物机体会启动隔离机制，由大量白细胞包围病灶，使瘢痕组织发展成脓肿，导致感染区域的乳腺组织丧失产乳功能。有时，细菌也会从这些脓肿中逃逸出来并感染周围的乳腺组织，导致更多的脓肿和不可逆的乳腺组织损伤。

随着病灶的不断增多，会有更大面积的正常乳腺组织被瘢痕组织所取代，并永久地失去了正常的生理功能。有时脓肿变大，甚至发展成组织肿块，触摸乳房侧壁就可以感觉到。

（三）泌乳的停止

入侵的病原菌会损坏泌乳组织，导致其泌乳功能减退或完全丧失。金黄色葡萄球菌可以释放有害毒素和其他细胞代谢副产物，对泌乳组织的损害程度比无乳链球菌更大。感染区域的组织碎片、白细胞和细菌会形成凝块，堵塞泌乳组织的泌乳导管。汇集在腺泡中的乳汁对泌乳细胞产生压力，使泌乳细胞转变为静止状态，不再泌乳。主要感染乳区底部泌乳导管的无乳链球菌，还会造成导管内壁增厚，加重导管的堵塞程度，使乳汁无法流出。

如能及时采用有效的抗生素进行治疗，消灭病原菌，则炎症在几天内就会消退。另外，如能在挤乳过程中保证乳房得到正确的刺激和彻底排空，凝块就会被清除，导管被疏通后，牛乳组分即会恢复正常。急性大肠杆菌感染偶尔也会导致感染乳区完全停止泌乳，但是这些乳区进入下一个泌乳期时，泌乳功能也可能会恢复正常。受损乳区恢复泌乳能力的机制可能包括受损的泌乳细胞的自我修复、静止的泌乳细胞重新泌乳、健康乳腺组织增强乳汁合成能力以补偿受损组织泌乳能力等途径。

（四）坏疽的形成

在感染乳腺后，金黄色葡萄球菌有时会迅速增殖，其释放的 α-毒素能够引起血管收缩，并形成大量血凝块，以切断感染灶的血液供应，造成组织坏死。坏死组织经腐败菌分解后产生硫化氢，与血红蛋白中分解出来的铁结合后形成硫化铁，使坏死组织呈黑色，即坏疽。临床检查可见患区皮肤出现蓝斑，皮温变凉，皮肤渗出血清。

出现坏疽的特急性乳腺炎不仅会导致乳区功能丧失，有时还会引起奶牛死亡。感染过金黄色葡萄球菌的牛会产生特异性抗体，进入乳汁中的抗体通常能预防坏疽性乳腺炎，但是不能消除感染。

（五）全身反应

大肠杆菌、克雷伯菌等革兰氏阴性菌产生的内毒素在诱发乳腺炎的同时，通常也会导致奶牛发热和全身反应，偶尔也会导致奶牛死亡，发病程度主要取决于细菌的毒力和乳腺的抗病力。对于超急性乳腺炎病例，如果内毒素和其他炎症因子（细胞因子）进入了血液循环，就可能发生全身反应（毒血症），牛乳呈水样、黄色，奶中有絮片和凝块，产奶量大幅下降。

第三节 乳腺炎的病因及分类

一、奶牛乳腺炎的发病原因

奶牛乳腺炎具有发病率高、发生范围广等特点。其发生通常是多种因素相互作用的结果，这些因素包括自身因素、营养因素、环境因素及管理因素等。

（一）自身因素

1. 年龄

随着年龄的增加，奶牛体质减弱，免疫功能下降，乳房在挤乳过程中长期受挤压，造成乳头、乳管的机械损伤增多，乳头括约肌机能衰退，出现闭合不严、松弛，导致病原微生物容易入侵，因而可使隐性乳腺炎的阳性率随年龄的增加而增高。

2. 胎次

隐性乳腺炎的阳性率随胎次的增加而增高。同一泌乳期，不同胎次间隐性乳腺炎阳性率存在明显差异。第 1 胎牛相对产奶量低，乳房负担轻，与病原菌的接触时间短，其乳区阳性率低。而到了第 4、5 胎，产奶量增加，乳房负担加重，病原菌的繁殖积累增多，乳区阳性率增大。到了第 6、7 胎，对牛群的淘汰率逐渐提高，此时部分有问题的牛都会被淘汰，隐性乳腺炎乳区阳性率降低。

3. 泌乳月

隐性乳腺炎的阳性率随泌乳月的增加而递增。随着挤乳时间增长，外界环境中致病菌的入侵机会就增加。另外，奶牛在泌乳高峰期后淋巴免疫细胞数量下降，致病细菌入侵机会增多，也导致隐性乳腺炎发病率增加。

4. 乳区

隐性乳腺炎发生率在乳区上有差异，可能与乳房指数、环境管理、挤乳操作及程序等因素有着密切的关系。通常左乳区发病率高于右乳区，前乳区发病率显著高于后乳区。

（二）营养因素

对于高产奶牛而言，高能量、高蛋白质的日粮有利于保护奶牛健康和提高产奶量，但同时也增加了乳房的负荷，使机体的抵抗力降低。炎症发生时，去甲肾上腺素及肾上腺素等儿茶酚胺类激素升高，同时胰高血糖素及皮质醇类激素的分泌增加。这些激素促进糖异生，可抑制周围组织对葡萄糖的利用，使体内糖原消耗，外周脂肪组织被动用。感染会使尿中维生素 A 丢失量增加，同时导致维生素 C、维生素 B_1、烟酸和维生素 B_2 消耗量增加。另外，致病因素和肌上皮细胞分泌的毒素与酶之间的互作也可能促进微量元素的利用，导致微量元素的缺乏。因此应适当提高日粮中营养物质的浓度以增强机体抵抗炎症的能力（金迪等，2023）。目前缺乏乳腺炎与营养因素相关性的试验数据，如何使日粮与高产奶牛的需要或承载能力相协调将是今后的研究方向。

（三）环境因素

1. 季节

乳腺炎发病率存在着季节性差异，不同季节和月份奶牛隐性乳腺炎发病差异极显著。9 月份最高而 2 月份最低，且气温的变化与阳性牛检出率和阳性乳区检出率间呈正相关关系。高温季节使得奶牛食欲减退，抗病能力减弱，处于热应激状态，这是导致隐性乳腺炎发生的重要因素之一。

2. 卫生状况

较差的环境是微生物生长繁殖的重要场所，也是隐性乳腺炎感染的重要途径。高湿、低洼、泥泞对奶牛乳腺炎的发生具有显著影响。湿度大、卫生差很适合病原微生物及各类细菌的生长繁殖，使乳房易受感染，从而导致隐性乳腺炎的发生。

因此，牛床设计要合理，大小要合适，要有足够的垫草，并及时更换。及时清理粪便，保持运动场干燥清洁，经常刷拭牛体，尤其要保持牛的后躯及尾部清洁。饲养密度要合理，保证正常通风，避免空气污浊。

3. 外界应激

人、牛、挤乳设备之间长期配合形成了挤乳定势，即挤乳者在挤乳过程中的操作习惯和牛对挤乳过程的适应性。改变这种定势对牛来说就是一个应激原。长期的应激可使乳房的抗病能力降低。另外，改变这种定势的因素还有妊娠、分娩、不良气候（包括严寒、酷暑等）、惊吓、饲料发霉变质等，这些因素都会在一定程度上影响奶牛的正常生理机能，致使隐性乳腺炎发病率增高。

（四）管理因素

1. 挤乳操作

目前挤奶机械已经得到了广泛的应用，但挤奶机械通常会由于以下原因间接导致乳腺炎：真空度不规则的变动，可将奶杯上的细菌带入乳头管内，使乳房发生炎症；真空度过高会使乳头皮肤和乳头口括约肌受损，加重乳头外翻，使乳头易受细菌感染；脉动性能会影响乳腺炎蔓延，这是产生脉动周期不规则的变动和真空持续不规则变动协同作用的结果；奶杯和奶杯内衬的设计不当也可增大乳头受污染或排乳不畅的可能；奶杯反复长时间的过吸或高真空度下过吸可损伤乳头内侧组织及乳头括约肌。

2. 产犊期护理

奶牛产前要适时停乳，彻底干乳，对乳房剧烈膨胀的应减少多汁饲料及精料的给量；产后要及时挤出初乳。产犊前 7～10d 每天一次乳头药浴。乳房水肿时要控制日粮中的食盐给量，水肿没有消失不能使用机器榨乳。

3. 牛群管理

必须严防乳房的外伤和冻伤，如有发生必须及时处理，阻止不必要的感染。对新调入的奶牛，要隔离观察，确定为无任何疾病的才能合群。应及时隔离病牛，同时采取有效的治疗措施。犊牛期去角可以避免牛只打斗时牛角划伤乳房。牛只经过的门要有足够的宽度，地面和牛床不应光滑，且轰赶时要慢，避免拥挤和滑倒。水槽和饲槽要有足够的宽度，尽量避免牛群抢水抢料。减少转群。

4. 其他疾病

能够不同程度继发奶牛隐性乳腺炎的疾病很多，如结核病、布鲁氏菌病、乳头外伤、流感、胎衣不下、子宫内膜炎、产后败血症等。对此类疾病应严加预防和治疗。

二、乳腺炎的分类

奶牛乳腺炎病原菌突破乳头管屏障感染乳腺后，会诱发乳腺炎，导致腺泡上皮细胞的泌乳能力和产奶量下降。根据不同的分类方法、依据及症状表现主要有以下两种分类方式。

（一）按病原体感染分类

牛舍及周边环境中存在大量的病原微生物。根据病原体感染方式可将其分为环境性病原微生物及接触传染性病原微生物两大类。

1. 环境性病原微生物

主要是指奶牛饲养环境中存在的各类病原体。常见的病原体有大肠杆菌、乳房链球菌等。病原体大量存在于粪便、泥土、污水等处。奶牛乳房接触被病原体等污染的物体后容易感染、发病。环境中的病原微生物主要通过乳头口、血液及淋巴感染。通过乳头口感染的方式，病原微生物可直接侵入奶牛乳房内部。血液感染病原微生物后通过机体血液循环可导致乳房被感染。同时，奶牛在患有子宫内膜炎及其他炎症时也可继发乳腺炎。除此之外，奶牛乳房出现创伤后，病原微生物可通过淋巴感染乳房。其中，通过乳头口感染是最主要的途径。

2. 接触传染性病原微生物

主要是指在乳房表面及组织中的病原菌。该类病原菌主要通过挤乳传播，如挤乳人员及工具等。该类病原菌主要为金黄色葡萄球菌、无乳链球菌等。

要控制不同细菌的感染，寻找疾病传染源和传播途径是非常重要的。引起乳腺炎的细菌存在于不同的环境中，如粪便、牛床、皮肤等。奶牛和畜舍的清洁卫生及良好的管理措施，特别是在挤乳时，是控制乳腺炎传播的有效方法。

无乳链球菌是亚临床型乳腺炎的主要病原，但少数可引起急性症状。无乳链球菌生存在奶牛的乳房内，在乳腺外只存活短暂的时间。这类细菌主要在挤乳时通过挤奶机、挤乳员不干净的手及用于擦洗乳房的纱布传播。这种细菌也会感染到犊牛的乳房。年轻奶牛的乳房若被这类细菌感染，其持续时间可以很长。适当治疗配合正确的挤乳操作程序可以清除畜群中的无乳链球菌。若购进 1 头已受感染的牛，无乳链球菌还会在这个畜群中很快地重新传播。

金黄色葡萄球菌存在于乳房内、乳房外及乳头皮肤周围，也可引发很多种临床型和亚临床型乳腺炎，它们的传播形式与无乳链球菌一样。乳房内被感染的部位会形成瘢痕组织，瘢痕脱落后的内壁可形成小囊，使抗生素很难到达这个部位。金黄色葡萄球菌在这些小囊破裂后又可感染乳腺其他部位。

乳房链球菌和异乳链球菌存在于牛床，特别是由有机材料铺垫的牛床如稻草、锯木粉等，沉积于不流动的污水和脏土中。它们还可存活于母牛的皮肤及生殖器官中，常在挤乳间歇期间从环境中转移到乳头内。干乳期开始和终止时所发生的大多数乳腺炎也是由这两类细菌引起。另外，环境中其他链球菌如牛链球菌、粪链球菌也有可能引起乳腺炎。

大肠杆菌是土壤和牛肠道中的正常细菌，在粪便和牛床里聚积繁殖。只有在环境中被大肠杆菌污染的颗粒物质与乳房接触后才会引起乳腺炎。大肠杆菌不附着在乳房的腺管和腺泡上，而是在牛乳中迅速繁殖并产生可被血液吸收的大肠杆菌素。其结果是，常会导致急性临床型乳腺炎的发生。奶牛体温可升高至 40℃，且感染的乳区肿胀疼痛。虽然这些在乳房内的细菌可被母牛的自身防御功能消灭，但残留在体内的细菌毒素可引起奶牛死亡。那些没被其他细菌如无乳链球菌和金黄色葡萄球菌感染的奶牛更易于染上大肠杆菌。

（二）按临床症状分类

在临床上，根据奶牛乳房和乳汁的有无将奶牛乳腺炎分为临床型乳腺炎、慢性乳腺炎和亚临床型乳腺炎（即隐性乳腺炎）。

1. 临床型乳腺炎

临床型乳腺炎病牛乳房出现红、肿、热、痛，乳汁异常变化（乳汁中有絮片、凝块、水样状，乳汁颜色发黄或发红)，产奶量减少或无奶，乳房触摸有硬块，有的患牛出现体温高、精神沉郁、食欲不佳等全身症状。临床型急性和亚急性乳腺炎有时会造成患病奶牛死亡或者一个或多个乳区永久失去功能。

2. 慢性乳腺炎

常是乳腺炎急性病例未能及时治疗，乳腺组织呈渐进性发炎导致。主要特点为：反复发作，疗效差，病期长，可持续几个月或更长；产奶量明显下降，重者奶汁异常，放置不久即分为上下两层，上层呈水样，下层呈脂状或有凝块，pH 偏碱性；触诊乳房的乳池部分可摸到硬性小块，疾病末期乳腺组织纤维化，以致乳房萎缩乳头变小，其病变过程中可摸到乳腺内有一绳索状物质，挤乳困难奶汁极少；病牛食欲、体温、呼吸、反刍均无显著变化。

3. 亚临床型乳腺炎

又称奶牛隐型乳腺炎，是指有感染但没有引起明显临床症状的一种乳腺炎。其特征是乳房和乳汁无肉眼可见的异常，但乳汁在理化性质、细菌学上已发生变化。乳汁 pH 7.0 以上，偏碱性；体细胞在 50 万/mL 以上，细菌数和导电值均增高。亚临床型乳腺炎造成的产奶量下降可以导致奶牛场严重的经济损失，经济损失远超过临床型乳腺炎造成的损失。牛群中发现 1 例临床型乳腺炎常意味着畜群中可能存在 15～40 例隐性乳腺炎病牛，并能在一定条件下转变为临床型乳腺炎。

第四节 乳腺炎对原料奶质量的影响

乳汁成分改变主要有两个原因，一是乳腺炎损坏和破坏了乳腺的分泌细胞，从而减少了某些乳汁成分，如乳糖、酪蛋白和乳脂等；二是乳腺组织的损伤，使血液中的物质易于进入乳汁中。正常的机体，在乳汁与血液间保持着相等的渗透压。当乳汁中的乳糖减少，则血液中的某些离子就进入乳汁中，以维持两者间等渗。乳腺炎对乳成分的影响见表 5-4。

表 5-4 乳腺炎对乳成分的影响（引自侯俊财和杨丽杰，2010）

组分	效果	组分	效果
干物质	下降	血清白蛋白	上升
脂肪	下降	免疫球蛋白	上升
乳糖	下降	乳铁蛋白	上升
长链脂肪酸	下降	γ-酪蛋白	上升
总酪蛋白	下降	κ-酪蛋白	上升
酪蛋白：总蛋白	下降	转铁蛋白	上升
α s1-酪蛋白	下降	游离脂肪酸	上升
β-酪蛋白	下降	短链脂肪酸	上升
β-乳球蛋白	下降	氯	上升
α-乳白蛋白	下降	钠	上升
钙	下降	乳酸盐	上升
镁	下降	脂酶	上升
磷	下降	溶菌酶	上升
锌	下降	*N*-乙酰-β-*D*-氨基葡萄糖苷酶（NAGase）	上升
钾	下降	葡糖醛酸酶	上升
乳清蛋白	上升	血纤维蛋白溶酶	上升

（一）对乳蛋白的影响

乳腺炎导致乳酪蛋白含量减少，乳清蛋白和游离氨基酸含量增加。牛乳中这些成分的改变导致非脂干物质含量较正常乳少，而且乳蛋白异常。乳腺炎期间乳清蛋白浓度的增加部分是由于乳腺炎破坏了乳腺上皮细胞间的紧密连接而使来自血液的血清蛋白流入乳池。这些蛋白质包括免疫球蛋白、牛血清白蛋白、乳铁蛋白等。在乳导管新合成的乳铁蛋白含量在乳腺炎期间也增加了，这可能与细菌抑制作用有关。

（二）对乳脂肪的影响

隐性乳腺炎会导致乳脂肪含量显著低于健康奶牛，减少约 8%，且游离脂肪酸增加 1～2 倍。根据一些研究报道，乳腺炎期间乳脂肪浓度的下降是乳腺细胞合成和分泌能力下降的结果。游离脂肪酸增加的原因在于，高体细胞数牛乳中的脂肪氧化酶活性比低体细胞数牛乳有较大提高。

此外，发现高体细胞数牛乳中磷脂比例低于低体细胞数牛乳中的磷脂比例。高体细胞数牛乳脂肪酶活性及酸价的增加与其中磷脂的减少密切相关，磷脂在高体细胞数牛乳中的含量不足以保护脂肪球不被脂肪氧化酶分解。乳脂的分解使更多的不饱和脂肪酸成为无气味、不稳定的氧化物，然后再分解为有特殊气味的糖类和其他化合物，使乳出现脂肪氧化味、涩味、苦味等不良气味。

（三）对乳糖的影响

乳腺炎导致乳中乳糖含量降低。乳糖浓度的变化不可能是细胞的合成和分泌造成的，因为乳糖是泌乳的渗透调节剂。正常情况下适量的水渗透到细胞中以保持合适的渗透压，在乳腺炎期间，分泌的乳糖较少，渗透到细胞中的水也较少，因此泌乳量也较少。这可能是上皮细胞载体的破坏而使乳糖渗出牛乳，于是在患乳腺炎牛的血液和尿中乳糖浓度增高。乳糖是大型挤乳站常规检测项目。

（四）对矿物质和乳 pH 的影响

正常牛乳中含有约 0.7%的无机盐，主要是钾、钙、磷、硫、氯及其他微量成分。其中钠、钾、氯呈离子状态；钙、镁、磷一部分呈溶液状态，一部分呈胶体状态。一些无机成分与各种酪蛋白复合形成了酪蛋白胶粒结构，该胶粒与牛乳中游离的钙、镁、磷酸盐、柠檬酸盐之间保持适当的平衡，对牛乳的稳定起着重要的作用。但是牛患乳腺炎期间乳中很多矿物质的浓度都发生了改变，导致牛乳中氯离子和钠离子浓度提高，而钾离子和钙离子浓度降低。乳中的大部分钙是与酪蛋白胶粒相结合，因此随着酪蛋白合成的减少，乳腺炎期间总牛乳钙浓度下降，但乳腺炎对可溶性和不溶性钙的影响还没有定论。

乳腺炎期间牛乳的 pH 通常上升，矿物质平衡和 pH 的变化对乳的特性有很大影响，特别是对干酪生产更为关键。

（五）对酶的影响

最近的研究发现乳中的 20 多种酶及生化物质与隐性乳腺炎的病理过程密切相关。当乳腺炎发生时，许多指示酶的活性增高，同时泌乳期患乳腺炎奶牛的乳腺上皮细胞的乳酸脱氢酶、过氧化氢酶、过氧化物酶、碱性磷酸酶、二磷酸腺苷、酸性磷酸酶、琥珀酸脱氢酶的活性明显增强。这些酶都可以作为奶牛是否患有隐性乳腺炎的诊断指标。虽然这些生物活性物质的含量在牛乳中的比例很小，但随着现代分析技术的发展，特别是一些高特异性的检测技术的不断成熟将使这些特殊成分的检测成为可能。

第五节 乳腺炎的检测技术

奶牛乳腺炎是由环境、微生物和牛体三者所构成的连锁反应造成的，类型有临床型乳腺炎、慢性乳腺炎和隐性乳腺炎三种。在生产中，因隐性乳腺炎发病时眼观不易察觉，往往到发现时已经造成奶损失和奶牛乳房的损伤，在实际生产中，常用以下几种诊断方法，可通过诊断及时发现隐性乳腺炎，做到早发现、早干预，早治疗。

一、临床型乳腺炎的诊断

临床型乳腺炎症状明显，根据乳汁和乳房的变化，就可以作出诊断。临床型乳腺炎的患病区出现红、肿、热、痛等症状，乳汁分泌不畅并明显减少，拒绝人工挤乳。严重者肿胀疼痛明显，食欲减退，产奶量大减或产奶停止，乳汁中出现血液、絮状凝块。

二、隐性乳腺炎的诊断

患隐性乳腺炎的奶牛在临床上无明显的症状。奶牛精神状况、食欲等与健康牛基本一致。大部分乳汁外观正常，少部分乳汁中混有少量凝固的乳块，无法用肉眼判断乳汁品质。对奶牛隐性乳腺炎的诊断方法有多种，其中乳汁体细胞直接计数（SCC）检验的方法有白细胞分类计数的刻度管检验法、直接显微镜细胞计数法和荧光电子细胞计数法等。间接检验体细胞的方法有加利福尼亚乳腺炎测试法（California mastitis test，CMT）等。此外，还有牛乳酶学试验、乳中乳酸脱氢酶、谷氨酸丙酮酸转氨酶、微生物学培养、免疫学诊断等方法。

（一）CMT

CMT 是首先在美国加利福尼亚州使用的一种乳腺炎检测试验。它是一种通过间接测定乳中体细胞数来诊断隐性乳腺炎的方法。其原理是在表面活性物质和碱性药物的作用下，乳中体细胞被破坏，释放出 DNA，进一步作用，使乳汁产生沉淀或形成凝胶。体细胞数越多，产生的沉淀或凝胶也越多，从而间接诊断乳腺炎和炎症的程度。CMT 法是国际通用的隐性乳腺炎诊断方法，其特点是简便、快速。

我国则研制出了兰州乳腺炎测试法（LMT，中国农科院兰州兽医研究所）、北京乳腺炎测试法（BMT，北京奶牛研究所）、上海乳腺炎测试法（SMT，上海奶牛研究所）、黑龙江乳腺炎测试法（HMT，黑龙江省兽医科学研究所）等。

CMT 检测方法如下。

乳取样：分别在左前、左后、右前、右后 4 个乳区进行取样。挤乳前先用温水清洗乳区，用柔软洁净的纸巾擦干，用碘酊蘸洗每一个乳头端，先挤去前 3 把乳汁，把乳液挤在乳腺炎诊断盘中。

诊断：诊断盘倾斜45°，弃去多余乳汁，大约留2mL乳样；每个样品加2～3mL CMT诊断液；做水平样同心圆摇动，上下倾斜摇动50s后，根据表5-5做出判定。如果15%以上的母牛CMT评分为2或3，则该群存在乳腺炎问题。应考虑淘汰体细胞计数长期居高不下（2分或3分）的母牛。淘汰决策还应考虑产奶量的多少和细菌培养的结果。

表5-5 CMT法检测的判定标准（引自侯俊财和杨丽杰，2010）

反应	标注	乳汁反应	直观	体细胞数/（万个/mL）
阴性	－	液体不黏稠，质地很均匀		0～20
可疑	±	微量，极细颗粒，但10s后可能消失	有沉淀	15～50
弱阳性	+	有部分沉淀物	絮状物	40～150
阳性	++	凝集物呈胶状，摇动时呈中心集聚，停止摇动时，沉淀物呈凹凸状附着于盘底	微冻	80～500
强阳性	+++	凝集物呈胶状，表面突出，摇动盘时，向中心集中，凸起，黏稠度大，停止摇动，凝集物仍黏附于盘底，不消失	胶状黏附	＞500
碱性乳	P	呈深紫色（pH 7以上）		
酸性乳	Y	呈黄色（pH 5.2以下）		

（二）乳汁体细胞检查

乳汁体细胞检查的方法很多，有乳汁体细胞直接显微镜计数法（DMSCC）、体细胞电子计数法（ESCC）、桶奶细胞计数法（BMCC）和牛只细胞计数法（ICCC）等。乳汁细胞进行分类计数对乳腺炎的诊断是有重要意义的，一般认为总细胞计数反映了炎症过程中感染乳腺组织的多少，而中性粒细胞的多少则反映了炎症的阶段。奶牛正常乳区的细胞计数低于10万个/mL，但一般将细胞计数低于20万个/mL的乳区都认为是无炎症乳区；如果总计数超过100万个/mL，而中性粒细胞为90%，则说明发生了影响乳区绝大部分的急性炎症；如果总计数为50万个/mL，而中性粒细胞为40%，则说明发生了小范围的慢性损伤。

（三）乳汁pH检查

现已证明乳腺炎乳汁的pH呈碱性，碱性的高低取决于炎症的程度，其原理是奶牛体质、细菌数量和毒力等作用影响，引起乳腺组织炎症过程的增加，血管渗透性增高，机体通过自身调节，大量白细胞渗出，使得体细胞数量急剧增加。随着炎性反应的加重，血液与牛乳之间的pH梯度差缩小，导致牛乳pH逐渐升高，趋向于血液pH（7.4）。因此可以通过检测乳汁pH的方法来检测乳腺炎，常使用的方法有溴麝香草酚蓝试验法。

溴麝香草酚蓝试验主要试剂为：47%乙醇500mL，溴麝香草酚蓝1.0g，5%NaOH 1.5mL搅拌均匀呈绿色，pH=7，取被检乳5mL，加试剂1mg混合，观察颜色判定。黄绿色（pH 6.5以下）为正常乳；绿色（pH 6.6）为可疑；蓝色至青绿色（pH 6.6以上）为阳性。

（四）乳汁的电导率测定

乳腺感染后，血乳屏障的渗透性改变，Na^+、Cl^-进入乳汁，使乳汁电导率值升高，故可通过检测乳汁的电导率来监测隐性乳腺炎。

牛乳的电导率有个体差异，约14%的牛乳汁电导率值高于一般正常值，约26%的牛乳汁电导率低于一般正常值，因此判断隐性乳腺炎的关键是确定不同牛群正常乳汁的阈值。

（五）酶检测法

乳酸脱氢酶（LDH）主要来自被损害的上皮细胞和大量的乳汁白细胞，LDH 活性增加反映了白细胞大量聚集的炎症过程和乳腺组织的损害程度。不同的乳腺炎病原微生物感染乳腺时呈现不同的酶象变化，与阴性感染的乳腺相比，LDH、血清酸性磷酸酶（ACP）、谷草转氨酶（GOT）和谷丙转氨酶（GPT）的活性均增强。在金黄色葡萄球菌感染时，LDH 的活性最高，提示 LDH 在隐性乳腺炎病程中起重要作用。

另外，*N*-乙酰-β-*D*-氨基葡萄糖苷酶（NAGase）也常用于隐性乳腺炎的诊断。NAGase 是产生于乳腺组织的一种溶菌酶，是乳腺上皮细胞破坏的标志，因此可用于诊断乳腺炎感染的严重程度和治疗乳腺的恢复情况。

（六）乳汁的细菌检测

乳汁微生物鉴定有助于识别病原菌，以确定这些病原菌是否为乳腺炎的病原所在。不过传统微生物学培养技术有许多局限性，如在诊断隐性乳腺炎时容易产生假阴性结果。应用乳汁中高体细胞计数影响细菌的生长，至少需要 3～4d 才有鉴定结果。因此，目前多利用以 16S～23S rDNA 间隔区为扩增靶序列建立的多重 PCR 方法来快速检测乳腺炎的潜在微生物。

随着信息技术的迅速发展，奶牛乳腺炎自动检测技术也取得初步研究成果。奶牛乳腺炎自动检测技术一般指利用红外热成像技术、机器视觉技术、传感器技术、机器学习技术或数据分析技术等，对获取的奶牛热图像、奶样、乳房信息、奶牛个体信息等进行综合分析与处理，诊断奶牛是否患有乳腺炎及患病程度（初梦苑等，2023）。今后急需结合中国奶牛养殖业现状，研发精准、实时、经济的奶牛乳腺炎自动检测技术。

第六节　乳腺炎的预防与治疗

一、乳腺炎的预防措施

（一）加强牛场环境管理

乳腺炎大多是病原菌通过乳头进入乳腺而引起的感染。因此，改善牛场环境将有利于控制该病的发生。要求牛舍宽敞，运动场平坦，保持场地干燥无杂物，有畅通的排水条件，定期进行冲洗和消毒。一般情况下，高温及高湿环境使病原体容易繁殖，圈舍里的小气候应保持空气新鲜、凉爽和正常的湿度。在任何情况下都要防止穿堂风及太冷的风直接刺激，因为这可以使乳腺炎的感染率升高。垫料是重要的细菌传染源，因为乳头长时间与其接触，应定期更换干燥、无尘、无霉的干净垫料。如果奶牛被限制自由运动，这将增加乳头损伤的发生率。当奶牛的休息空间不足时，奶牛乳头会经常受到损伤。定期清除粪便、积水和清扫多泥的地面，有助于消灭饲养环境中的苍蝇。圈舍的地面应有一个合理的倾斜度，以保持环境的干燥。经常刷拭牛体，保持乳房清洁。另外，牛舍的设计要合理，以保证阳光充足，牛床保持干燥，渗水性要好；排便尽量落入尿粪沟，以减少粪便污染牛床。牛舍冬春季应注意保温，夏季防暑降温，注意通风，防止湿度过大。保持舍内的清洁并定期消毒，牛舍每天应清扫1～3次，保证牛床干净，冬季牛床和运动场最好铺消毒后的麦秸、稻壳或锯末等铺垫物，地面、墙壁、栏杆、饲槽至少10d应消毒一次。

（二）加强饲养管理

根据奶牛的营养需要，注意规范化饲养；给予全价日粮，各生产阶段精粗饲料搭配要合理；建立青绿多汁饲料轮供体系，增加青绿、青贮料的饲喂量；以奶定料，按牛给料；禁用变质饲料。维持机体最佳生理功能。

停乳后要注意乳房的充盈及收缩情况，发现异常应立即检查处理。在停乳后期和分娩前，应适当减少多汁饲料和精料的饲喂量，以减轻乳房的肿胀；在分娩后乳房过度肿胀时，除采取上述措施外，还应酌情增加挤乳次数（1～2次），控制饮水，增加放牧次数。

（三）规范挤乳操作

良好的挤乳操作规程是预防隐性乳腺炎的主要措施之一，必须严格遵守。挤乳之前应将牛床及过道打扫干净，并将牛体后部刷擦干净。挤乳员要固定，注意手的卫生，并定期进行奶牛健康检查。先挤头胎牛或健康牛的奶，后挤有乳腺炎牛的奶。对患临床乳腺炎的乳区停止机械挤乳。一定要挤入专用的容器内，集中处理，不得随意乱倒，以免交叉感染。清洗乳头分为淋洗、擦干、按摩三个过程。淋洗时用40～50℃的温水，每头牛要有专用的消毒毛巾和水桶。注意洗的面积不要太大，以免上部的脏物随流而下，集中到乳头，增加乳房的感染概率。要用干净毛巾擦干，毛巾要及时清洗、消毒。然后按摩乳房，促使乳汁释放。头几把乳应挤在准备好的专用桶内，禁止挤在牛床上。整个过程要轻柔、快速，一般在15～25s内完成。

（四）定期检查

加强对乳腺炎的监控，每日对每头成年母牛进行奶牛隐性乳腺炎检测，发现后及时进行治疗，患病牛与健康牛分开饲养。对那些长期CMT阳性、乳汁表现异常、产奶量低、反复发作、长时间医治无效的病牛，要坚决淘汰，以免从乳中不断排出病原微生物，成为感染原。干乳前10d进行隐性乳腺炎监测，对阳性反应在“++”以上的牛及时治疗，干乳前3d再监测一次阴性反应，牛才可停乳。

（五）接种乳腺炎疫苗

乳腺炎疫苗是一种预防乳腺炎的特效疫苗，特别是预防隐性乳腺炎的发生。目前研究较多的是金黄色葡萄球菌、大肠杆菌疫苗。具体使用方法：肩部皮下注射3次，每次5mL。第1次在奶牛干乳时注射1针，30d后注射第2针，产后72h再注射第3针。

（六）干乳期预防

干乳期预防是目前乳腺炎控制中消除感染最有效的措施，在干乳前最后一次挤奶后，向每个乳区注入适量抗生素，这不仅能有效地治疗泌乳期间遗留下的感染，还可预防干乳期间新的感染。我国多使用青霉素100万IU、链霉素100万IU、2%的单硬脂酸铝2～3g、新霉素0.5g、灭菌豆油5～10mL，制成油剂，再注入乳区内。国际上多用长效抗生素软膏。药液注入前，要清洁乳头，乳头末端不能有感染。

（七）药物预防

每头奶牛日粮中补硒 2mg 或维生素 E 0.74mg，都可以提高机体的抗病能力和生产能力，降低乳腺炎的发病率。对奶牛饲喂适量的几丁聚糖，不但能控制隐性乳腺炎的感染，大幅度地降低阳性乳区的发病率，而且能提高产奶量。在泌乳期，按 7.5mg/kg 内服盐酸左旋咪唑 1 次，分娩前 1 个月内服效果比较好。同时，盐酸左旋咪唑为驱虫药，具有免疫调节作用，可以帮助牛恢复正常的免疫功能，还可以促进乳腺的复原。

（八）减少应激

引起奶牛应激的因素很多，如妊娠、分娩、不良气候（包括严寒、酷暑等）、惊吓、饲料发霉变质等，都在一定程度上影响奶牛的正常生理机能，致使隐性乳腺炎发病增多。要尽量避免这些不良因素的发生，使奶牛生活在良好的环境之中。

（九）其他

加强对其相关疾病的治疗，如奶牛结核病、子宫内膜炎、胎衣不下等，这些疾病有时可继发乳腺炎。对新调入的奶牛，要隔离观察，确定其无任何疾病才能合群。防止因自身压迫导致乳腺炎；外出放牧应戴乳罩，防止刺伤乳房；控制奶牛互相打架，杜绝各种致病因素。

帮助判断畜群中奶牛乳腺炎传染病及评估乳腺炎预防措施的调查见表 5-6。

表 5-6　帮助判断畜群中奶牛乳腺炎传染病及评估乳腺炎预防措施的调查表（引自侯俊财和杨丽杰，2010）

母牛		肯定	否定
1. 哪些奶牛有明显临床型乳腺炎？			
干乳期奶牛	高产奶牛		
刚刚分娩后的奶牛	个别奶牛		
头胎母牛	所有不同时期的奶牛		
畜舍环境			
2. 牛舍/牛床类型			
水泥地	沙土地		
三合土地	稻草		
刨花	锯末		
其他			
3. 牛床是否清洁（无粪便）、干燥？		√	
4. 是否在挤乳后立即饲喂以保证奶牛在挤乳后站立至少 1h		√	
5. 全部奶牛在进入干乳期之前是否使用缓释抗生素药物？		√	
挤奶机			
6. 挤乳设备是否安装正确？		√	
7. 真空泵、真空分流罐及输送管道是否与挤奶器数目相配合？		√	
8. 脉冲器和真空调节器*是否干净正常工作？		√	
9. 挤奶机是否得到彻底的清洗？		√	
10. 挤乳设备中的橡胶部件有无老化，是否定期更换？		√	

续表

挤乳程序	肯定	否定
11. 是否尽可能用少的水清洗乳头并使用一次性纸巾或干净纱布擦干乳头？	√	
12. 是否经常检验和观察牛乳？	√	
13. 是否做了预先浸泡乳头的措施？浸泡乳头时间是否足够？浸泡之后是否擦干净？	√	
14. 挤乳时是否有水积存在乳头杯的内沿上？		√
15. 是否及时防止乳头杯滑脱？	√	
16. 是否避免彻底挤净乳头？	√	
17. 是否在 3～6min 内完成挤乳并取下挤奶器？	√	
18. 挤乳之后是否进行乳头消毒？	√	
19. 是否做到 2/3 乳头末端消毒？	√	

*检查真空调节器及真空水平包括：开动挤奶机后，进气 5s，然后检查真空指示表；用拇指压在垫圈上记录达到正常脉冲所需要的时间（大约几秒钟）；如果真空指示表超过正常范围时，恢复正常脉冲的时间超过 3s，则表明真空调节器工作不正常或是真空储备水平不足。上述两种问题均可以在挤乳时引起真空水平的较大波动

二、乳腺炎的治疗

对奶牛乳腺炎要进行早期诊断以查明发病原因和类型，根据不同类型采用不同方法。以杀灭病原菌，减轻和消除炎症，改善奶牛全身状况，防治败血症为原则。

（一）抗生素治疗

抗生素一直是人们首选的用于奶牛乳腺炎治疗的药物，是控制奶牛乳腺炎的基本药物。理想的方法是根据临床症状和药敏试验结果，选用不同的药物、药物组合及给药方式（全身或局部）进行治疗。

常用的有青霉素、链霉素、阿米卡星、氨苄西林、庆大霉素、氯霉素、磺胺类药物等。但随着抗生素长期大剂量的广泛使用，细菌耐药性、药物残留等问题被普遍关注，抗生素的使用受到限制。新型功效、低残留、价格低廉的新一代抗生素的研究开发是抗生素控制乳腺炎的重要发展方向。氟喹诺酮类药（环丙沙星、依诺沙星等）是新一代化学合成抗菌药物的典型代表。研究表明，该药具有抗药谱广、抗菌活性强、副作用小、与其他抗菌药无交叉耐药性等优点，该类药能进入吞噬细胞内，也能通过血乳屏障，达到杀菌的目的。

对抗生素治疗措施仍无效果的，需要对致病菌进行培养分离和药敏试验，根据试验结果选择敏感治疗药物。临床乳腺炎治愈后，应进行隐性乳腺炎检测，呈阴性后放在环境条件好的缓冲牛舍中隔离观察 5～7d 再转入大群，使其恢复更彻底，降低复发率。

（二）噬菌体

噬菌体是一种可特异性杀死细菌的病毒，是可替代抗生素的新型抗菌剂之一。噬菌体 K、强毒噬菌体 MSA6、噬菌体衍生肽酶 CHAPK 等均可特异性杀死牛源的金黄色葡萄球菌（乔勋等，2023）。然而，在治疗奶牛乳腺炎时，由于牛乳乳清蛋白和免疫系统可导致噬菌体降解及灭活，因此还需进行药效学和药剂学研究，以保证噬菌体的有效性。

（三）中草药治疗

乳制品中的药物残留愈发引起人们的重视。中草药主要以自然界的植物、动物和矿物质为原料，是动物体最易吸收的纯天然物质，含有多种生物有效成分且毒副作用甚微，几乎无残留、无抗药性，不污染环境。尤其是在治疗奶牛乳腺炎方面具有独特优势，如有散结消肿、通经下乳等功能。在治愈乳腺炎的同时，还可增强奶牛泌乳功能。常用的药物有蒲公英、栝楼、金银花、连翘、鱼腥草、栀子、牛蒡子、白芷、木通、香附、陈皮、柴胡、当归、川芎、益母草、桃仁、红花、赤芍、穿山甲、王不留行、黄芪、五味子等。目前已有多种中草药治疗乳腺炎的相关产品，如含中草药的复方制剂、提取物制剂、饲料添加剂等。

（四）生物制剂治疗

1. 灭活苗

应用活的或灭活苗、分离的肽糖、类毒素和黏附素等制作的疫苗统称为传统苗。其中灭活苗是应用最广泛的。早期研究着重于金黄色葡萄球菌和链球菌的灭活苗，其方法是用甲醛和 β-丙酰内脂灭活裂解细胞毒素。灭活苗能刺激机体产生大量 IgG1 抗体，其可有效凝集菌体、中和毒素。

2. 活苗

用金黄色葡萄球菌活苗免疫羊或牛，可保护强毒金黄色葡萄球菌的感染。在对实验性乳腺炎的免疫、增强体外吞噬作用及由乳腺内中性白细胞对病原菌的杀灭方面，活苗明显优于灭活苗。金黄色葡菌球菌活苗可刺激抗体产生高水平的抗毒素抗体，据报道接种菌苗的奶牛其乳汁和血清中 α-毒素抗体和 β-毒素抗体比非接种牛显著升高。

3. 新型 DNA 疫苗

随着分子生物学技术的出现，研究者把研究重点由传统疫苗转向新型的基因工程疫苗。用编码金黄色葡萄球菌抗原（至少包含两种抗原的嵌合体）的质粒 DNA 进行免疫已经成为预防乳腺炎的新策略。研究者用金黄色葡萄球菌两个保守的表位抗原 GapB 和 GapC 构建 GapC/B 复合物作为疫苗的主要成分。通过判定小鼠体内的 IgG 水平和 IL-4、IFN-γ 分泌型因子浓度，表明 GapC/B 蛋白能诱导出极强的体液和细胞应答。该结果提示，化学嵌合体蛋白 GapC/B 有望作为候选基因进行后续的疫苗研究。

总之，要有效控制乳腺炎，应在充分了解乳腺炎致病菌与奶牛乳腺的相互作用及乳腺组织防御机能等知识的基础上，考虑病原—宿主—药物之间的相互关系。一个理想的乳腺炎疫苗免疫应是细菌抗原在体内触发体液免疫的同时，诱导 PMN 进入乳腺，刺激 PMN 的吞噬和杀菌作用，PMN 的游出及乳中调理性抗体的呈现应同时发生。因此，要筛选出良好的免疫佐剂，在使用安全的条件下尽可能提高抗原的免疫原性及乳腺免疫反应强度，特别是促进 PMN 吞噬杀菌功能，彻底清除入侵病原菌。

第六章 奶牛场环境控制

第一节 奶牛场选址与布局

奶牛场地址的选择主要考虑场地的地形、地势、水源、土壤、地方性气候等自然条件，还要考虑饲料能源供应、交通运输、与人员密集区（居民点、工厂、水源地等）和保护性区域的相对位置、奶牛场粪污、废弃物能否就地或就近处理等社会条件。

一、奶牛场地形、地势

场址区域应自然环境良好，通风向阳、光照充足。综合考虑当地气象因素如最高温度、最低温度、湿度、年降水量、主风向、风力等有利地势，要求场地地势干燥、平整、开阔，地下水位一般在2m以上，场址高于历史最高洪水线。坡度不超过20°，便于厂区排水。

二、奶牛场土壤

奶牛场土质以沙土、砂壤土为宜，其具有较好的透水性，能够保持场地地面的干燥和牛体卫生，同时还要综合考虑土壤的导热性能、土温、热容量等有利于奶牛舒适度的因素。

三、奶牛场水源、水质

场址区域水源充足，水质应符合《生活饮用水卫生标准》（GB 5749—2022）规定。奶牛供水量可按成母牛70～120L/（头·d），育成牛为50～60L/（头·d），犊牛为30～50L/（头·d），人员用水为30～40L/（人·d）。此外还要考虑冲洗用水、灌溉用水、消防用水等，场区地下消防栓，储水量按水量10L/s、2h全功率出水设计，单个消防栓保护场地设计为半径≤50m。场区最大存水量为日常用水的2.5倍。

四、奶牛场周边环境要求

场址应满足畜禽防疫要求，远离学校、公共场所、交通干线或其他畜牧场等敏感区域，不受外部污染源影响，要符合防疫和环保要求，与住宅区距离应大于500m，并处于居民区的下风处，奶牛场周围3000m以内无化工厂、屠宰场、医院等污染等级较高的场所。场址面积应满足生产需求，留有扩建场区的余地，一般总建筑面积占场区面积的30%～35%。同时为满足饲料资源的就近供应，奶牛场周围可以进行规划饲料用地。

奶牛场饲料、牛乳、粪污、废弃物运输量较大，所以在选择场址时既要考虑交通方便，又要与交通干线保持适当的距离。奶牛场要有专用道路与主要公路相连。奶牛场挤乳、饲料加工、供水、通风、照明等耗电量大且紧急，所以奶牛场电力的供应必须保证充足稳定。除采用国家公用输电线路外，场区还应投资牧场备用电源。

第二节 奶牛场设施与设备

一、采食槽、颈枷

奶牛在采食饲料时，头部左右移动采食接触范围内的饲料，合理设计采食槽与颈枷对于奶牛的采食活动至关重要。

拴系式牛舍食槽固定于拴系式卧栏前。槽上沿宽度为70～80cm，底部宽度为60～70cm，前沿高45cm，后沿高30cm。

散栏式牛舍多采用地面饲槽。每头牛至少提供60cm的采食空间，为了使奶牛在饲喂栏中以相同的方式采食，饲槽底部一般比奶牛采食时站立的地方高出10～15cm，饲喂宽度至少为70cm。

采食槽采用瓷砖、不锈钢板、水泥地面等材质，以保证奶牛舔舐草料时不起浮渣、石子、铁锈等杂质，便于机械推草匀料。夜晚槽道的照明应充足，与奶牛眼睛水平位置的照明度不小于200lx。

奶牛场常根据奶牛月龄或生产周期在不同的牛群圈舍采用不同规格的采食颈枷（表6-1）。

表6-1 不同月龄奶牛适合的颈枷尺寸及安装高度

奶牛类别		月龄	颈枷类型	颈枷长度/mm	颈枷高度/cm	自锁高度/cm	挡墙高度/cm	颈枷安装高度/cm
犊牛	小犊牛	2～3	420-Ⅱ型	2995	780	—	—	—
	大犊牛	3～6			710	114	300	320
育成牛	小育成牛	7～10	420-Ⅰ型	2995	840	137	350	
	育成牛	11～14	500型		840	157	400	420
	大育成牛	15～18	600型		900	165	400	420
青年牛	青年牛	19～24	660型	2995 3325+2665	930	178	450	470
成母牛	干乳牛	≥24	850型	3595 2995	960	195	500	520
	泌乳牛		1000型	2995 3325+2665				

二、水槽

常见的饮水器有水槽、杯状和碗状饮水器。拴系式饲养奶牛饮水设备主要是饮水碗，安装高度要高出卧床70～75cm。散栏式奶牛场中常用的饮水器具是水槽，水槽可设在舍内或舍外运动场，可加设自动控制水面高度的设备。水槽的高度不宜超过0.7m，水槽内水深以15～20cm为宜，水槽的水位距水槽上沿5～10cm，一个水槽能满足圈舍10%的奶牛同时饮水。圈舍内每隔30～40个牛卧栏就设一个垂直过道，在过道上设水槽。带水槽的过道净宽至少为3.6m，以4.5m为宜。运动场边建造饮水槽，其长度按每头牛20cm计算，槽深60cm，水深小于40cm，泌乳牛日饮水量为160～230L，不同生长阶段牛只日饮水量及饮水槽安装参数如表6-2所示。

饮用冷水会降低奶牛的产奶量。寒冷地区的饮水设备最好有保温措施，同时须防止水管冻裂。夏季热应激时期在户外饮水槽处可以搭建凉棚，保持奶牛饮水清凉。奶牛正常对水的需求是采食量的4倍，夏季热应激严重时奶牛对水的需求量更大。可以通过在水槽中添加电解多维、小苏打等来调节瘤胃内健康，也可以通过在水槽内添加冰块或者冰砖来降低奶牛饮水的温度，适宜温度为18～20℃，注意加冰的时间，在奶牛赶到奶厅挤乳时开始添加，这样既能避免加冰时发出的噪声或赶牛时引起的牛群应激，还能保证牛群在挤乳回舍后能够喝到充足的清凉饮水。目前牧场通常使用自动饮水槽，在保证水槽内充足新鲜饮水外，还能通过电加热装置或浮球装置，保持饮水槽内适宜的水温。

表 6-2 不同生产阶段奶牛的饮水量及水槽安装参数

奶牛类别		月龄	饮水量/［L/（头·d）］	水槽基础高度/cm	水槽使用高度/cm
犊牛	小犊牛	2～3	—	—	—
	大犊牛	3～6	10～25	—	500
育成牛	小育成牛	7～10	30～40	50	550
	大育成牛	15～18	35～45	100	600
青年牛	青年牛	19～24	35～45	150	650
成母牛	泌乳牛	≥24	50～100	200	700
	干乳牛		40～60		

三、卧床

奶牛卧床与牛舍通道是奶牛日常生活和休息的主要场所，其舒适度会直接影响奶牛体质、产奶量、使用年限。卧床躺卧率是评价奶牛舒适度的重要指标。根据奶牛饲养方式的不同，卧床可分为散栏卧床、发酵卧床、垫草卧床、大通铺等。泌乳牛的躺卧行为受到卧床表面性质和卧床尺寸等因素的影响。舒适的卧床必须有足够的长度和宽度，还需提供抓地良好且柔软干燥的垫料，奶牛站立或下跪时没有障碍，移动空间应超过180～185cm。根据奶牛不同的饲养方式及生长阶段，牛舍所使用的卧栏规格存在差异性（表6-3和表6-4）。奶牛必须能够随意的站立和躺卧，而且躺卧时奶牛身体的所有部位包括后肢和乳房都能在卧床上，最好尾根部建立防外溅小挡墙，避免粪尿遗洒在卧床上。卧床常用的垫料有沙子、干粪、稻壳、稻草、橡胶垫等。

表 6-3 不同生产阶段牛床的尺寸参数

胎次	卧床长度/mm	卧床宽度/mm	颈枷高度/mm	拴系链长度/mm
初产	1778	1270	1120	914
经产	1830	1370	1220	1016
干乳牛	1830	1520	1220	1016

表 6-4 散栏式牛床尺寸参数表

体重/kg	卧床长度/mm		卧床宽度/mm	颈轨高度/mm	卧床围边到颈轨和挡胸板的距离/mm
	前端开放式	前端封闭式			
400～500	1980～2100	2300～2440	1040～1100	1070～1120	1630～1680
500～600	2000～2200	2440～2600	1100～1140	1120～1170	1680～1730
600～700	2300～2440	2600～2740	1140～1220	1170～1220	1730～1780
700～800	2440～2600	2740～2900	1220～1320	1220～1320	1780～1830

所有牛舍的卧床必须保持干净、干燥和松软，保证奶牛休息时间达到12～13h；垫料的选择优先顺序依次为沙子、干粪、稻壳、橡胶垫，垫料干物质应大于50%，厚度不少于20cm。在泌乳牛每班上厅挤乳期间及时进行旋耕、补充卧床垫料，干乳牛和后备牛卧床垫料

每天至少清理、疏松和平整一次，以保持卧床垫料不低于卧床的后沿。卧床后沿小挡墙的高度为25cm，内缘为弧形卧床，前高后低，坡度值2%～4%。每周至少用生石灰或漂白粉对卧床进行消毒一次，卧床后1/3部位的垫料至少每个月彻底更换一次，定期对卧床微生物进行检测。

四、牛舍通道和地面

牛舍内奶牛活动范围内的混凝土地面包括采食通道、行走通道、挤乳通道、饮水平台等，牛舍地面均应制作防滑槽或铺设橡胶垫、稻壳、干粪等进行防滑和减少奶牛肢蹄损伤，牛舍根据不同的卧栏形式，对通道、地面等进行配套设计。

拴系式通道主要包括饲喂通道和清粪通道。对尾式卧栏布局，饲喂通道宽度为1.8m左右即可；对头式卧栏布局，宽度至少为2.0m。机械饲喂通道宽度据设备而定，清粪通道的宽度不得小于2m。

散栏式通道主要包括饲喂通道、采食通道和卧栏通道。饲喂通道人工送料宽度1.2～1.5m，全混合日粮（TMR）饲喂车送料宽度为2.8～3.6m。

设计采食通道时要考虑清粪方式，宽度一般为3.5～4.5m。单列卧床牛舍中，卧栏通道与采食通道重合；多列卧栏牛舍需专门设计卧栏通道，其通道宽度一般为2.5～3.0m。运动场围栏高1～1.2m，栏柱间隔1.5m，可用高强度钢管或水泥桩柱，以达到结实耐用的目的。

牛舍地面直接影响牛舍内的温度、湿度、卫生状况，牛舍地面应致密坚实、不硬不滑、易清洗消毒。常用混凝土地面、砖地面、漏缝地板、橡胶垫等。一般牛舍内的地面采用混凝土地面。混凝土地面的优点是：坚实、价格低廉、设计方便，不容易损坏，容易冲洗。缺点是：缺乏弹性、冬季保温性差、对乳房和肢蹄不利，可以在上面铺设锯末、橡胶垫来防滑、保暖。

五、风扇与喷淋

奶牛汗腺不发达，为改善牛舍和奶厅的通风条件，在牛舍采食通道、卧床、挤奶厅的挤乳位、待挤区等上方安装风扇，增加空气流速和流量，同时在颈枷上方和待挤区上方安装喷淋系统，加快牛体散热降温。最有效的降温方式是凉水喷淋后用风扇吹干，靠水汽蒸发带走牛体表面散发的热量。喷淋时要保证喷透皮肤，而且能够吹干皮肤，使喷淋—吹干联动过程带走尽可能多的热量。不同牧场在牛舍设计、地区气候、载畜量等方面存在很大差异，所以生产中还需根据牧场的实际情况对风机风量、风口角度、喷淋水压、喷淋时间间隔等相关设备的安装与参数进行设计，风扇和喷淋设备安装要求如表6-5和表6-6所示。

表6-5　风扇安装要求

	安装位置	高度/m	角度/（°）	间距/m	风速/（m/s）
普通风机安装参数（扇叶直径1.0m）	采食道	2.2～2.3	30～45	6	≥3.0
	卧床	1.8～2.3	30～45	6	≥3.0
	挤乳区	2.4～2.8		3～5	≥5.0
	待挤区	2.4～2.8		3～5	≥5.0
赛科龙风机安装参数（扇叶直径1.8m）	采食道	2.7～3.2	20～30	6	≥3.0
	卧床	2.7～3.2	20～30	6	≥3.0
	挤乳区	2.5～3.0	20～30	12	≥5.0
	待挤区	2.5～3.0	20～30	12	≥5.0

表 6-6　喷淋设备安装要求

安装位置	高度/m	间距/m	喷淋角度/（°）	喷淋半径/m	喷淋压力/（kg/cm²）
采食通道	1.8～2.0	1.5～1.8	135	≥0.9	1.4
待挤区	2.5～2.8	1.8～2.0	360	≥1.4	1.4

六、运动场和凉棚

运动场可根据实际情况用围栏分隔，用钢管建造，立柱间距为 3m，高 100～150cm，横梁 3～4 根。运动场地面保持坡度，排水通畅，奶牛运动场的建设要求面积为每头不低于 $20m^2$，运动场周围设有围栏，运动场内还应配有饮水池、凉棚、补饲槽等设施，其面积可按照成年母牛 25～$30m^2$/头、青年牛 20～$25m^2$/头、育成牛 15～$20m^2$/头、犊牛 8～$10m^2$/头设计。

为了夏季防暑，运动场内应搭建遮阳棚或其他遮阳设备。遮阳棚为四面敞开的棚舍建筑，遮阳棚长轴应东、西向，并采用隔热性能好的棚顶。另外，可借助运动场四周植树遮阴，每头牛的遮阴面积为 3.7～$4.2m^2$，考虑到太阳移动和机械清粪的便利，遮阴宽度至少在 6～10m，高度至少为 3.7～4.5m。运动场地面应用三合土制造或选择砖地面，地面经常保持 20～30cm 的砂土垫层，留有大于 5%的坡度。

七、挤乳设施

挤乳是奶牛场生产的重要环节，目前国内商品奶生产的牧场基本实现了机械挤乳。挤奶厅设施由挤乳操作间、待挤厅、机房、牛乳制冷间、热水供应系统等组成。挤奶厅应设在距泌乳牛舍和场外道路较近的区域，方便奶牛挤乳和原料奶运送。挤奶厅与各泌乳牛舍之间应设立奶牛进出挤奶厅的专用栏道。输奶管存放良好、无存水。收奶区排水良好，地面硬化处理，墙壁防水处理，便于冲刷，待挤厅能容纳一次挤乳头数 2 倍的奶牛。

机械挤乳方式可根据牛群饲养模式、牛群规模、资金条件、经济效益等因素综合考虑选择使用移动式挤奶机、管道式挤奶机、挤奶厅挤乳、挤奶机器人等方式。挤奶厅挤乳常见有并列式、鱼骨式、串列式、转盘式等。

管道式挤乳常用于拴系式饲养模式，移动挤乳车较灵活，适合小规模养殖场或农户养殖，也可用于新产牛、病牛等特殊牛群的挤乳需要，与挤奶厅相比，因挤乳系统直接设在牛舍内，每头牛对应 1 台设备，奶牛在进食的同时也可以进行挤乳操作，这不但减少了奶牛挤乳的移动距离和赶牛应激，还可以大大降低不同牛舍间交叉感染风险，有利于防疫。但随着牛场饲养规模的不断扩大，管道式挤乳和挤乳车挤乳设备利用率较低，用于清洗管线的热水供应分散，而且人工成本较高，正逐渐淘汰这些设备。

挤奶厅适用于各类饲养方式，在生产中应用广泛，其优点是利用效率高，人工少，牛乳不易污染。但如果设计不合理，尤其是泌乳牛舍距奶厅较远时，奶牛移动距离长，容易造成混群，赶牛应激，尤其夏季热应激期间还需加强牛群在待挤厅、奶厅通道上的降温防护措施。

机器人挤乳系统是奶牛智能化、科技化饲养过程中的重要组成部分，设备通过程序化设置，能够对奶牛进行标准化药浴、清洗、挤乳等工作，同时还能根据挤乳过程的数据分析对奶牛乳腺炎、奶产量等进行识别、精准预测，为后期优化饲养管理策略提供丰富的数据支持。

八、饲料贮存加工设施

饲料库包括精饲料和粗饲料库房，粗饲料库应远离牛舍，以便防火，应邻近场区外道路，便于运输储备，切忌运输饲料车辆穿行生产区和奶牛舍。青贮窖与干草棚、精料库紧密相连，并应靠近生产区，缩短使用运输距离。料库宜选择在地势较高、地下水位低、排渗水条件好、地面干燥、土质坚硬的地方。

（一）青贮窖

青贮窖建筑形式有地上式、半地上式、地下式、塔式等。现代规模化奶牛场的青贮窖建筑，由于贮备数量大，多采用地上式贮藏模式，有利于雨季排水和日常取料。建筑一般为长方形槽状，三面墙体、一面敞开，两边围墙和地面采用钢筋混凝土浇筑，数个青贮窖连体，建筑结构既简单又耐用，并节省用地，大小根据青贮窖贮存量设计，一般宽度应容纳车辆压料和取料。为防止雨水向窖内倒灌，窖口要高于外部地面 10cm。窖内从里向窖口做 0.5%～1%坡度，便于窖内液体排出。根据每天青贮使用量及青贮取用设备行走转弯需要等来设计青贮窖宽度。青贮窖过宽会影响封窖速度，进而影响青贮质量，规模化牧场青贮窖宽度以 15～20m 为宜。墙体以砖石、混凝土浇筑，墙面要求平整光滑。墙体上窄下宽呈梯形，有利于机械操作，以提高青贮饲料压实密度，青贮堆放时高度要求高于墙体。

（二）储料库

饲草饲料加工设备应满足生产需求，根据饲养规模可建 TMR 搅拌站，应设置专门储存场所并设防雨设施。饲草储备量主要依据牛场的饲养量和年采购次数决定，应满足 3～6 个月的生产需求量。奶牛场内可用精料塔或精料库储存精料，精饲料的储备量应满足 1～2 个月的生产用量。

九、粪污处理设施

牛舍需设有良好的清粪排尿系统，常采用的机械刮粪地面向清粪的方向倾斜 2%～3%，以便清洗，走道宽度与清粪机械（或推车）宽度相适应。常见的清粪方式分为人工清粪、铲车清粪、漏缝地板、水冲、刮粪板清粪等。

人工清粪是在粪水分开的基础上，人工清除固体粪便，液体从浅明沟或暗沟排出牛舍。人工清粪用水最少，清粪效果彻底。在存栏较小的牧场中，人工清粪配合机械清粪是目前最普遍的清粪方式，这种方式简单灵活，但工人工作强度大、环境差，工作效率低。

铲车清粪工艺在我国运用较多，是一种从全人工清粪到机械清粪的过渡方式。目前国内清粪铲车产品较多，可满足不同设计类型牛舍的需要。铲车把清粪通道中的粪刮到牛舍一端积粪池中，然后通过吸粪车把粪集中运走，清粪灵活、方便，效率较高。但铲车清粪只能在牛群去挤乳时进行，工作次数有限，影响牛舍清洁，且清粪铲车体积大、噪声大，容易对牛造成应激，所以清粪操作应该严格执行相应规范，以降低对牛群的应激。

采用水冲粪工艺获得的污粪固体含量为 3%～6%，适宜用泵、管路输送。对于地域气温较高的牧场，该工艺还能同时降低牛舍温度。水冲粪工艺需要的人力少、劳动强度小、劳动效率高、能频繁冲洗，从而保证了牛舍清洁和奶牛卫生。这种工艺需水量较大，还需要配套的污水处理系统、固液分离设备等，对污水处理基建投资的要求较高。

刮粪板清粪。采用牵引式刮粪机，机械操作简便，工作安全可靠，其刮粪板高度及运行速度适中，基本没有噪声，对牛群行走、饲喂、休息影响较小，还能通过程序设计，调整刮粪板工作的时间和刮粪频率，牛舍清洁度较高。对于牛舍饮水台、卧床上沿等刮不到的地方，需配合人工清除刮粪死角。

漏粪工艺，奶牛排出的尿、粪能很快从漏缝地板漏到下面构筑物中，以保证牛蹄干燥和牛舍的清洁，漏缝下的污粪可经刮板、水冲清理。此工艺较水冲工艺节水，但牛舍投资增大，粪污清理不及时厌氧发酵产生的有害气体会对牛舍内空气质量产生很大的影响，所以牛舍还应配备良好的通风系统。

机器人清粪工艺。机器人清粪工艺能实现牛舍全自动清粪，运行轨迹可预先用程序设置，通过 GPS 定位，具有机械刮粪板所有优点，但初期成本较高，且只适用于漏缝地板。

牧场设有三级氧化塘，使处理后的水质达到农田灌溉标准，使用农业喷灌设施灌溉农田，贮存容积不得低于当地农作物生产用肥的最大间隔时间和冬季封冻期或夏季雨季最长降雨期存储量。

第三节　奶牛场环境卫生管理

奶牛场的卫生管理水平直接影响到原料奶的卫生质量，而且影响到乳品生产企业的经济效益和产品声誉，更关系到每一位消费者的身体健康。如何保证原料奶的质量，除在原料奶加工处理过程中对生产的各个步骤进行严格管理和监控外，从源头上控制原料奶的质量也尤为重要。本节从奶牛场关键环节卫生管理、牛舍环境卫生管理、牛乳卫生管理、产房卫生管理、哺乳期犊牛舍卫生管理、饲料库卫生管理、青贮窖卫生管理、技术室卫生管理等多方面进行阐述奶牛场卫生管理的关键点，以预防并减少疾病的发生和微生物的污染，保证奶牛的健康饲养，确保奶牛的产奶量和原料奶的质量。

一、奶牛场关键环节卫生管理

（一）奶牛生产环境

奶牛场周围及内部必须保持良好的卫生状态，防止奶牛受到疾病的威胁及传染病的感染。场区内无乱堆乱放，无杂草，无烟头杂物，路面干净整洁。牛场排污应遵循减量化、无害化和资源化的原则。牛舍地面和墙壁应选用适宜的材料，以便于进行彻底清洗和消毒。所有门窗玻璃保持清洁、明亮、无破损。有特定地点存放垃圾，并且及时清除垃圾免除异味。定期有效地进行灭蝇、灭鼠工作，牧场应该在牛舍内的恰当位置投放灭鼠药物，但要注意及时收集残留药物和死鼠，最后进行无害化处理。在灭蝇工作方面，至少每周 2 次，夏季最佳灭蝇时间为早 6～7 点和晚 5～7 点，灭幼虫与灭成蝇工作配合进行。场区内不得饲养其他家禽家畜，并防止场外家禽家畜进入场区。

（二）人员消毒

外来人员进入生产区时必须进行严格消毒，严格遵守牛场卫生防疫制度。场区内要设置更衣室、厕所、淋浴室、休息室。更衣室内应按牧场员工人数配备衣柜，厕所内应有冲水装置、洗手设施和洗手消毒液。

（三）车辆消毒

外来车辆进入场区前，应有专人对车辆进行消毒并登记，完成后方可入场。

（四）消毒通道

消毒池内消毒液深度应为10～15cm，消毒药物使用1∶400的灭毒威，每天更换，专人负责。每天清洗消毒垫，确保干净卫生，每日更换消毒液。消毒通道内应设有紫外灯或消毒雾化器及乙醇洗手器。

（五）乳房烧毛、剪尾

定期按生产标准对成年母牛进行烧毛、剪尾，以降低乳房污染的概率。

二、牛舍环境卫生管理

（一）卧床、运动场管理

牧场工作要做到“牛走-料到-粪清-床平-水清”，保证卧床无板结、无砖头瓦块，垫料要保持松软舒适、厚度20cm以上、发酵床垫料厚度40cm以上，同时保持垫料湿度小于50%。运动场要保持舒适干燥、无积水、无粪汤，使用刮粪板的牧场应设定刮粪频率每天不低于6次，刮粪板清理不到的地方需要人工清理。依据牧场实际情况，每周对运动场进行全面消毒。做好牛舍夏季防暑降温、冬季防寒保暖工作，保持舍内干燥卫生，保持牛体卫生评分为1～2分的比例能够大于80%，以减少奶牛乳腺炎的发病率。牛棚棚顶无损坏、破损，如有损坏破损，应及时修复，避免在雨雪恶劣天气破坏牛舍环境。

（二）通风管理

奶牛养殖过程中，舍内会产生二氧化碳、氨气等有害气体，因此奶牛舍内必须安装适当的通风换气设备。

（三）饲槽管理

每班次清扫采食槽道，清理剩料，保证槽道干净整洁、无附着物及其他杂物，确保采食道平整光滑。每周清理采食槽挡墙面与颈枷连接处堆积的饲料。

（四）饮水管理

运动场内的饮水器及水槽要搭建遮阳棚或遮阳网。要保证饮水池的储水量必须能够满足本场各圈舍10%的奶牛同时饮用，应保证每20～25头牛一个水槽，保持水槽有效长度不低于20cm，停止上水后水位要控制在距离水槽上沿5～10cm处。饮水器及水槽每周应至少清洗消毒三次。夏季用水量大，储水罐、压力罐要每月排污，防止管道阻塞，同时保证水槽外壁无明显粪污，水槽周围地面平整，无粪污堆积。牛舍内水槽中不得出现漂浮的或沉积的变质饲料，同时不得出现在水槽侧壁和底部有明显膜状物，水槽中长出绿藻，并且有气泡冒出，水质混浊现象的发生，冬季不得出现结冰。

三、牛乳卫生管理

（一）奶厅及乳室卫生

奶厅［包括大奶厅、小奶厅（综合区）］及乳室的地面和墙壁、药浴液、毛巾或纸巾、储奶罐、压缩机散热片、各种管道、挤奶机棚架、软化水设备、热水罐等要保持干净卫生。奶厅要保持良好的通风并设置防蝇装置，如安装灭蝇灯、纱窗、门窗等。灭蝇灯不得放置在储奶罐口周围，同时要每天检查灭蝇灯，保持清洁。所有奶罐敞口位置都必须有纱布遮挡，确保牛乳卫生。装车时要在储奶管加装过滤袋，防止异物进入奶车。

（二）挤乳员卫生

挤乳员要求穿工作服、防护靴、防水围裙，戴工作帽、口罩、手套。在挤乳前必须洗手。

（三）挤乳设备清洗消毒

严格执行挤乳设备、制冷设备的清洗消毒程序，设备预冲洗水温控制在35～45℃，清洗时间大于5min，至水清；碱洗则水温要求控制在75～85℃，清洗时间8～10min；酸洗则清洗水温要求控制在60～70℃，清洗时间为10min，循环清洗的回水温度不低于40℃；后冲洗则需打开奶泵底部排水阀，清洗时间为5min左右至水清洁，注意设备、管道水分排空。

（四）待挤厅及回牛通道卫生

每班次清理待挤厅及回牛通道的粪污，保证干净整洁。

四、产房卫生管理

牧场应设有单独产圈，且位置合理；产圈环境整洁、干燥舒适、垫料无发霉、厚度大于20cm。接助产器具、用品、润滑剂、犊牛初乳灌服器等无乱堆乱放，每次用完后要立刻清洗消毒并放到指定位置。及时清理胎衣、羊水污染区域并进行消毒，同时对胎衣做无害化处理。每周对产圈及产栏进行2～3次的彻底消毒并做好消毒记录。

五、哺乳期犊牛舍卫生管理

（一）犊牛暖房

犊牛暖房，犊牛舍通风良好，犊牛趴卧高度氨气浓度小于20ppm①。

（二）垫料

保持垫料松软无结块、干净、干燥，厚度大于20cm，污染及潮湿面积小于30%。

（三）饮水及采食

保证全天干净充足的饮水，犊牛舍（岛）内保证每天2～3次给水，断奶后犊牛每班要

① 1ppm=1mg/L

检查饮水设施，保证满足犊牛随时饮水。开食料不空槽、无结块、无霉变。雨雪天过后要及时清理淋湿的开食料。

（四）消毒

犊牛舍（岛）犊牛转出后更换清除垫料并彻底消毒晾晒3～5d后重新铺设垫料备用。每周至少2次日常消毒并做好消毒记录。

六、饲料库卫生管理

做好库存饲料防雨雪、防潮管理，防止饲料发霉变质。饲料应码放在规定区域内。对于码放在棚外的所有饲草料要及时苫盖，防止雨雪淋湿，对于棚内的燕麦草、苜蓿等要增加围挡。及时修复破损的裹包饲料。饲料入库后，要第一时间更新饲料标识牌上的相关信息，饲料出库遵循先进先出的原则，确保无过期、积压导致发霉变质的饲料。

领取制作TMR的散料后，由专人打扫饲料库卫生，保持库房干净，地面、墙角、棚外无遗撒饲草料。

饲料库禁止非管理人员随意进入，加强防鼠害、防污染。饲料库禁止吸烟，杜绝明火，同时应配有消防措施。

七、青贮窖卫生管理

牧场应做到青贮窖切面整齐、现取现用，尽可能减少取料面积，避免二次发酵，保证青贮的质量；青贮表面出现发霉变质的部分要及时清除、杜绝饲喂。青贮窖开封面积和取料面积要适宜，宽度依照牧场一到两天的用量打开。

每周至少检查3次覆盖青贮窖的塑料布有无开裂老化现象，遇到天气突变要及时检查维护；雨天要及时排出青贮窖内的积水。当班次工作结束后及时清除青贮窖里的异物，包括石块、砖块、塑料布等；将开窖拆除的轮胎、清除的压窖土，码放、堆放到指定位置。

八、技术室卫生管理

（一）兽医室

兽医室配备取暖设施，室内温湿度、光照情况应符合兽药说明书中的“贮藏”要求，对于需要冷藏存储的药品，应配备相应冷藏柜或冰箱；存放药品的冷藏柜表面与顶部无污渍、尘土；兽药库房要保证整洁、卫生，避免阳光直射，各类药物要标注名称，分类码放要有序。

废弃的兽药包装、兽医器械和医疗垃圾应分类后集中存放，不得随意丢弃，且要远离饲料、牛乳等储存区。兽医操作台、药品架应整齐、无污渍，器械、药品等要摆放整齐，地面干净。

（二）配种室

配种室每天要清扫，保证地面、台面、仪器设备表面整洁卫生，所有物品摆放整齐；器械使用后严格清洗、消毒并整齐存放在固定位置，不可乱堆乱放。

干燥箱内需整洁无灰尘，器械消毒清洗后在170℃下消毒3h，墙面和干燥箱的距离应保持 10cm 左右。显微镜需密封保管；显微镜使用完毕后，用纱布将外表面擦拭干净，放回显微镜箱中。

第四节　奶牛场的周围环境控制

随着现代奶业的发展，奶牛养殖场由分散饲养向规模化、标准化、集中化方向转变，因此奶牛场的周围环境控制显得尤为重要。奶牛场的周围环境是奶牛生产的关键，为奶牛创造舒适的生活环境，回报更多的产奶量。奶牛场的周围环境控制分为两大类，为大环境和小环境。奶牛场周围大环境主要考虑所处地理位置、地区自然环境，如温度、湿度、光照、风向和空气质量。奶牛场周围小环境控制，主要考虑牛舍的结构设计、热应激控制、保温控制、通风控制、卧栏、空间容纳、排污方式等。牛场设计中，投资与运营成本作为主要的考虑因素，尽量利用自然能源，降低运行成本，将奶牛场大环境和小环境紧密结合，做到牛场内外环境控制采取最佳的合理方式。

一、奶牛场大环境控制

（一）温度

外部温度为 5～22℃是奶牛感觉比较舒适的环境温度，以维持正常生理和生产的饲料干物质消耗量及饮水量均处于比较理想的水平。如果不在此温度范围之内，可能引起冷热应激，造成饲料的损耗和生产性能的下降。

（二）湿度

奶牛的热/冷应激不只是与温度有关，同时与湿度也有密切的关系。在冬季，当牛舍的湿度较高时，会造成低温高湿，从而引起奶牛更强烈的冷应激。在夏季，当牛舍湿度较高时会造成高温高湿，从而引起更强烈的热应激。牛舍湿度较高还会促进细菌和疾病在牛群中更快速地蔓延和传播，以加快设施设备的老化，使混浊气体滞留积聚在地面，增强牛只患病风险。

（三）光照

光照良好的奶牛场将会提高奶牛的舒适度。奶牛是以白天活动为主的节律性动物，对光照比较敏感。夏季是奶牛泌乳的最佳季节（16h 白天或至少 6h 不被打扰的黑夜），可刺激泌乳。另外，良好的光照会促使奶牛更容易发情。

（四）风向和风速

奶牛场所处环境的风向、风速对于牛舍内部环境至关重要，应根据奶牛场标准通风量的要求，通过设施设备调控牛舍内部风速的变化以适应牛群需要。

二、牛舍环境控制

牛舍生产环境直接影响着牧场的经济效益。研究表明，30%～40%的生产力取决于养殖场的环境条件。合理的牛舍环境及其管理能避免自然灾害，减少疫病发生，提高经济效益。

牛舍环境包括牛舍内的温度、湿度、风速、光照、噪声和有毒有害气体浓度等6个方面的内容。牛舍小环境需要结合奶牛场所处大环境而设计，使奶牛生产性能及遗传潜力发挥到极致。

（一）牛舍温湿度管理

牛舍内适宜的温度和相对湿度可促进奶牛的生长发育及生产性能的最大化。不适宜的温湿度会导致奶牛食欲减退或降低饲料的利用率，因此，夏季做好防暑降温的工作，冬季要做好保暖工作。牛舍的适宜温度为5～15℃，地面附近的温度与牛舍天花板附近的温度差不超过2～3℃，墙壁附近温度与牛舍中央的温度差不能超过3℃；适宜的相对湿度为50%～70%，不能超过80%。

（二）夏季潮湿炎热地区环境控制

牛场夏季通常面临高湿高温环境，奶牛处于热应激状态。为了减少奶牛热应激，牧场管理员通常在牛舍和待挤厅处采取喷淋+风机、风机+湿帘或风机+喷淋+湿帘的方案，将牛体上的水分汽化，1g水蒸气可以带走0.56kcal热量，从而达到给牛体降温的效果。此外，从牛舍建筑和防晒绿化措施等方面也可考虑辅助性抗热应激方案，如饮水区、运动区、挤乳通道采用遮阴措施；场区及运动区采用绿化遮阴措施。

（三）冬季寒冷环境控制

应对冬季的冷应激，一般采用自然通风+卷帘+保温墙+塑钢窗的模式，还可防风沙天气，通风采用自然通风为主。而在黑龙江、吉林、辽宁、内蒙古及新疆北部寒冷地区主要解决通风与保暖问题。为了保证牛舍温度和空气流通，需要补充一定的热量，设计侧墙最小通风量和屋顶通风调节进风系统。为了防止冷风直接吹向牛体，将进风口设于背风侧墙的上部，使气流先与上部热空气混合后再下降，与舍内温度实现冷热交换，同时将牛舍内混浊废气从屋顶通风系统排出，保证了牛群在保温的同时呼吸到了新鲜空气。

1）通风管理。牛舍内应保持适当的通风，冬季0.1～0.2m/s为宜，最高不超过0.25m/s，能及时排除舍内过多的水汽和有害气体；夏季气流不低于0.25～1m/s，以降低舍内温度和对牛的热应激。

2）光照管理。奶牛舍采光系数为1∶12，入射角不小于25°，透光角不小于5°，应保证冬季牛床上有6h的阳光照射。

3）牛场噪声管理。噪声是奶牛场容易忽略的问题。噪声刺激牛的神经系统，使其食欲减退、惊慌、恐惧，从而影响奶牛生产性能。通常，白天牛舍的噪声不应超过90分贝，夜间不应超过50分贝。

4）空气质量。新鲜的空气可促进牛的新陈代谢，减少疾病的传播。另外，牛舍饲养密度大，会导致舍内的氨气、二氧化碳等有毒有害气体浓度升高，影响奶牛健康和生产性能。舍内氨含量不超过26cm^3/m^3，硫化氢不得超过10cm^3/m^3，因此，要做好牛舍空气质量的调节工作，加强牛舍的通风换气工作，保持合理饲养密度。

（四）牛场污染物及其处理措施

1. 牛场污染的危害

奶牛的排泄粪污量大，每天的排出量为40～60kg/（头·d），给周围土壤、水源及空气带来了一定的污染。在粪尿存放期间，含有大量的致病菌和寄生虫，如果不做适当处理则成为畜禽传染病、寄生虫病和人兽共患病的传染源，致使人兽共患病及寄生虫卵蔓延，给畜牧场附近的居民生活造成不良影响。有机质及矿物质都将随粪水渗入土壤内，并进入地下水或随雨水进入地表水。在微生物的作用下，大量消耗水中的溶解氧，严重时有机物进行厌氧分解，产生各种恶臭物质。而粪尿中大量的有机氮磷营养物质，在分解过程中被矿化为无机态的氮磷物质，造成植物根系的损伤，使水中的藻类大量繁殖进而造成水质腐败，导致水生生物死亡。同时通过发酵腐败，产生硫化氢、氨气等有害物质，污染周围空气。

2. 牛场粪污处理

粪污的净化与利用。利用厌氧细菌，对牛粪中的有机物进行厌氧发酵产生沼气，在此过程中，厌氧发酵可杀死病原微生物和寄生虫卵，发酵的残渣又可作肥料，因而生产沼气既能合理利用牛粪，又能防止环境污染。

堆肥发酵处理。利用各种微生物的活动分解牛粪中的有机成分，可以有效地提高有机物的利用率，同时发酵过程中形成的特殊理化环境也可基本杀灭粪中的病原体。

综合生态处理。通过固液分离发酵仓、固液分离烘干机、沉淀池等综合利用，将牛粪尿污水进行固液分离，并将干物质达到40%以上的固体部分用于牛卧床垫料，或固液分离后直接作为有机肥还田，或作为食用菌的培养基。液体通过净化达到国家排放标准后，可用于灌溉或直接回收用于冲刷奶厅。因此，牛舍中的粪尿通过微生物-动物-菌藻的多层生态净化系统，使污水污物得以净化。

3. 有害气体的净化与利用

生产中必须采取措施减少有害气体的产生或散发，降低环境污染。常见的减少或防止有害气体的方法如下。

（1）吸附或吸收法　往牛舍卧床或粪污堆中投放吸附剂，如沸石、活性炭、海泡石等，以减少臭味的散发。

（2）化学除臭法　向牛舍及粪污中喷洒一些化学除臭剂，通过化学反应把有味的化学物转化成无味或有较少气味的化合物。

（3）生物除臭法　利用生物除臭剂，控制微生物的生长，减少有味气体的产生，如生物抑制剂。

（4）喷雾洗涤法　使污染气体与含有化学试剂的溶液接触，通过化学反应或吸附作用去除有味气体，如喷雾洗涤法。

（5）场内植林带　在牛场的周围种植绿色植被，可以降低环境温度和风速，减少气味的产生与挥发，提高养殖场的空气质量。

第五节　废弃物处理

奶牛场应设立废弃物存放区，包括生活区垃圾、病死畜等生物垃圾、粪污垃圾、医疗废弃物和其他危险废物存放区等。牧场应成立废弃物处理领导小组，加强领导，科学规范地收集处理各种废弃物，领导小组组长由牧场主管后勤经理担任，并根据牧场区域划分、岗位职责分工，做到分区负责，分类管理。办公室主任、技术部长、安环部成员、粪污处理等部门负责人为小组组长，并根据各模块生产工作量确定具体组员人数。形成三级管理架构，重视并严格落实奶牛场废弃物收集、处理等各项工作。

一、生活区垃圾处理

牧场办公区、食堂、宿舍等区域设置垃圾桶等设施，按照功能区分分类摆放，利于分类收集。生活垃圾运输、处理必须有专业服务单位，包括取得从事生活垃圾经营性收集、运输许可的企业和承担环境卫生作业的事业单位。牧场由专人负责，组织对生活区所有垃圾进行科学收集，与专业服务单位对接沟通定期拉运，做到集中处理，科学处理。对垃圾拉运、记录与日常设备设施维护及全体员工执行情况检查。

二、生物垃圾处理

奶牛场生物垃圾包括病死牛只、流产胎儿、胎衣等。必须坚持“五不”处理原则，即不宰杀、不贩运、不买卖、不丢弃、不食用，进行彻底的无害化处理，无害化处理的畜禽数量、死因、体重及处理方法、时间等要进行详细记录。

奶牛场生物垃圾应委托具有资质的专业化无害化处理机构集中处理。在下风口修建无害化处理设施，包括冷库、冰柜等，用于生物垃圾暂时储存，并及时联系专业处理机构定期拉走进行无害化处理。定期对暂存点进行消毒，每次拉运后，必须彻底对用具、道路等进行消毒，防止病原传播。生物垃圾收集、运输过程中要注意个人防护，防止人兽共患病传染给人。

发生重大动物疫情时，除对病死畜禽进行无害化处理外，还应根据动物防疫主管部门的规定，对同群或染疫的畜禽进行扑杀和无害化处理。

三、粪污垃圾处理

（一）粪便及污水处理

奶牛生产过程中产生的粪便、垫料、废饲料等统称为粪污。牧场粪污中悬浮物含量较高，悬浮物主要是有机质，可作为有机肥料。因此，首先考虑将粪污中的悬浮物与水分离，固液分离不仅节约了能源，而且大大降低了废水处理难度。分离后的固体输送至有机肥生产车间，发酵后的沼渣沼液在经过分离后，固体用于铺垫奶牛卧床。

分离后的沼渣沼液进入污水处理阶段，经深度处理达到《畜禽养殖业污染物排放标准》后排入防渗池储存，防渗池大小按照每头牛配 $8m^3$。奶厅设备清洗水及奶台、地面冲洗水直接进入污水厂进行处理，之后排入防渗池储存。

（二）废旧垫料处理

牧场废旧垫料要集中收集管理，设置的集中处理区域必须位于牧场生产区下风口，并远离圈舍、奶厅、料库等重要生产区域，出入口设置人员、车辆消毒设施。以保障人员、牛只及生产安全。废旧垫料与干湿分离后的粪便一同处理。

（三）医疗废弃物处理

要及时分类收集医疗垃圾，在盛装医疗垃圾前，应当对医疗垃圾包装物或容器进行认真检查，确保无破损、渗漏和其他缺陷；批量含有汞的体温计、血压计等医疗器具报废时，应当交由专门机构处置；放入包装物或容器内的感染性、病理性、损伤性医疗垃圾不得取出。盛装医疗垃圾的包装物或容器达到3/4时，应当使用有效的封口方式，使包装物或容器的封口紧实、严密；包装物或容器的外表面被感染性垃圾污染时，应当对被污染处进行消毒处理或增加一层包装；盛装医疗垃圾的每个包装物、容器外表面应当有警示标识，在每个包装物、容器上应当系中文标签；中文标签的内容包括医疗垃圾产生单位、产生日期、类别及需要的特别说明等。

运送人员每天从医疗垃圾产生地将分类包装的医疗垃圾按照规定时间和路线运送至内部指定的暂时贮存地点；运送人员在运送医疗垃圾前，应当检查包装物或容器的标识、标签及封口是否符合要求，不得将不符合要求的医疗垃圾运送至暂时贮存地点；运送人员在运送医疗垃圾时，应当防止造成包装物或容器破损和医疗垃圾的流失、泄漏和扩散，并防止直接接触身体；运送医疗垃圾应当使用防渗漏、防遗撒、无锐利边角、易于装卸和清洁的专用运送工具；每天运送工作结束后，应当对运送工具进行及时清洁和消毒。建立医疗垃圾暂时贮存设施、设备，不得露天存放，暂时贮存时间不得超过2d。

（四）危险废物处理

1. 危险废物污染处理原则

遵循环境保护“预防为主，防治结合”的工作方针和“三同步”规定，做到生产建设与保护环境同步规划、同步实施、同步发展。公司负责人是危险废物污染防治工作的第一负责人，对全公司环境保护工作负全面的领导责任，并引导其稳步向前发展。设立以总经理为首、各部门领导为成员组成的危险废物污染防治工作领导小组，对公司的各项环境保护工作进行决策、监督和协调。

环保安全生产科是危险废物污染防治工作的管理部门，负责公司日常管理，并把目标和任务落实到相关责任单位。按照“管生产必须管环保”的原则，生产科对本单位危险废物污染防治工作负全面的领导责任；各班组必须把危险废物污染防治工作纳入本部门管理工作中。所有员工应自觉遵守国家、地方和公司颁发的各项环境保护规定，稳定生产装置，减少生产过程中危险废物的排放。危险废物的收集、贮存、转移、利用、处置活动必须遵守国家和公司的有关规定。

制订环境保护应急预案，定期进行事故演练。发生危险废物污染事故或者其他突发性事件，要按照应急预案消除或者减轻对环境的污染危害，及时通知可能受到危害的单位和个人，并及时向事故发生地环境保护行政主管部门报告，接受调查处理。

2. 危险废物贮存场所管理要求

危险废物贮存场所必须上锁，且必须由专人管理，其他人未经许可不得入内，危险废物贮存场所外必须设置危险识别标识。所产生的危险废物，必须及时送至危险废物贮存场所，不得在场所外存放。由专人管理危险废物的入库、出库登记台账，且各容器上必须要有相应的危险识别标志，由指定人员负责存放管理，并建立台账，明确废物名称、来源、进出量、管理者签名等。

不同类别的废物应分别放置在各指定区域，严禁混放；且各容器上必须要有相应的名称、重量及产生日期等标识。必须定期对危险废物包装及贮存设施进行检查，发现破损，应及时采取措施清理更换。任何单位及个人不得擅自转移、处置危险废物。处置单位应具备废物回收、处置相应的资质，并有相关证明文件。公司与其签订废物委托处理合同并将废物委托其处理。

危险废物贮存场所外应配备消防器材，贮存场所内应定期进行清扫，清洁。要对火灾事故进行调查，总结事故教训，改善消防安全管理的工作程序及要求。

3. 危化品库房管理

危险废物贮存前管理人员检查其质量、数量、包装情况（不接收无标签的危险废物），安排放置在指定的区域，并如实填写“危险废物台账”。危险废物仓库必须执行标识制度，按要求悬挂、粘贴、设置与废物类别和性质相应的识别标志。管理人员应定期对所贮存的危险废物包装容器和标签、贮存设施进行检查，发现破损、褪色、摆放不整齐等问题应及时采取措施。盛装在容器内的同类危险废物可以堆叠存放，但须在国家规定的高度范围内，放危险废物的高度也应考虑地面承载能力。不得将不相容的废物混合或合并存放，也不得将非危险废物混入危险废物中贮存。管理人员应抓好进仓源头并进行定期检查。每个堆放区域应留有搬运通道。装卸、搬运危险废物时应按有关规定进行，做到轻装、轻卸。严禁摔、碰、撞、击、拖拉、倾倒和滚动。对危险废物仓库内清理出来的泄漏物，一律按危险废物处理。并定期将渗滤液送至污水处理站进行处理。

危险废物贮存期不超过一年。延长贮存期限的，报经环保部门批准。危险废物贮存区域内严禁有明火，管理人员定期检查消防设施，并记录在案。管理人员定期检查照明设施及电路，确保照明设施及电路正常运行，无安全隐患。

第七章　牧场的生物安全措施

第一节　提高生物安全性

一、牛场疾病感染途径

（一）牛之间的接触

患病牛与正常牛之间的接触是最为直接的传染方式，也是最危险的传播途径。这种传播方式非常不容易察觉，因为有的感染牛并不直接表现出患病症状，但是却会携带某些病原体，如牛Ⅰ型疱疹病毒、牛病毒性腹泻病毒、新孢子虫、无乳链球菌等。还会有一些潜伏期比较长的疾病，如鸟副结核病（强尼氏病）。像这样的疾病是非常危险的，在人们不易察觉的时候就会完成大规模传染，造成不可估量的经济损失。

（二）接触人员

管理者需要对相关接触畜禽的人员进行定期的专业培训，使接触人员可以有基础的生物安全认知，在操作时不至于有较大的失误。除此之外，管理者还要制订严格的、规范的、安全的操作流程，一定要做好消毒措施，严格进行每一步骤，规范约束相关操作人员的基础操作。还有就是外来访问者和参观者及检查人员等都极有可能是病原体的载体。对于这些人员，一定要做好外来人员登记记录，以便发生事故时能够很好地溯源。将消毒措施贯彻落实，避免外来人员携带的致病菌传染给牧场内畜禽，造成牧场内畜禽大面积感染，避免不必要的损失。

（三）器械和物品

进出入的车辆和物品极易携带外来的致病菌，一定要建立完整的消毒措施体系，每一个环节都要详细地采取相应措施，并且应该有相应的应急方案，争取做到一个环节出现失误不会使整个防御体系陷入瘫痪。如果消毒措施不到位，很有可能会将致病菌传染给牧场内的畜禽，造成畜禽感染，所以一定要对进出入牧场的车辆和物品进行彻底消毒。

（四）其他途径

牧场的场址规划首先要符合相应的法律法规，其次要从生物安全的角度出发，选择合适的场址。要建立围墙和隔离带，避免外来致病菌的侵入，同时也不会污染外界环境或者将污染降到最低。

二、牛场传播性疾病

（一）疯牛病

疯牛病是神经系统方面的一类传播性疾病，别称牛海绵状脑病。疯牛病是朊病毒引起的一种亚急性神经系统疾病，其潜伏期较长，病情会逐渐加重，中枢神经系统逐渐减退，最后使牛死亡。临床症状常表现为个体行为异常、失调、过敏等。其中行为异常主要表现为牛只独自离群、狂躁、焦躁不安、神情恍惚、抽搐、痉挛，甚至还会出现攻击行为。失调主要表现为后肢运动异常，尤其在拐弯时极易失调，从而摔倒。

（二）炭疽

炭疽病早在 100 多年前就已经出现，炭疽是炭疽杆菌引起的传染病，主要发病群体为食草动物（牛、羊等），而且还容易传染给人类，主要通过皮肤接触传播。临床表现主要为出现皮肤坏死、溃疡、黑痂，周围组织水肿及毒血症症状。牛体持续高热、黏膜发绀及天然孔出血。局部形成炭疽痈。脾脏肿大、血液凝固不良、死亡后容易出现尸僵现象。

（三）结核病

牛结核病是一种牛只极易发生的传播性慢性疾病，结核病主要是牛分枝杆菌和结核分枝杆菌引起的，同样也会传染给人类，尤其会让人感染上牛分枝杆菌。其也是一类人兽共患的传播性疾病。据世界卫生组织统计调查，目前约有 10%的人结核病是牛只所传染的。这类结核病非常容易损坏牛只的健康。牛结核病的传播方式主要有三种：呼吸道传播、消化道传播、皮肤黏膜传播。在牛的所有品种里，奶牛极易被传染结核病，其他种类的牛也会被传染结核病。

（四）巴氏杆菌病

巴氏杆菌病是多杀性巴氏杆菌引起的急性传染病。该病可以细分为急性败血型牛巴氏杆菌病、肺炎型牛巴氏杆菌病、水肿型牛巴氏杆菌病。牛只被巴氏杆菌感染之后，很快就会发病并且临床症状非常明显，具体症状为牛只出现身体高热，有肺炎及胃肠道炎症，同时还会引起多脏器出血，所以该病又称为牛出血性败血病。该病主要在牛只之间传染，并且传染十分明显。

（五）口蹄疫

口蹄疫是一类传播性极强的传染病，在我国被列为 A 类传染病之首。口蹄疫是口蹄疫病毒引起的，该病为人兽共患病。该病毒主要存在于患病牛或病毒携带牛的消化道内，可以通过粪便、尿液、分泌物等传播，并且传播速度极快，造成的危害也很大。该病毒在低温下可以存活很长时间，但是在高温条件下很难存活，存活时间较短。

（六）其他传播性疾病

牛的其他传染病还有很多，像牛流行热、沙门菌病、布鲁氏菌病、牛传染性鼻气管炎、犊牛大肠杆菌病等。这些传染病都会给牧场带来很大的损失。

三、生物安全的基本原则

如今牛场的生物安全基本原则应该包括以下几方面。

1）牛场内生产区和养殖区之间应该有明显的边界。这一边界既可以是实际存在的，也可以是虚拟存在的，但必须要区别明显，以达到生产区和养殖区互不传染的目的。

2）消毒之前必须清扫牛舍。所有消毒药物的效力在遇到有机质时都会大幅降低。

3）达到彻底无菌状态以现在的技术来看不太可能，生物安全的目的是降低牛群在病原体中的暴露水平。降低牛群的暴露作用包括减少暴露时间和降低病原体密度两方面。

4）人或者牛群必须单向流动。流动方向应该优先远离外来人员和未经消毒的器具和物品，远离难以从疾病感染中恢复过来的群体及易感群体。

5）按期送样至兽医诊断实验室是生物风险管理（BRM）计划不可或缺的一部分。

四、牛群封闭饲养

牧场最好进行封闭饲养，将外界的细菌和病毒隔绝开来，减少甚至杜绝外界环境对牧场内牛群的干扰。封闭饲养包括建设形式上的封闭式和管理形式的统一性，二者缺一不可，一个环节没有做到位都有可能会影响封闭饲养的有效性。

五、牛的引进

（一）牛只的筛选

在引进牛的过程中，首先要根据自身牛场的实际需要进行选种，其次一定要从正规渠道引进种牛，要保证该批次种牛每一只都符合正常的健康标准，不携带病原体，也不携带任何的致病菌。还应该注意奶牛品种、牛号、出生年月日、出生体重、成年体尺（体重）、外貌评分、母牛各胎次产奶成绩。系谱中，还应有父母代和祖父母代的体重、外貌评分、等级、产奶量、乳脂率。

（二）运输过程

在筛选完所需要的不含致病菌的健康种牛之后，下一步便是进行运输。在运输过程中，最好是有专用的运牛车辆，或者用途类似的车辆，在将引进的牛只安置在运输车辆之前，一定要对车辆进行严格的消毒并始终保持最好的无菌状态，要保证车辆上不含有任何的致病菌，另外是运输人员的卫生安全，运输人员一定要严格按照流程进行消毒，在运输牛只的过程中，要严格规范自己的行为，不可随意走动，严禁携带与运输牛只不相关的其他物品。

（三）饲养管理

引进的牛只进入牛场内后，不要着急饲喂，先让其在隔离区进行适当的活动，使其熟悉环境，避免其因到达陌生的环境而受到惊吓，待其较为熟悉环境、充分休息、较为平静的时候，再对其进行饲喂，第一次喂水不宜过多（应逐头喂饮并且每头牛控制在2L以内），防止其因为口渴而大量饮水造成身体不适（水中毒），在水中可以适量加入一些电解质、维生素、食盐、葡萄糖等物质，这样可以调节其机体平衡、补充能量和维生素，缓解其紧张的情绪。2h后，可以再一次少量喂水，反复循环，直到观察到牛只可以自然排尿后，方可正常给牛只喂水。

（四）防疫和驱虫

驱虫一般在正常饲喂阶段进行，首次驱虫时一定要进行完全，将牛体内的寄生虫全部驱除出体内。但是现在还没有一种药能够驱除所有寄生虫，所以要采用多种药剂联合驱虫，可选择伊维菌素皮下注射+阿苯达唑（或左旋咪唑）内服，也可以选择伊维菌素和阿苯达唑（或左旋咪唑）片剂或粉剂内服或拌料服用，但是伊维菌素内服没有皮下注射效果好，也可以肌内注射多拉菌素注射液。内服的驱虫药最好在牛只空腹时投喂，此时效果最佳。

表 7-1 中列出了预防疾病传入的简要建议。

表 7-1 预防疾病传入的简要建议

疾病/传染病	预防措施			是否有可用疫苗	建议
	临床检测	预防性治疗	实验室检测		
牛病毒性腹泻病毒	(+)	~	+	是	牛病毒性腹泻病毒检测时最基本的方法（1.8%的牛病毒检测呈阳性）；血清学检测也有效。如果怀孕母牛血清学检测呈阳性，则将其隔离，待生产后再对初生犊牛进行病毒检测，或将初生犊牛先隔离，待四周龄后再进行病毒和抗体检测。可采用牛乳检测
牛传染性鼻气管炎Ⅰ型疱疹病毒	(+)	~	+	是	牛血清学检测是否呈阳性（潜伏感染）取决于病毒毒株、所用疫苗的种类、牛群的健康状况、牛及其精液和胚胎的健康状态。可采用牛乳检测
钩端螺旋体病	(+)	+	+	是	采用 ELISA 法检测牛群，在引进的 14d 内，按 25mg/kg 的剂量，注射双氢链霉素 2 次可降低病原体排泄
沙门菌病	(+)	(+)	+	是	牛粪便的重复分离培养，有助于发现病原菌携带牛。都柏林沙门菌/鼠伤寒沙门菌抗体效价呈阳性时，可表明牛最近患过该病（人兽共患病）
强尼氏病	(+)	~	(+)	是	缺少合适的检测手段，监测个体牛是否发生亚临床感染就有一定困难。ELISA 可用于群体检测。在连续的一段时期内，应保证原有牛群不发生临床型强尼氏病，如 5 年。隔离牛发生腹泻时，应该重复检测粪便中的耐酸微生物，并做微生物培养。如果牛表现为间歇/持续腹泻，不管检测结果如何，应考虑淘汰（人兽共患病）
无乳链球菌	(+)	+	+	否	利用 CMT 法，对阳性乳区的牛乳进行体外培养，并做相应的治疗，可很容易地预防该病。对牛乳进行抽样化验，是有效的监测措施
蹄叶炎	+	(+)	~	否	仔细进行临床检查，如果确诊，可采用局部抗生素喷液/蹄浴
外寄生虫病	+	+	(+)	否	选用恰当的治疗方法
胃肠道寄生虫	~	+	(+)	否	认真选择，使用合适的驱虫药
肺丝虫病	~	+	(+)	是	认真选择，使用合适的驱虫药。疫苗并不能完全预防感染
肝片吸虫病	~	+	(+)	否	认真选择，使用合适的疗法
疥螨病	+	(+)	(+)	是	无感染史的牛，特别在成年牛中，该病有时相当严重（人兽共患病）
各种乳房/皮肤病	+	(+)	(+)	否	治疗困难，重在预防，部分为人兽共患病
弯曲杆菌病	~	+	(+)	否	尽管不是 100%有效（特别是老年公牛），治疗可能比实验室检测更经济
滴虫病	~	~	(+)	否	检测引进种公牛和采取严格的措施
结核病	(+)	~	(+)	否	发病率的不断增加，使得引进患病牛的可能性比以前大大增加。应采取隔离措施和个体检测皮肤试验
布鲁氏菌病	~	~	+	否	2003 年除北爱尔兰外，英国已经消灭该病，但也出现零星发病
犬新孢子虫病	~	?	(+)	否	病因不明，流行病学复杂。淘汰患病母牛所产犊牛，不要引进血清学检测呈阳性的奶牛或后备牛。抗体效价时高时低，母牛产犊阶段抗体水平可达最高。牛场中应控制犬的饲养
其他外传疾病					
口蹄疫	+	~	+	否	一旦国家生物安全防线遭到破坏，该病成为养牛业的主要威胁

续表

疾病/传染病	预防措施			是否有可用疫苗	建议
	临床检测	预防性治疗	实验室检测		
牛传染性胸膜肺炎（CBPP）	(+)	～	+	否	一旦国家生物安全防线遭到破坏，该病成为养牛业的主要威胁
牛地方性白血病（EBL）	(+)	～	+	否	一旦国家生物安全防线遭到破坏，该病成为养牛业的主要威胁
牛皮蝇蛆病	(+)	+	+	否	一旦国家生物安全防线遭到破坏，该病成为养牛业的主要威胁

注：CMT 表示加利福尼亚乳腺炎试验；ELISA 表示酶联免疫吸附试验。+表示具有指导意义；(+)表示可能有指导意义；～表示没有指导意义。新引进牛进入之前，必须先隔离一段时间

第二节 生物安全计划的制订

生物安全计划需要足够的侧重点和灵活性，以适应个体牛场的特殊情况。这需要对生物安全的原理、疾病预防的目标及相关病原体的流行病学信息等有充分的了解。生物安全计划的制订和实施需要秉承科学严谨的态度，将生物安全法的风险预防、全程控制和分类管控等核心原则作为指南与导向，并全程遵守生物安全有关的法律法规、规章制度。奶牛场生物安全事故一旦发生，不仅会使奶牛场遭受经济损失，还可能破坏生态系统，甚至可能对国家安全造成危害。

制订生物安全计划时，首先需考虑当前牛群的健康状况及奶牛场和所在地区的传染病情况，然后再评估传染病所具有的风险并给出相应的处理方法。风险评估并不能排除所有风险，而是将风险划分成不同的层次，利于制订相关决策。工作人员要在奶牛场工作中用党的创新理论武装自己，用习近平新时代中国特色社会主义思想武装头脑、指导实践、推动工作，保持锐意进取、敢为人先、迎难而上的奋斗姿态，才能乐于奉献，做好牧场的生物安全工作，维护好奶牛场的经济利益及消费者的人身健康和合理权益。

一、制订生物安全计划的原则

应由各部门负责生物安全的工作人员组成的生物安全管理小组负责奶牛场生物安全计划。生物安全管理小组的成员应充分了解与动物疫病防控有关的法规政策、流行病学特征、企业生产体系和风险评估方法等，同时将风险预防、全程控制和分类管控等原则作为制订生物安全计划的指南和导向。制订生物安全计划前应先根据企业实际情况并结合周边地区动物疫病的流行情况，进行风险评估并制订防护措施，针对奶牛场奶牛不同生长时期及生产过程中出现的生物安全风险的不同来源、等级及相关活动，分别制订不同类别的管控措施。

按照实际需求制订出具有书面形式的生物安全计划。制订风险评估方案前，奶牛场生物安全小组需要了解风险评估的主要目标、基本要求和重要程序，风险评估的内容要包括奶牛场的所有组成环节，对周边地区、设备管理、人员管理、防疫管理及运输管理中存在的所有可能危害奶牛场生物安全的因素进行分析，并进行相应防护措施的制订，修订有关的操作规范和程序条例。首先要准确地掌握牛群的身体健康情况，并对其进行风险分析，根据风险分析情况制订适合的生物安全计划。为防止风险评估及防护措施的失效，奶牛场应进行至少

每年一次的风险评估工作。如果周边地区出现疫病的流行和暴发，应根据情况多次进行风险评估。

此外，还需对包括健康管理、疫苗管理、饲养管理、消毒措施及牛只引进等奶牛场生产的全过程进行精准管理和控制。兽医要及时进行疫病监测，及时保存数据和信息，有利于发现疫病并监控流行趋势，验证生物安全措施的有效性。为不同生长阶段的牛只接种相应的疫苗，为引进的牛只及时补打，妥善管理和储存疫苗。通过制订并实施高效完整的消毒措施，切断传播途径，准确登记场内牛群的调运及饲养人员的流动、外部人员拜访的记录。

二、动物登记

标识是对国家健康和可追溯性系统的补充。在畜牧簿中登记的动物必须在出生时经过耳标识别，并用唯一编号正确连接。奶牛场应向当地县级动物疫病预防控制机构申请领取奶牛标识，并依照相关规定对奶牛施加。可在奶牛左耳中部施加耳标，当第二次对奶牛施加耳标时，可以施加到奶牛的右耳中部。对于奶牛耳标，应该实行一牛一标，并且耳标编码应具有唯一性，不得重复使用耳标。在奶牛的耳标严重磨损、破损、脱落后，奶牛场工作人员应当及时为奶牛施加新的耳标，并在奶牛个体档案和奶牛场养殖档案中记录新的耳标编码。

奶牛场应为奶牛建立个体健康档案，档案里要记录奶牛从出生、生产直至死亡等不同生长周期内的健康状况。及时为新出生的犊牛建立档案，注明耳标编码、性别、出生日期、亲属谱系及接种的疫苗和时间，奶牛的健康情况、普通疾病史也需要标明。当奶牛场引进新牛时，应该在新牛的个体档案上写明调出地和调入地、其原所在牛群的基本健康情况、原所在牛群的检疫和疫苗接种情况，新牛的个体档案需要随新牛一同运转。

奶牛场也应建立养殖档案，档案内应具备：畜禽的品种、数量、繁殖记录、标识情况、来源和进出场日期；饲料、饲料添加剂等投入品及兽药的来源、名称、使用对象、时间和用量等有关情况；检疫、免疫、监测、消毒情况；畜禽发病、诊疗、死亡和无害化处理的情况。

三、健康管理

我国奶牛养殖数量和养殖场规模持续扩大，随着食品安全问题越来越被我国消费者重视，如何保证牛乳的食品安全和奶牛的生理健康已经成为奶牛养殖业重点关注的话题。为了控制疾病治疗的开支，提高牛乳的生产质量及保障奶牛的福利水平，奶牛场要进行健康管理。驻场兽医要以防止奶牛受到普通疾病和传染病的侵扰为目的，通过对奶牛健康状况进行监测、分析与评价，制订相应的健康计划并对威胁奶牛健康的因素做出干预。在整个健康管理中，要以预防为主、预防大于治疗的原则制订相关措施，并修订相应操作规范。

（一）采集信息

对疾病监测的信息要具有代表性和时效性。每年定期对产乳阶段的奶牛进行抽血检查，次数为2～3次。主要对血常规指标常见成分的含量和变化进行监测，为疾病预防提供证据和参考。奶牛产后一个月内要通过尿液检测奶牛的隐性酮症。每年进行两次粪样检测，在奶牛群中随机抽取一定比例的奶牛样本，采集粪样进行寄生虫检测。每个月进行乳样检测，需要采集所有泌乳期奶牛所产的乳样做奶牛生产性能测定，乳样检测不能中断，否则将降低检测结果的准确性。每两个月检测一次隐性乳腺炎。每年对奶牛场内所有牛进行两次临床体格检查。主要检查精神状态、发育、姿态等，对奶牛主要器官、呼吸、饮食和肢蹄等进行详细检查并将采集到的信息归档。

（二）疾病管理

传染病发生的条件主要有三个：传染源、易感群体、传播途径。传染病预防也要从相对应的三个方面着手：①消灭传染源。对于大型牲畜来说，传染源的消灭很难。牛结节性皮肤病是传染性强、致死性强的烈性传染病，很难完全控制，一旦传染，可能长时间存在于牛群内，对奶牛场造成极大的损失。②保护易感牛群。主要依靠高质量疫苗和有效的兽药产品。但是，有些传染病比如结节性皮肤病目前还没有特异性疫苗。③通过隔离消毒等措施切断传播途径，是防控传染病最有效的手段。

四、疫苗

接种疫苗的奶牛在发生疾病时会做出较快的免疫反应。疫苗依靠动物免疫系统应答提供保护。这种功效取决于疫苗的正确储藏、管理及动物自身的免疫能否对疫苗产生应答。

（一）接种疫苗计划

接种常见疾病疫苗可以有效避免传染病的发生，为奶牛的生物安全计划提供有效的保障。应根据不同地区常发生疾病的基本类型和奶牛场的实际要求，制订不同的疫苗接种计划。针对性地制订疫苗接种计划可以有效降低免疫成本并提高生物安全效率。奶牛的疫苗接种计划应科学合理规范，需要根据当地疾病的流行情况及严重程度来制订。从牛只年龄、生产阶段及其免疫应答能力，疫苗的种类和性质，对奶牛健康和生产性能（产奶）的影响等方面进行考虑。奶牛发生烈性传染病时，需对疫区和风险地区尚未被感染的奶牛进行紧急接种，防止该传染病传染给健康奶牛。在对泌乳牛群注射接种时，应循序渐进，以免造成产奶量的大幅降低。要注意疫苗的保存、运输、使用等每个环节。接种疫苗前应注意查看说明书，掌握疫苗稀释方法、使用剂量和使用方法。

（二）疫苗管理

疫苗应按照标签建议正确地进行冷藏和避光保存，若疫苗保存不当可能会导致疫苗效能降低甚至失效，疫苗的保存环境要确保卫生干净。注射疫苗可以选择肌内注射和皮下注射，一定要使用新的注射器和针头，确保疫苗一定进入牛体内而不是在牛身上。

奶牛场应根据防疫计划确定疫苗的种类、使用数量、规格、剂量、有效期及采购周期，向疫苗厂家预定并向有关部门提交申购计划。奶牛场可根据疫苗采购周期制订防疫计划。因疫苗属于特殊生物制品，奶牛场各部门应谨慎制订需求计划。疫苗到场后需品控处检验合格，由药品管理员清点数量并开具入库单，相关部门负责人签字确认，方可入库。疫苗属于危险生物制品，由药品管理员专人管理，闲杂人员不得进入药房，随意接触。疫苗领取需由指定人员持有具有兽医资格的兽医师签字的处方签，领取疫苗，处方签应注明需防疫牛只的详细信息，包括牛棚号、牛群种类、牛头数、注射剂量、使用瓶数。处方签由药品管理员存档，并填写疫苗出库记录。

五、生物安全计划

生物安全计划是指通过分析特定动物疫病传入、传播、扩散的可能途径，为采取相应控制措施，降低动物疫病风险而制订的防控技术文件。牛场的生物安全是奶牛场预防和控制疾病的根本，也是确保奶牛场提质增效、健康发展的基础。它是以生物科学为基础，根据动物传染病和寄生虫病等作用机制，通过先进的动物疾病防治技术和科学的饲养管理技术，阻止病原微生物侵入牛体，并防止在牛群中传播流行，降低奶牛场疫病风险的措施和制度。

（一）消毒

奶牛场在消毒前应当对牛舍、运动场内的牛粪、饲料残渣等有机物进行机械清除。要充分发挥消毒药物的作用，就必须使药物与病原微生物直接接触。消毒是奶牛场中实施生物安全计划中的重要部分。消毒能够有效地防止动物疫病传播，合理的消毒机制可以最大程度地保障奶牛场的生物安全。消毒应当按一定程序进行。应选择对人、牛和环境安全，无残留毒性，对设备没有破坏性和在牛体内不产生有害积累的消毒剂。

奶牛场应保证在每个运输车辆进出口设立安装车辆清洗设施和消毒池，消毒池内消毒液每周换两次；生产区内每栋牛舍内应具有洗手池、更衣室等设施，也应配备消毒机，为进入工作间的人员进行喷雾消毒。厂区内也应保持道路和牛舍的卫生情况，对道路和敞棚牛舍可进行喷雾消毒。病牛使用过的金属生产用具、物品等可使用火焰熏蒸法进行消毒。奶牛场发霉的和使用过的饲料和垫料应集中后进行深埋、发酵和焚烧等处理，收集到的粪便堆积发酵，并进行固定储存。储存场所要具有防雨、防渗透、防泄漏等条件。

（二）降低引进传染病牛的风险

防止传染疾病传入的最有效方法是保持牛群封闭。在封闭牛群中，既不允许新牛的加入，也不允许离开牛群的牛重新加入。虽然保持奶牛场封闭能够显著降低传染病传入的风险，但这是很难的。新牛的引入是牛传染病在地区之间传播的重要途径之一。进新牛之前，确保奶牛场中的奶牛已经接种疫苗，要严格遵守养殖和奶牛审批制度，多了解拟引进奶牛的当地疫情情况，严格执行检疫管理制度。引入后，应在当地动物卫生监督机构的监督下隔离观察，没有发现和未检测到传染病的奶牛才可以混群饲养。

1. 疾病医疗史

疾病医疗史指的是原所在牛群的健康档案，或是新牛的健康档案，这些资料应该向卖牛者获取。医疗史应该以牛群或个体的形式完善。一个完整的记录或书面计划包括收集的历史资料、检疫过程和结果数据。

2. 运输和隔离新牛

购买的新牛在运输过程中，可能暴露于外界环境，有感染传染病的风险。为了降低这方面的危险，尽量使用本场的车辆运输购买的新牛。为场外车辆进行必要的消毒，尽最大可能减少新牛与病原体的接触。限制无关人员接近新牛。限制车辆进场，场内外运输车辆和用具要严格分开，周转库房设计应避免内外工人和车辆交叉污染。新牛应该在到达时就被隔离进行检疫，并预防特定疾病的引入。隔离程度决定预防疾病传播的效果。表 7-2 列出了新牛的隔离措施。

表 7-2 新牛的隔离措施

隔离措施	具体操作
隔离饲养	不允许新引入牛接近本场牛 新引入牛不能与本场牛共用饲料槽、饮水器或刷拭牛体工具 如果奶牛或小母牛怀孕，需要隔离和检测犊牛
周期性地检查奶牛健康	隔离期间周期性进行常规检查，包括测量体温等 如果隔离期间患病，需要延长隔离时间
检测普通疾病	通过血液检查 BVD 病毒（牛病毒性腹泻-黏膜病病毒）、犬新孢子虫（*Neospora caninum*）或牛白血病病毒 通过血液检查和牛粪培养特定细菌检测副结核病 体细胞数和加州乳腺炎测定检测传染性乳腺炎
接种疫苗	即使新引入牛已经接种疫苗，在隔离期内，也要为新引入牛接种疫苗 条件允许的情况下，在离开原奶牛场之前安排接种疫苗和检测
为奶牛进行药浴	在允许新牛进入牛群之前，使用蹄浴或喷洒药物
采用正确的挤乳方式	防止乳头污染，做好日常清洁卫生和消毒工作

（三）降低疾病从成年奶牛向犊牛传播的风险

刚出生的犊牛免疫力低下，应该注意预防传染性疾病由成年奶牛向犊牛传播。奶牛场需要做到以下几点：确保怀孕奶牛环境的清洁和干燥；确保新出生犊牛要在几小时内与奶牛隔离；在取初乳前，要清洗奶牛乳房；预防某些传染病通过初乳传染给犊牛（如牛白血病病毒和牛副结核细菌）；确保新出生的犊牛，在 12h 内吃 4L 初乳；单栏饲养犊牛；按时清洗犊牛的垫床；在使用前后，清洗和消毒奶桶、奶瓶、奶嘴及其他饲养设备。在犊牛的日常管理中，要加强护理和观察，注意环境的管理，尽量避免其受伤和感染。注意环境卫生，定期消毒，避免感染犊牛。奶牛场还应为犊牛提供良好的运动空间，使犊牛能够得到充分的锻炼，放牧过程不能简化。

第三节　我国 HACCP 系统的建立

危害分析与关键控制点（hazard analysis and critical control point，HACCP），是鉴别、评价和控制食品安全危害至关重要的一种食品安全监督方式。以此为基础形成的食品安全体系提供了一种科学逻辑控制食品危害的方法。2021 年 7 月 29 日，中国公布新版《危害分析与关键控制点（HACCP）体系认证实施规则》，描述 HACCP 是一个具有科学性基础的系统，其通过系统性地确定食品生产过程中的具体危害及其控制措施，保证食品的安全性。

一、HACCP 原理

HACCP 体系必须以美国食品微生物标准国家咨询委员会（NACMCF）的 7 个原理为基础，这 7 个原理如下。

原理 1：进行危害分析。

原理 2：确定关键控制点（CCP）。

原理 3：建立关键限值。

原理 4：建立关键控制点（CCP）的监控系统。

原理 5：建立纠正措施。

原理 6：建立验证程序。

原理 7：建立有关上述原理及其在应用中的所有程序和记录的文件系统。

二、HACCP 与 GMP 和 SSOP 的关系

HACCP 是一个良好的、可以代替传统食品安全质量管理方法的预防性体系，但它需要建立在良好生产规范（GMP）与卫生标准操作程序（SSOP）基础之上。HACCP 与 GMP 两者的实施目标都是尽可能地去有效保证食品的安全和卫生，但是二者之间存在一定的差别：GMP 属于一般普遍原则，是为保证食品安全卫生生产而实施的，而 HACCP 则是针对不同食品企业生产过程中的特殊情况实施的特殊原则。GMP 针对食品生产所有环节进行全面预防，预估全部生产环节中可能产生的危害，而 HACCP 则是针对食品生产中某几个特殊环节进行监控和预防。GMP 是作为国家强制标准出现的，在我国，大多数食品企业都有良好的操作规范。SSOP 程序更适合控制一些特殊的食品危害，如一些有关环境和人员因素导致的食品危害。乳制品生产企业应建立并实施《危害分析与关键控制点（HACCP）体系食品生产企业通用要求》（GB/T 27341—2009）中 6.4 的要求且适合本企业的 SSOP。

三、奶源建设中 HACCP 体系的建立

（一）组建 HACCP 小组

小组由企业负责人及负责产品质量控制生产卫生管理、检验、产品研制、采购、仓储和设备维护等各方面专业人员及相关操作人员组成，并规定其职责和权限，卫生质量管理者代表具体负责 HACCP 小组的工作。HACCP 工作小组的主要职责是制订、修改、确认、监督实施及验证 HACCP 计划，对企业员工进行 HACCP 培训，编制 HACCP 管理体系的各种文件等工作。

（二）产品描述

1）提供 HACCP 体系所涉及产品的充分信息。

2）对产品的描述应包括产品的所有关键特性。

（三）绘制和验证加工工艺流程图

1）绘制 HACCP 体系涉及产品的加工工艺流程图及生产工序布局图。

2）流程图应包括原料和辅料、包装材料，加工、运输、贮存等所有影响食品安全的工序，与食品安全有关的其他信息。

（四）危害分析

奶牛饲养应符合《奶牛场卫生规范》（GB 16568—2006）的要求。场区内应设有牛粪尿处理设施，处理后应符合《粪便无害化卫生要求》（GB 7959—2012）的规定，排放出场的污水必须符合《皂素工业水污染物排放标准》（GB 20425—2006）和《煤炭工业污染物排放标准》（GB 20426—2006）的有关规定；奶牛饲养使用的药物应符合《无公害农产品　兽药使用准则》（NY/T 5030—2016）的要求。饲料中添加物的种类和使用量要符合国家《无公害食品　畜禽饲料和饲料添加剂使用准则》（NY 5032—2006）的有关规定；转运原料奶的奶槽

车或桶的卫生应符合《食品安全国家标准 乳制品良好生产规范》（GB 12693—2010）中的有关规定。

（五）关键控制点（CCP）的确定

关键控制点应根据不同产品的特点、配方、加工工艺设备 GMP 和 SSOP 等条件具体确定。根据原料奶的生产工艺，按照国际食品法典委员会（CAC）推荐的 CCP 判定图进行判定，同时运用 HACCP 体系理论，可确定原料奶生产过程中的 CCP。

（六）确定关键限值（CL）

为每个关键控制点确定关键限值。应对每个关键控制点确立关键限值并形成文件。关键限值应能确实表明 CCP 是可控制的，并满足相应国家标准的要求。确立关键限值的相关文件，应以文件的形式保存以便于确认。所确立的关键限值应具有可操作性，符合实际控制水平。

（七）建立监控程序

经过培训的监控 CCP 人员，要能够掌握相关的监控技术，公正地报告各个生产环节的监控结果。实施监控的工作人员在监控过程中要对所有监控的 CCP 作详细监控记录，并在监控文件上签署姓名、日期和时间。监控的项目有温度、时间和微生物等。监控方法必须能提供快速（实时）的结果，关键限值的偏离与否要快速判定。

（八）纠偏程序的构建

确定受偏离影响的产品，并将受影响的产品分别存放；采取纠偏措施，找到引起偏离的原因；通过加工测试或产品检验证明关键控制点恢复控制；分析并处理受影响的产品，处理方法包括返工、拒收、废弃等。在必要时进行产品召回，对所采取的纠偏措施进行评估；所采取的纠偏措施应记录、签字，并由复查人员进行复核签字。

（九）验证程序的建立

HACCP 方案执行地正确与否要通过核实做出结论，HACCP 方案是检查对 CCP 的控制情况和纠偏情况，是一种过程管理，而不是对最终乳制品的质量检测。验证程序的要素主要包括：HACCP 计划的确认、CCP 的验证、对 HACCP 系统的验证，执法机构强制确认是验证的必要内容。在 HACCP 计划正式实施前，要对计划的各个组成部分进行确认。

（十）数据记录和档案建立

文件控制与记录保持程序应确保所有必要的文件在需要使用时可以获得。记录应在产品保质期后根据产品的实际情况和企业的具体要求保存适当的时间。记录应注明记录日期及时间，并有操作者和审核者的签名。

四、关键控制点（CCP）分析

对原料奶生产各个步骤的关键控制点（CCP）分析如表 7-3 所示。

表 7-3 原料奶危害分析（引自侯俊财和杨丽杰，2010）

加工步骤	确定在这步中引入、控制和增加的潜在危害	潜在危害是否显著	判断危害显著性的科学依据	防止显著危害的预防措施	是否是关键控制点
奶牛饲养	致病微生物，农药、抗生素	是	农残奶、抗生素奶等不利于身体健康，易患病；抗生素残留奶用于酸奶会出现凝乳延长或者不凝等问题	奶牛饲料的来源组成明确、无污染，饲料的添加物、对奶牛使用的抗生素种类和用量符合国家规定	是
牛体清洁	致病微生物，外来异物	否	牛体很容易被空气、尘土、排泄物等污染，这些污染多数为芽孢杆菌污染	在挤乳前进行牛体清洁，挤乳时温水严格清洗乳房及腹部，并用毛巾清洁擦干	否
挤乳	致病微生物，外来异物、昆虫	是	乳房周围附着大量微生物和异物，第一股乳微生物最多	采用一头牛、一桶清水和一条无菌毛巾；最开始的乳单独存放	是
过滤	致病微生物，外来异物	否	过滤器具、介质易被细菌污染	过滤器具的滤芯等及时更换，定期清洁杀菌，以保证清洁卫生	否
净化	致病微生物	否	离心机内有细菌等微生物	及时对离心机的分离钵进行清洁杀菌	是
冷却	致病微生物，温度	是	刚挤出的乳温为36℃，这是微生物繁殖的最适温度，如果不及时冷却会导致微生物大量繁殖	务必在挤乳后2h内将温度降低到5℃以下，以保持乳品的新鲜度	是
贮存	致病微生物，温度	是	贮存设备清洗消毒不彻底，有微生物生长，温度不能保持在5℃会影响乳品新鲜度	储乳罐使用前进行彻底清洗消毒杀菌，待冷却后贮入牛乳，罐需装满，加盖密封	是
运输	致病微生物，温度	是	运输过程中微生物数量处于较高的增长状态，罐内壁清洗后残留菌数仍较高	采用CIP清洗，采用有制冷的车，防止途中升温，夏季清晨或夜间运输。长距离应采用乳槽车	是

五、建立 HACCP 体系

根据以上分析列出奶源建设 HACCP 计划表，如表 7-4 所示。

表 7-4 奶源建设 HACCP 计划（引自侯俊财和杨丽杰，2010）

CCP	显著危害	关键限值	监控内容	监控方法	监控频率	监控人员	纠偏措施	记录内容	验证
奶牛饲养	抗生素、农药残留	饲料安全合格证明，病牛用药记录、隔离记录	饲料质量，病牛隔离记录	视察，审阅	每季至少一次	奶站巡查员	监督喂养，给药等；拒收有抗奶、有农残奶，对奶农进行培训	病牛用药记录、隔离记录	每日审核隔离记录，每季对饲料进行监督检测
挤乳	致病微生物	采用一头牛、一桶清水和一条无菌毛巾，按照规范的挤乳程序挤乳，初乳单独存放	乳的菌落总数	平板计数	每班次	挤乳员	对牛体清洁消毒，对毛巾、挤乳用具等进行彻底消毒	菌落总数记录	每班抽检乳房及乳头表面的菌落数，抽检乳液菌落数
冷却	致病微生物	2h内将温度降低到5℃以下	降温时间，温度	温度计计时器	每次挤乳	奶站收奶员	进行及时冷却，冷却温度5℃以下	降温时间、入罐温度	记录降温时间和最终温度
贮存	致病微生物	温度小于8℃，波动范围小于2℃/h	降温时间，最终温度，贮存时间	温度计计时器	每30min	调奶员	及时冷却，采用CIP程序清洗，将乳在2h内降至3～5℃	奶温、出入罐时间	贮存温度及运输时刻

续表

CCP	显著危害	关键限值	监控内容	监控方法	监控频率	监控人员	纠偏措施	记录内容	验证
运输	致病微生物	运输温度不高于10℃，时间不大于12h	运输时间，运输后乳温，过程中乳温波动	温度计计时器	每班次	运输员	及时运输，夏季清晨或夜间运输，彻底清洗奶罐	运输时间、温度	记录运输时间和过程中的温度波动
检验入奶罐	微生物、抗生素	滴定酸度12～18°T，细菌总数＜5×10^5/mL，抗生素氯化三苯基四氮唑（TTC）检测阴性；酒精试验阴性	酸度，细菌总数，理化指标，抗生素含量	F-T120全自动乳成分分析仪器、平板计数等	每车每罐	质检员	按指标检验，拒收不合格奶	牛乳入罐指标记录	记录入罐时间、温度、车号及产品，对贮奶罐进行追踪标记

第八章　奶牛饲养管理

第一节　犊牛饲养管理

犊牛是指从出生到6月龄的小牛。犊牛生长发育的好坏，直接关系到其今后的生长发育甚至奶牛一生的产奶性能，只有对犊牛进行科学的饲养管理，才能使奶牛的生产性能得到充分发挥。

1. 犊牛的初生护理

1）犊牛刚生下来后，应用干净的毛巾把口及鼻孔中的黏液清除掉，保障犊牛呼吸畅通。若发现犊牛呼吸困难，可握住犊牛两后肢将犊牛倒提起，并拍打犊牛的背部，使犊牛排出黏液。

2）犊牛脐带一般可自动扯断，未自动扯断时，可用消毒剪刀在距奶牛腹部8～10cm处剪断，将脐带残部用5%的碘酊浸泡1min，以防发生感染。断脐后，应尽快擦干犊牛身上的被毛，避免犊牛受凉。

3）初乳饲喂。初乳是指母牛产犊后乳房产生的浓稠奶液，是一种油状的黄色分泌物，即产后1～7d的奶称为初乳。犊牛应在出生后30～60min内吃上初乳，初乳供应充足且供应较早的犊牛普遍防病抗病力强。

初乳的喂量：犊牛出生后1h内应吃到1～2L初乳，6h、12h还应分别喂进2L初乳，出生12h以后至7d内的初乳喂量可按体重的1/5～1/4供给，每日饲喂2～3次，每次饲喂量1.25～2.5kg，不超过体重的5%。

初乳的饲喂温度：35℃左右，挤出放置变凉的初乳可用水浴加热。初乳应避免明火加热以防出现凝固。过剩的初乳可冷冻保存，日后添加到常乳中饲喂犊牛。

饲喂初乳的方法：犊牛刚出生后，可人工辅助犊牛哺乳，也可用装有橡胶奶管的奶瓶或奶桶饲喂，每次使用后的盛奶用具必须清洗干净。对不会喝奶的犊牛，要采用引导或用胃管导入的方法，确保初生犊牛喝到足量初乳。

2. 犊牛饲养

1）哺乳次数及乳温度。

犊牛可自由哺乳或人工喂养，如人工喂养犊牛每天最好饲喂两次相等量的奶。人工喂养的犊牛出生后的第一周，牛乳温度必须与体温相近（39℃），对稍大些的小牛，牛乳的温度可低于体温（25～30℃）。

2）犊牛的哺乳期和哺乳量。初乳期后至30～40日龄，以哺喂全乳为主，喂量占体重的8%～10%，之后随着采食量的增加逐渐减少全乳的喂量，在60～90日龄断奶。早期断奶是在5周龄左右，哺乳量控制在100kg左右，早期断奶需要有代乳料或开食料。

3）断奶。断奶应在犊牛生长良好并至少能摄入相当于其体重1%的犊牛料时进行，较小或体弱的犊牛应继续饲喂牛乳，在断奶前一周每天仅喂一次牛乳。大多数犊牛可在5～8周龄断奶，犊牛断奶后如能较好地过渡到吃固体饲料（犊牛料和粗饲料），体重会明显增加。

根据月龄、体重、精料采食量确定断奶的时间。我国的养牛场多在2～3月龄断奶，干物质摄入量应作为主要依据来确定断奶时间，当犊牛连续3d吃0.7kg以上的干物质时便可断奶。犊牛在断奶期间小牛饲料摄入不足造成断奶后的最初几天体重下降是正常情况，不应试图延迟断奶以企图获得较好的过渡期，应努力促使小牛尽早摄入小牛饲料。小牛断奶后10d应放养在单独的畜栏或畜笼内，直到小牛没有吃奶要求为止。

4）犊牛的采食训练和饮水。

精饲料（犊牛料）：出生后4d即可喂食，开始喂给犊牛混合精饲料试吃时，可以将少量湿料抹入其嘴，或置少量牛乳放入桶底，上面再撒上犊牛料；也可将新鲜干犊牛料置于饲料盒内。犊牛料必须纯洁、味好、营养丰富、不含尿素，并且确保所提供的量犊牛当日能吃完。在犊牛能够反刍且达到每日100kg体重至少能摄取1kg粗料后，日粮中可加入少量尿素。

干草：一周龄犊牛即可开始吃少量干草。犊牛栏内放置高品质柔嫩干草（豆科干草含量较少），让犊牛自由采食。让犊牛尽早采食高质量干草，可以刺激犊牛胃的发育。

多汁料：犊牛20d后，开始每天在精料中加入切碎的胡萝卜或其他瓜菜、青草类20g～25g，以后逐渐增加，2月龄时每天喂到1～1.5kg。

青贮料：犊牛2月龄开始每天喂100～150g，逐渐增加喂量，三月龄时每天喂到1.5～3kg，4～6月龄时每天喂到4～5kg。

饮水：犊牛10d以内给以36～37℃温开水，10d以后给以常温水，但要注意清洁，水温一般不低于15℃。

补饲抗生素：前30d内每日喂给1万单位金霉素可减少犊牛下痢的发病率和促进犊牛增重。

5）犊牛的卫生管理。

栏舍卫生：刚出生的犊牛对疾病没有任何抵抗力，应保持圈舍干燥、通风，及时给犊牛更换垫草。

哺乳卫生：如发现大牛有病，应将犊牛与大牛隔离开，不允许犊牛再吃大牛的奶。为了保证犊牛的健康，此时应进行定时、定量的人工喂奶，或饲喂其他健康奶牛的奶。哺乳用具在每次使用后必须清洗干净，定时对用具进行高温消毒，以避免疫病的传播。

6）注意事项。

喂初乳要及时：犊牛出生24h后才饲喂初乳的犊牛中，有50%的小牛因不能吸收到乳汁中足够的抗体而无法受到保护，以致死亡率升高。因此，犊牛出生后要及时喂给初乳。

健康状态：健康的犊牛经常处于饥饿状态，食欲缺乏是不健康的第一征兆，一旦发现犊牛有患病征兆（如食欲缺乏、虚弱、精神萎靡等）应立即请兽医给予诊疗。

免疫：根据技术人员的指导，及时为犊牛进行疫苗免疫。

第二节　育成牛饲养管理

犊牛断奶至第一次配种的母牛称为育成牛，此期间是生长发育最迅速的阶段。精心的饲养管理，不仅可以获得较快的增重速度，而且可使幼牛得到良好的发育。

一、育成牛的饲养

6～12 月龄：为母牛性成熟期。在此时期，母牛的性器官和第二性征发育很快，体躯向高度和长度两个方向急剧生长；同时，其前胃已相当发达，容积扩大 1 倍左右。对这一时期的育成牛，除给予优质的干草和青饲料外，还必须补充一些混合精料，精料比例占饲料干物质总量的 30%～40%。按 100kg 体重计算，青贮 5～6kg、干草 1.5～2kg、秸秆 1～2kg、精料 1～1.5kg。

12～18 月龄：育成牛的消化器官更加扩大，为进一步促进其消化器官的生长，其日粮应以青、粗饲料为主，其比例约占日粮干物质总量的 75%，其余 25%为混合精料，以补充能量和蛋白质的不足。

18～24 月龄：这时母牛已配种受胎，生长强度逐渐减缓，体躯显著向宽深方向发展。若饲养过丰，在体内容易蓄积过多脂肪，导致牛体过肥，造成不孕。但若饲养过于贫乏，又会导致牛体生长发育受阻，成为体躯狭浅、四肢细高、产奶量不高的母牛。因此，在此期间应以优质干草、青草或青贮饲料为基本饲料，精料可少喂甚至不喂。但到妊娠后期，由于体内胎儿生长迅速，则须补充混合精料，日定额为 2～3kg。

育成牛日粮中的矿物质也非常重要，钙、磷的含量和比例必须合理搭配。添加矿物质的育成牛饲料可以参照以下配方：玉米 62%、糠麸 15%、饼粕 20%、骨粉 2%、食盐 1%，每千克混合精料添加维生素 A 3000μg。育成牛还要保证供给足够的饮水，采食的粗饲料越多相应水量应越大。6～12 月龄时每天每头饮水 15kg 左右，12～18 月龄时约 40kg，具体饮水量要根据地区气候条件的不同进行适当调整。

二、育成牛的管理

1. 分群

处于这一阶段的育成牛应根据月龄、体格和体重相近的原则进行分群。对于大型奶牛场，群内的月龄差不宜超过 3 个月，体重差不宜超过 50kg；对于小型奶牛场，群内月龄差不宜超过 5 个月，体重差不宜超过 100kg。每群数量越少越好，要参照场地、牛舍而定，最好为 20～30 头。严格防止因采食不均造成的发育不整齐。要随时注意观察群中牛只变化的情况，根据体况分级及时调整，对于体弱、生长受阻的个体，要剔开另养。一般过了 12 月龄后会逐渐地稳定下来。

2. 掌握好初情期

在一般情况下，16 月龄、体重达到 350～380kg 时开始配种。育成牛的初情期大体上出现在 8～12 月龄，初情期的性周期日数不是很准确，而其后的发情期的表现有的也不是很明显。因此，对初情期的掌握很重要，要在计划配种的前 2～3 个月注意观察其发情规律，以便及时配种，并认真做好记录。

3. 运动与日光浴

在舍饲的饲养方式下，育成牛每天舍外运动不得低于 4h。在 12 月龄之前生长发育快的时期更应保证运动量，否则易发生前肋开张不良、胸底狭窄、前肢前踏外向、力气不足等问题，影响牛的前肢使用年限与产奶。日光浴除可以促进维生素 D_3 的合成外，还具有促进体表皮污垢自然脱落的作用。育成牛一般让其自由运动即可，放牧饲养的则不必另加运动。

4. 刷拭和调教

为使牛体清洁、性格温驯、促进皮肤代谢并增进人牛亲和，应对育成牛进行刷拭，每天1～2次，每次5min左右。

5. 按摩乳房

育成牛妊娠期乳腺组织的发育极为旺盛，对乳房外感受器进行按摩刺激，乳房发育会更加充分，从而提高产奶性能。另外，按摩乳房，能加强人牛亲和，有利于产犊后的挤乳操作。通常于妊娠后5个月乳房组织处于高度发育阶段进行乳房组织按摩，每天2次。可用50℃温水浸湿的毛巾从尻部后下方向腿裆中按摩乳房，到产犊前2周停止。开始要轻揉，并注意对按摩者的保护。

6. 定期修蹄

育成牛的蹄质软，生长快。对体幅窄的牛，负重在蹄的外侧缘，造成内侧半蹄长得快，时间长后导致内侧蹄首先外向。蹄每月增长量在6～7mm，磨损面并不均衡，所以10月龄要修蹄1次，以后每年春、秋各1次。

7. 制订生长目标

根据本场牛群周转状况和饲料状况，制订不同时期的日增重，明确生长目标，从而确定育成牛各阶段的日粮组成。

8. 怀孕后的管理

育成牛怀孕后除运动、刷拭、按摩外，还要防止牛格斗、滑倒、爬跨，以防流产。另外，育成牛应在怀孕后7个月前进行修蹄。为了让育成牛顺利分娩，应在产犊前7～10d调入产房，以适应新的环境。

第三节　青年牛饲养管理

青年牛是指配种至产犊阶段的牛，一般在24～28月龄，育成牛配种怀孕后进入青年牛阶段。

一、青年牛的饲养

怀孕至分娩前3个月：基本与育成牛阶段相同，也就是仍以粗料为主，适当补充精料。由于胚胎的发育及育成牛自身的生长，需要额外增加0.5～1.0kg的精料，通常每头每天精料的喂量不超过3kg。此期母牛虽然已经怀孕，但其胎儿每天生长量不大，营养需要量较少，若营养过于丰富，将导致过肥，引起难产、产后综合征等问题。但这一阶段若营养不足，将影响青年牛的体格及胚胎的发育。

怀孕后的180～220d：每日可增加精料最大量到5.0kg。此时，增加精料主要用来增加母牛自身的体重，而此时胎儿的发育速度并不很快。

220d以后：胎儿的发育速度迅速加快，此时把精料量必需减到3.0kg以下。同时，可根据母牛的膘情，严格控制精料量的摄入。

产前20～30d：要求将妊娠青年牛移至一个清洁、干燥的环境饲养，以防疾病和乳腺炎。此阶段可以用泌乳牛的日粮进行饲养，精料每日喂给2.5～3.0kg，并逐渐增加精料的喂量，以适应产后高精料的日粮，但食盐和矿物质的喂量应进行控制，以防乳房水肿，并注意在产前 2 周降低日粮含钙量（降低到 0.2%），以防产后瘫痪。

二、青年牛管理

1. 监测工作

定期测量体尺和称重，及时了解牛的生长发育情况，纠正饲养不当。加强运动，在没有放牧条件的地区，应在运动场对拴系饲养的母牛每天驱赶运动 2h 以上，以增强体质、锻炼四肢，促进乳房、心血管及消化、呼吸器官的发育，并做好发情、繁殖记录。

2. 乳房按摩

从妊娠 5～6 个月开始，每天进行一次按摩乳房，直到产前 2 周停止。通过乳房按摩，一方面可促进乳腺的发育；另一方面，可使母牛适应以后的挤乳。但需要注意，在此期间，任何人不要拭挤乳头，原因是：育成牛乳头表面有一层蜡状保护膜，一旦破坏，乳头容易龟裂；育成牛乳头有封闭奶嘴的“乳头塞”，一旦挤掉，细菌会乘虚而入，影响乳房健康。

第四节　围产期牛饲养管理

奶牛临产前的 15d（围产前期）和产后的 15d（围产后期）的一段时间称为围产期，奶牛在这 30d 中要经历 3 个不同的生理阶段——干乳期、分娩期、泌乳期。加强围产期饲养管理的目的是促使瘤胃消化机能的转换，设法尽早地增加营养，为泌乳高峰的来临奠定基础。因此在这段时间里既要维护好母牛的健康及胎儿的生长发育，还要照顾到其后的产奶量和卵巢机能的恢复与再繁殖。饲喂方式上在保持日粮平衡的同时，提高精料的能量与蛋白质水平，降低粗纤维的含量，为瘤胃消化机能的转换打下基础。围产期饲养管理的好坏直接影响犊牛的正常分娩、母体的健康及产后生产性能的发挥和繁殖性能。

一、围产前期的饲养管理

1. 做好临产前准备

进行产前检查和随时注意观察临产征候的出现。临产前母牛生殖器官最易感染致病菌。为减少致病菌感染，母牛产前 7～14d 应转入产房。产房必须事先用 2%火碱（氢氧化钠）水喷洒消毒，然后铺上清洁干燥的垫草，并建立常规的消毒制度。临产前母牛进产房前必须填写入产房通知单，并进行卫生处理，母牛后躯和外阴部用 2%～3%来苏尔溶液洗刷，然后用毛巾擦干。产房工作人员进出产房要穿清洁的外衣，用消毒液洗手。产房入口处设消毒池，进行鞋底消毒。产房昼夜应有人值班。发现母牛有临产症状如表现腹痛、不安、频频起卧，即用 0.1%高锰酸钾液擦洗生殖道外部。产房要经常备有消毒药品、毛巾和接产用器具等。

临产前母牛饲养应采取以优质干草为主，逐渐增加精料的方法，对体弱临产牛可适当增加喂量，对过肥临产牛可适当减少喂量。临产前 7d 的母牛，可酌情多喂些精料，其喂量也应逐渐增加，最大喂量不宜超过母牛体重的 1%。这有助于母牛适应产后大量挤乳和采食的变化。但对产前乳房严重水肿的母牛，则不宜多喂精料。临产前 15d 以内的母牛，除减喂食盐外，还应饲喂低钙日粮，其钙含量减至平时喂量的 1/3～1/2，或钙在日粮干物质中的比例降至 0.2%，临产前 2～3d，精料中可适当增加麸皮含量或增加轻泻剂，以防止母牛发生便秘。

2. 母牛分娩期护理

舒适的分娩环境和正确的接生技术对母牛和犊牛健康极为重要。产房要注意通风和防暑防寒。母牛分娩必须保持安静，并尽量使其自然分娩。一般从阵痛开始需1～4h，犊牛即可顺利产出。如发现异常，应请兽医助产。母牛分娩应使其左侧躺卧，以免胎儿受瘤胃压迫产出困难，母牛分娩后应尽早驱使其站起。母牛分娩后体力消耗很大，应使其安静休息，并饮喂温热麸皮盐钙汤10～20kg（麸皮500g、食盐50g、碳酸钙50g），以利母牛恢复体力和胎衣排出。

母牛分娩过程中，卫生状况与产后生殖道感染的发生关系极大。母牛分娩后必须把它的两肋、乳房、腹部、后躯和尾部等污脏部分，用温水洗净后全部擦干，并把玷污的垫草和粪便清除出去，地面消毒后铺以厚的干草垫。母牛产后，一般1～8h内胎衣排出。排出后，要及时消除并用来苏尔水清洗外阴部，以防感染。

为了使母牛恶露排净和产后子宫早日恢复，还应喂饮热益母草红糖水（益母草粉250g，加水1500g，煎成水剂后，加红糖1kg和水8kg，饮时温度40～50℃），每天一次，连服2～3次。犊牛产后一般30～60min即可站起，并寻找乳头哺乳，所以这时应对母牛开始挤乳。挤乳前挤乳员要用温水和肥皂洗手，另用一桶温水洗净乳房。用新挤出的初乳哺喂犊牛。

母牛在分娩过程中是否发生难产、助产的情况、胎衣排出的时间、恶露排出情况及分娩母牛的体况等，均应进行详细记录。

二、围产后期的饲养管理

由于母牛分娩后体力消耗很大，因此前2d不应急于大量挤乳，第一天挤够犊牛2～3次的用量（每次2kg），第二天挤1/3，第三天挤1/2，第四天可以完全挤干净。在挤乳前应热敷和轻度按摩乳房，有利于乳房的血液循环。

为减轻产后母牛乳腺机能的活动并照顾母牛产后消化机能较弱的特点，要供足37℃麸皮盐水（麸皮1～2kg、盐100～150g、碳酸钙50～100g、温水15～20kg），必要时可以补糖和缩宫素等促进体质恢复和胎衣排出。母牛产后2d内应以优质干草为主，同时补喂易消化的精料如玉米、麸皮，并适当增加钙在日粮中的水平（由产前占日粮干物质的0.2%增加到0.6%）和食盐的含量。对产后3～4d的母牛，如母牛食欲良好、健康、粪便正常、乳房水肿消失，则可随其产奶量的增加，逐渐增加精料和青贮喂量。实践证明，每天精料增加量以0.5～1kg为宜。

产后一周内的母牛，不宜饮用冷水，以免引起胃肠炎，所以应坚持饮温水，水温37～38℃，一周后可降至常温。为了促进食欲，尽量多饮水，但对乳房水肿严重的母牛，饮水量应适当减少。母牛产后，产乳机能迅速增加，代谢旺盛，因此常发生代谢紊乱而患酮病和其他代谢疾病。这期间要严禁过早催乳，以免引起体况的迅速下降而导致代谢失调。对产后15d或更长一些时间内，饲养的重点应当以尽快促使母牛恢复健康为原则。挤乳过程中，一定要遵守挤乳操作规程，保持乳房卫生，以免诱发细菌感染而患乳腺炎。防止产后感染，应加强外阴部的消毒和保持环境清洁卫生。加强监护，观察胎衣的排出与否及其完整程度，以便于及时处置和治疗。

第五节　泌乳牛饲养管理

做好泌乳牛的饲养管理工作，对保证奶牛的生产性能，提高产奶量有着重要意义。泌乳牛的一个泌乳期大体上可分为泌乳初期、泌乳盛期、泌乳中期和泌乳后期。由于奶牛各阶段生理条件、生产性能、采食特点等不同，因此对饲养管理的要求也不同。

1. 泌乳初期

母牛产犊后15d左右称为泌乳初期，也称恢复期。因分娩后体弱，产道尚未复原，乳房水肿尚未完全消失，所以饲养管理应以尽快使母牛恢复健康为主，不要过早催奶，防止因大量挤乳而出现产后瘫痪。产后1～4d，不要将乳房中的奶汁全部挤净。

产后3d内的母牛，最好喂些优质干草和少量麸皮，控制精料和多汁饲料的饲喂量。产犊3～4d后，日粮中可以适当增加青草、胡萝卜、青贮等，以后视乳房恢复情况再酌情增加。产后4～5d，每天饲喂精料0.5～1kg，以后每2～3天，增喂精料0.5～1kg。增量不要过急，待母牛的乳房水肿完全消失，再按泌乳期饲养标准喂给。在逐渐加料过程中，要随时注意乳房变化及消化情况，若加料后发现乳房变硬、食欲不振、粪便稀薄或便秘、粪有恶臭等现象，都应减料。若产犊后乳房没有水肿，体质健康，当天便可适当喂些多汁料和精料。8～10d后便可按泌乳期标准给料。

2. 泌乳盛期

泌乳盛期一般是指产后16～100d，高产牛泌乳盛期较长。这一阶段牛体质得到恢复并增强，乳腺活动机能日益旺盛，产奶量逐渐增加，开始进入泌乳盛期。该阶段的饲养管理应加强营养，保证奶牛产奶高峰期维持较长时间。

泌乳高峰多出现在产后6～8周，而对饲料最大采食量通常出现在产犊后12～16周。因此，母牛采食的营养往往不能满足产奶需要，必须喂些适口性好、高能量和高蛋白的饲料，可采取如下几种措施。

1）自产犊前两周开始，一天约喂1.8kg精料，以后每天增加0.45kg，直到母牛每100千克体重吃到1～1.5kg的精料为止。例如，体重550kg的奶牛，每天精料最多喂到5.5～8.25kg。在两周内共喂精料60～67kg。待泌乳盛期过去，再按产奶量体重等调整精料喂量。

2）日粮组成上需要高能量、高蛋白的饲料。各种饲料配合比例一般是：豆饼30%、玉米50%、麦麸20%，另加食盐150g、骨粉100g，还要特别注意饮水，每天的饮水量为80～120kg。夏季应饮水4～5次，也可设水槽，让母牛自由饮用，但水必须要清洁卫生，冬天日饮温水3～4次。另外，为补充日粮能量，可饲喂动物性或植物性脂肪，用量为每千克日粮60～80g。

3）要多喂给高能量饲料，逐渐增加青贮料等多汁饲料。精料和粗料比例逐渐变为60∶40，要增加蛋白质的喂量，粗纤维饲料不少于15%。饲喂要做到定时定量，每日可喂3～4次，精料和粗料可交替多次投给，也可在运动场内设食槽，供奶牛自由采食饲草，并注意少给勤添，防止精料和糟渣饲料过食。为了测定母牛的生产潜力，可在每天投给的定量饲料以外，继续增加10%的预支饲料，如果产奶量继续上升时，可继续增加10%，直到奶量不再上升为止。

3. 泌乳中期

母牛产后101～200d称泌乳中期。这一时段的特点是每月产奶量都在逐渐下降，下降幅度为上月产奶量的4%～6%。泌乳中期是奶牛食欲旺盛的时期，所以要利用这个时机尽量提高采食量，减慢泌乳下降速度，保持体重平稳。根据产奶量采取缓慢减料、保持干草喂量、喂粥料、促进多饮水、增加乳房按摩、挤净奶等方法，使产奶下降速度放慢，以维持较长的稳产期。

本阶段不宜采取高标准饲养，而是根据母牛体重和产奶量、乳脂率不同的营养需要，进行平衡饲养。过高的能量水平对奶的增产无效，只能导致奶牛增重。体重600kg、日产奶量20kg的奶牛日粮配合示例为：优质干草6～8kg，青贮料15～20kg，块根10～15kg，精料7.5kg。

4. 泌乳后期

泌乳后期指干乳前两个月左右，一般母牛再次妊娠5个月以上。此期母牛的生理特点是：怀孕奶牛已进入妊娠后期，此时胎儿生长发育迅速，需要大量的营养供应胎儿生长发育的需要。此时母牛的体重恢复较快，同时，也要在饲养上采取有效措施，使产奶量下降的速度减慢，以提高全泌乳期的产奶量。由于胎儿生长及妊娠激素的作用，母牛产奶量明显下降。为了满足奶牛本身和胎儿的营养需要，在饲养管理上不能放松。日粮中的粗料比例应当高一些，为55%～60%，精料保持5～6kg，干草可适当增加到10kg以上，青贮料在15kg左右，多汁饲料10kg左右。日粮中应以优质禾本科与豆科牧草为主，减少精料和块根块茎类饲料，但应充分满足维生素A、维生素D和矿物质钙、磷的需要。

第六节 干乳牛饲养管理

奶牛干乳期是指奶牛临产前停止泌乳的一段时间，一般为60d。奶牛经过长期的泌乳和胎儿孕育，体内消耗了许多营养物质，对此，只有通过一段时间停止泌乳，才能使其得到恢复和弥补，确保下个泌乳期时乳腺细胞的活力不衰。

一、母牛干乳的意义

母牛在泌乳期内消耗增多，干乳期内能补偿营养消耗，为下一次产奶打下良好的基础，也能促使乳腺机能恢复。此外，干乳有利于胎儿发育，泌乳期的最后2个月是胎儿发育最快的时期，干乳能使胎儿得到更多的营养物质。

二、干乳期时间长短的确定

干乳期的长短要根据奶牛的年龄、膘情、产奶量的不同而有一定的伸缩性，一般为50～70d，平均为60d。一般情况下，老龄牛、体弱母牛、高产母牛、早期配种母牛、初胎母牛及饲料供给不太好的母牛，干乳期应适当长些，为70～75d，而膘情较好、产奶量较低的母牛，干乳期可适当短些，约45d。

三、干乳的方法

1. 快速干乳法

这种干乳方法一般要求在5～7d内停止挤乳，迫其将乳汁干憋回去。多用于产奶日期过长、中低产母牛、挤乳时泌乳反射不明显的个体。干乳方法是：从干乳第一天起减少精料、停喂多汁青绿饲料，减少挤乳次数和打乱挤乳时间，由一天三次挤乳变为一天两次，到隔日挤乳，当日产奶量下降到8kg左右停止挤乳。

2. 逐渐干乳法

多用于日产奶仍达 10kg 以上的奶牛，一般要经过 10～15d 停止挤乳。方法是：在干乳前 10～15d 开始更换饲料，逐渐减少精料、青草、青贮饲料，停止按摩乳房，减少挤乳次数和改变挤乳时间，打乱挤乳程序，当产奶量下降到 5kg 以下时就可以停止挤乳了。

四、干乳期的饲养管理

首先要确定干乳日期。泌乳后期乳汁中抗炎因子的减少或消失极易引发乳腺炎症，对此应在最后一次挤乳后，向乳房内注入油剂抗生素（取食用花生油 40mL，经加热灭菌冷却后，再搅入青霉素 320 万单位、链霉素 200 万单位）由乳头孔向每个乳区各注入 10mL 或专用的干乳剂，可以用 4%次氯酸钠或 0.3%氯己定溶液浸泡乳头。另外，注意观察乳房变化。正常情况下，停止挤乳后的 7～10d 内，泌乳功能基本停止，残存在乳房内的少量乳汁逐渐被吸收，乳房也逐渐发生萎缩。多数奶牛是先从乳房基部萎缩，因此常先看到乳房基底部空虚松弛，继而整个乳房发生萎缩。干乳后一周左右乳房不仅不见萎缩反而肿胀发红，触诊有疼痛反应时当引起注意。必要时将积存的乳汁重新挤出，对伴有炎症的要及时治疗。

干乳前期：指从干乳到分娩前半个月。开始干乳时，要有 3～7d 的精料和多汁饲料的控制期，以降低泌乳功能，促进乳房萎缩。母牛在干乳后 10d 左右乳房内的乳汁被吸收，乳房萎缩了，这时就可以增加精料和多汁饲料，对于体质良好的干乳牛，精料少喂（约喂 2kg），多喂些优质粗饲料，而对于营养不太好的干乳牛，精料可多喂些（约 4kg），干乳后半个月不用按摩乳房，半个月之后，每天按摩乳房 1 次，每次 10min。

干乳后期：即干乳期的最后半个月，日粮中的营养水平应该适当提高。产前 7d 左右绝大多数牛的乳房已明显肿胀，为避免乳房肿胀过度，这时应把精料降下来。在降低精料供应量的同时，更重要的是要减少或完全停止含钙饲料的供给，以免分娩后发生瘫痪。含钙料的控制是奶牛养殖中应特别注意的问题。产前 2～3d，日粮中应增加麸皮等轻泻性饲料以预防便秘，还应加少量食盐和骨粉，产前 10d 停止按摩乳房。

要把乳腺炎治好后再干乳。在最后一次挤乳后，4 个乳区都要将专治乳腺炎的抗生素药物注入乳房。在干乳期内控制精料量，防止母牛过肥。研究证实，泌乳期奶牛的饲料利用率比干乳期高，因此改善奶牛体况应该在泌乳期进行，而不要采用在干乳期多喂精饲料的方法。母牛产犊前后容易出现乳腺炎、酮病、产褥热、肥胖母牛综合征和真胃移位等病症，这些都与干乳期饲喂能量饲料过多和粗饲料不足有关。所以，日粮中应限制精饲料量，同时要增加粗饲料（优质干草）、低水分青贮料的喂量，这对于体况极好的停奶母牛尤为重要，干乳期日粮中精饲料和粗饲料干物质的比例以 30∶70 为宜。

干乳期管理还应注意保胎、防止流产。孕牛要与公牛分开，要与大群产奶牛分养，禁喂霜冻霉变饲料，冬季饮水不能低于 10～12℃，酷热多湿的夏季将牛置于阴凉通风的环境里，必要时可提高日粮营养浓度。怀孕后期要防止各种因素引起母牛流产，每天要刷拭母牛、加强牛舍卫生、保持皮肤清洁，做到每天刷拭两次。在干乳后 10d 内，要每天进行两次乳房按摩，以促进乳腺发育，还要注意适当运动，以免牛体过肥引起分娩困难和便秘等，但产前几天可减少运动。另外，干乳期饲料品种不要突变，以免影响干乳期奶牛的正常采食。临近分娩时，应设专人看护，加强分娩前兆观察与做好接产准备。

第九章　奶牛挤乳管理

第一节　挤乳原理与方式

一、挤乳原理

挤乳是移走乳腺池和乳腺管道系统中积累的牛乳，然后收集起来的过程。通常奶牛乳房中60%的乳汁贮存于乳腺泡及与其相连的小乳导管内，其余40%存在于大乳导管和乳腺池内。为了使牛乳房内的乳汁顺利地被挤出，必须给予适当的刺激，只有当母牛受到挤乳刺激后将信号传到大脑，再由脑下垂体腺分泌催产素释放到血液中，催产素引起乳腺细胞上皮和平滑肌收缩时，才能促使乳汁分泌并向下流动到乳腺池和乳头。血液中的催产素浓度在开始刺激的2min内即可达到最高峰，随后急剧下降并很快结束。乳汁流向乳头的速度因而显著减缓。若长时间的擦拭按摩乳房可能错过最适挤乳时机，降低产量。因此，正确的刺激是用手轻轻按摩刺激乳房约30s，之后立即开始挤乳。所以在清洗和消毒乳房时只把上面沾有的污物去掉并施以适当的按摩即可。过长时间的擦拭按摩有时也会伤及乳头口，进而发生乳腺炎。严格按照泌乳生理规律进行挤乳操作，可在预防乳腺炎发病率的同时降低牛乳中细菌和体细胞数量。

挤乳不是一个简单的机械收取过程，而是奶牛、挤乳员及挤奶机之间共同协调努力的结果，每个环节都起到重要的作用。首先，奶牛要从外界环境中获得刺激下奶的必要信息，才能快速有效地下奶，一旦排乳反射开始，围绕乳腺泡周围的肌上皮细胞即收缩将乳腺泡中的牛乳挤到乳导管中。然后，小牛吸吮、挤乳员手压或挤奶机（挤乳杯）的挤压都可收集乳腺池和乳头池中的牛乳。

（一）排乳反射

奶牛排乳是一个复杂的过程，是受神经–激素调节的。排乳反射起始于神经冲动并将冲动信息传给大脑（下丘脑），大脑再将这一信息传递给奶牛。下列一种或几种刺激均可以激发排乳反射（图9-1）：小牛吸吮或挤乳员清洁乳头时的接触（乳头对物体接触及温度极为敏感）；看到小牛的存在（特别是瘤牛）；挤乳前听到经常播放的音乐；听到挤奶机发出的声响等。

在上述因素的刺激下，大脑将信息传递到垂体后叶，使垂体后叶释放催产素（oxytocin）到血液中，催产素经血液循环到达乳房并刺激环绕在乳腺周围的肌上皮细胞收缩。乳房受到刺激后，每20～60s收缩一次。挤压活动使乳腺内压升高并推挤牛乳通过乳腺导管到达乳腺池和乳头池。

由于血液中催产素浓度在短时间内急剧下降，只持续6～8min起作用，因此做完挤乳准备工作的1min内，最重要的是即刻将挤乳杯接在乳头上，或开始人工挤乳，这一环节的拖延将使产奶量下降。虽然可能有第二次的催产素释放，但其效果通常都比第一次弱得多。

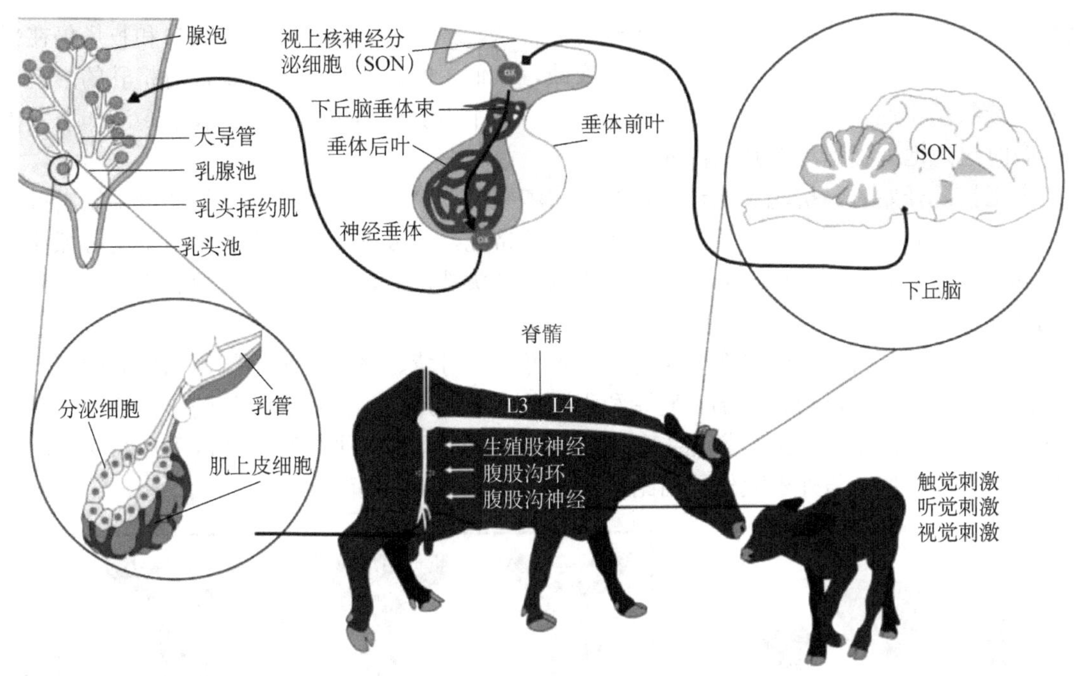

图 9-1　奶牛的排乳反射（引自 Napolitano，2022）

（二）排乳抑制

一些情况下会抑制排乳反射，如喧扰、闲人、新挤乳员、不正确的操作等，会使乳产量下降，仅能收集到少量的牛乳。排乳反射抑制大概通过中枢及外周神经而起作用，中枢的抑制性影响其自脑部较高级中枢，组织垂体后叶释放催产素。外周性抑制是由于交感神经作用，肾上腺髓质释放肾上腺素，结果使乳房的下动脉收缩，因此血流量减少，到达肌上皮细胞的催产素不足。试验证明，中枢抑制较为重要。排乳抑制反应与动物的神经类型有密切的关系，不均衡和弱型的奶牛，乳产量降低较多。因此，下列情况下挤乳不能快速有效地完成：挤乳准备工作不充分；虽然做好了挤乳准备工作后，但未能及时（拖延了几分钟）接上挤乳杯或未及时开始人工挤乳；导致奶牛疼痛（如受伤）或恐惧（如大声喊叫）的反常环境条件；挤奶机不能正常工作。

奶牛产头胎小牛后，应该训练它们适应拱顶的挤乳时间。任何情绪波动均可抑制奶牛的排乳反射。注射催产素虽然有助于奶牛的排乳反射，但这种方法不能够经常使用。因为它可导致奶牛依赖催产素来刺激排乳反射。

二、挤乳方式

挤乳的方法有人工挤乳和机械挤乳两种。在国外奶牛业发达的国家，机械化水平很高，几乎全部都采用机械挤乳，人工挤乳已经废弃不用，而且多采用散放饲养方式，在特设的挤奶台用管道式电气挤奶机进行集中挤乳。

（一）人工挤乳

虽然机械挤乳已经应用了近 100 年，但至今世界各地大多数奶牛仍然靠人工挤乳。人工挤乳是传统的挤乳方式，也是挤乳效果较好的方法之一。直到现在，许多农户和牧场仍在采用这种挤乳方式。人工挤乳经过几千年的实践，人们了解和掌握了其机制及对挤乳的影响。在农户或牧场中通常是每天由同一挤乳员挤乳，奶牛当听到熟悉的人及挤乳准备工作所发出的声音时迅速地受到刺激而开始排乳。

人工挤乳开始时，挤乳员通过手按摩乳房和模仿犊牛吮吸乳汁的动作促使母牛做出排乳准备。当观察到母牛有了排乳反应时就可以开始挤乳，一般熟练的挤乳员用两手同时抓住对角的乳头一前一后地交替挤出乳汁。当挤干这对乳头乳汁后，换另一对对角乳头进行挤乳，直到乳汁全部挤干为止。

人工挤乳时，挤乳员应坐在小矮凳上，不低头、弓背、弯腰，不把脚伸到牛体的左侧。保持正确的姿势，可以防止背部、肩膀和大腿的疲劳、疼痛，并增强对牛的防卫能力。手要握住整个乳头。拇指和食指夹紧乳头上端，其他几个手指则向中心和下端挤压（图 9-2）。乳头内部压力的增加（与外界大气压相比）迫使牛乳通过括约肌而流出。

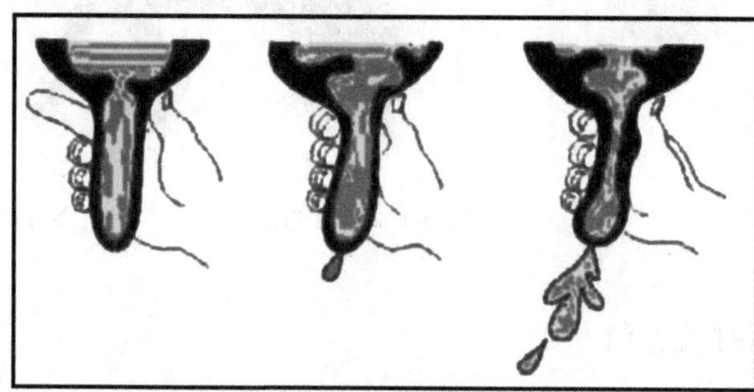

图 9-2 人工挤乳（引自侯俊财和杨丽杰，2010）

一头奶牛挤完需要 5～15min。乳量足，每分钟挤压乳头 120 次左右，最高可达 140 次。如技术娴熟，挤乳时乳桶中会呈现出很多泡沫。

挤乳员将牛乳挤入乳桶中后，经纱布或滤网过滤集中到 30kg 或 50kg 装量的乳桶中进行冷却。

（二）机械挤乳

机械挤乳是利用真空的原理，使乳头外部压力低于乳头内部压力的环境，乳头内部的奶向低压方向排出，与犊牛吮奶的情况相似。机械挤乳是 4 个乳区一齐挤，比人工挤乳快，较容易与母牛短暂排乳反射相协调。近年来对挤奶机进行了不少改进，如某一乳区挤完后，挤乳杯可自动脱落，而不影响其他乳区继续进行挤乳，这对防止挤伤有很大的帮助。利用挤奶机产生真空的方式挤乳，挤奶机由真空系统和挤乳系统两大部分组成（图 9-3）。机械挤乳与人工挤乳相比，可以大大减轻工作人员的劳动强度，并可提高劳动效率 2～2.5 倍；而且挤乳时速度和刺激始终保持一致，使奶牛的产奶量提高 6%～10%。此外，由于机械挤乳是在密闭的系统中进行的，牛乳污染的机会少，因而可以大大提高牛乳的质量。需要提醒的是使用机械挤乳比使用人工挤乳对管理水平要求更高。

此外当挤乳将近结束时，有自动控制设备可以将奶杯（盘）向前下方延伸，防止奶杯缩到乳头池附近，妨碍顺利挤乳，这对节省劳力、挤净最后的奶很有帮助。也有些挤奶机不采用自动脱杯的办法而采用随排奶的多少自动调节挤奶机的真空度和节拍的快慢。例如，初装挤乳杯时真空度较低，节拍慢，可起刺激排乳的作用；排乳量超过一定的限度后则自动调节到正常挤乳的真空度和节拍；至排乳降低到正常排乳量以下时又自动降低真空度和节拍。

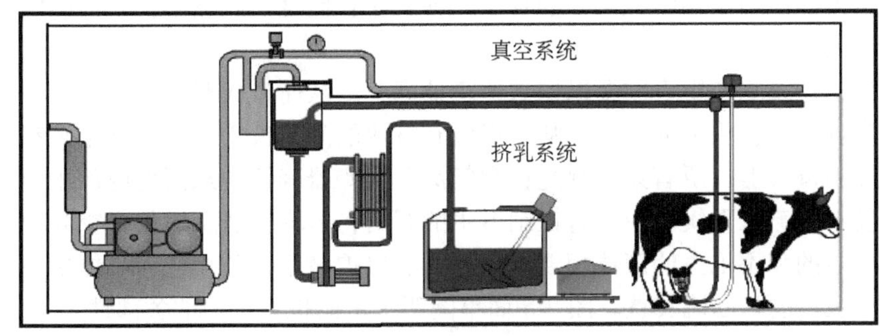

图 9-3　机械挤乳

第二节　挤乳工艺与流程

一、机械挤乳工作原理

虽然挤奶机的设计有多种不同式样，但其基本工作原理都是相似的，即模仿犊牛吸奶的自然动作，对乳头施加不同形式的吸力，从而移走并收集牛乳。犊牛吸奶的动作首先用嘴碰撞乳头，接着用舌头卷住乳头并使口腔内形成一定的真空度吸吮乳汁。据测定，该真空度因母牛而异，即使对同一头奶牛，又与该牛乳头括约肌松紧、内含乳汁的多少等因素有关。犊牛咽奶时，客观上就起到了按摩乳头促进乳头血液循环的作用。犊牛就这样吸奶、咽奶，每分钟 10～100 次。在吃奶的过程中，犊牛还不时轮换乳头，使 4 个乳头都轮到。机械挤乳中奶杯内套的开闭就相当于犊牛吸奶和咽奶的自然动作。

如图 9-4（A）所示，挤乳杯组由奶杯组组成，对一头家畜挤奶，其组件包括集乳器、奶杯、玻璃视镜、硅胶长奶管和短奶管间的连接部件以及短脉动管间的连接部件。奶杯由乳头杯外壳和内壳组成，乳头下方的空间称为乳头室，乳头杯外壳外和内壳之间的空间称为脉冲

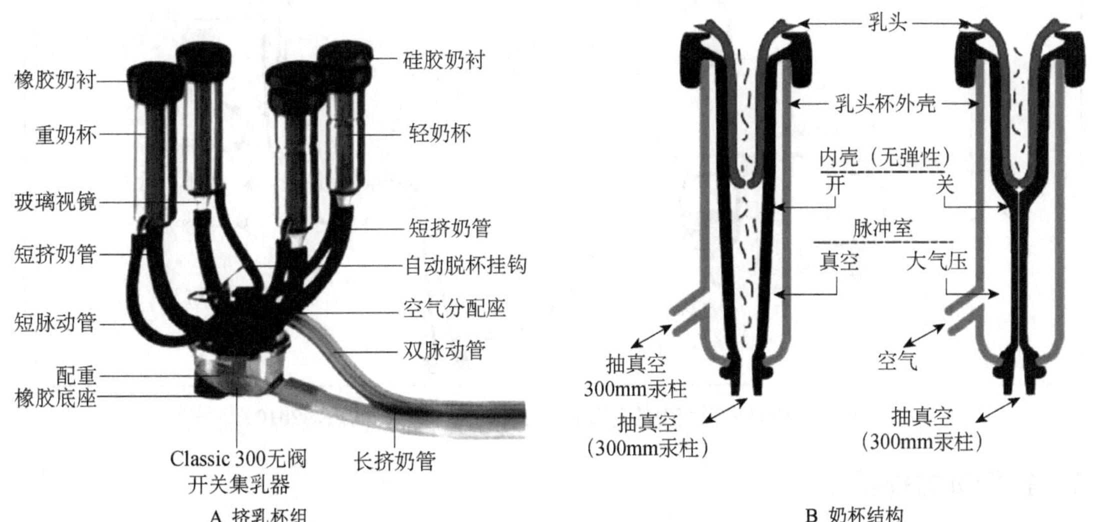

图 9-4　挤乳杯（引自金红伟，2014；侯俊财和杨丽杰，2010）

室，乳头室处于常真空状态，而脉冲室胶体接通大气和真空，当脉冲室接通真空源时，内壳内外均为真空，内壳处于自然拉直状态。这时乳头管张开，奶汁流出；当脉冲室通大气时，内壳在内外压差的作用下切断乳头室的真空，使乳头管闭合，奶流停止。与此同时，吸出的奶经集乳器流入奶桶。

不同挤奶机系统均使用真空泵以恒定速率抽真空，从而造成对乳头的吸力。应用间歇脉冲装置来改变施加在乳头上的吸力，从而形成有规律的间歇吸力。所有真空泵都安装有可以调节真空程度的调节器。所有系统都是让空气流入挤奶器套管中从而使内部压力与外界压力达到平衡并使牛乳流入采集管中。有控制卫生的阀门将牛乳输送管道与真空泵管道分开，并防止系统中卫生的和不卫生的液体相混流。第二层保护措施是防止任何液体如牛乳、水或洗涤液进入真空泵内的防回流装置。图 9-5 简单阐明了挤奶机系统中的各部件。

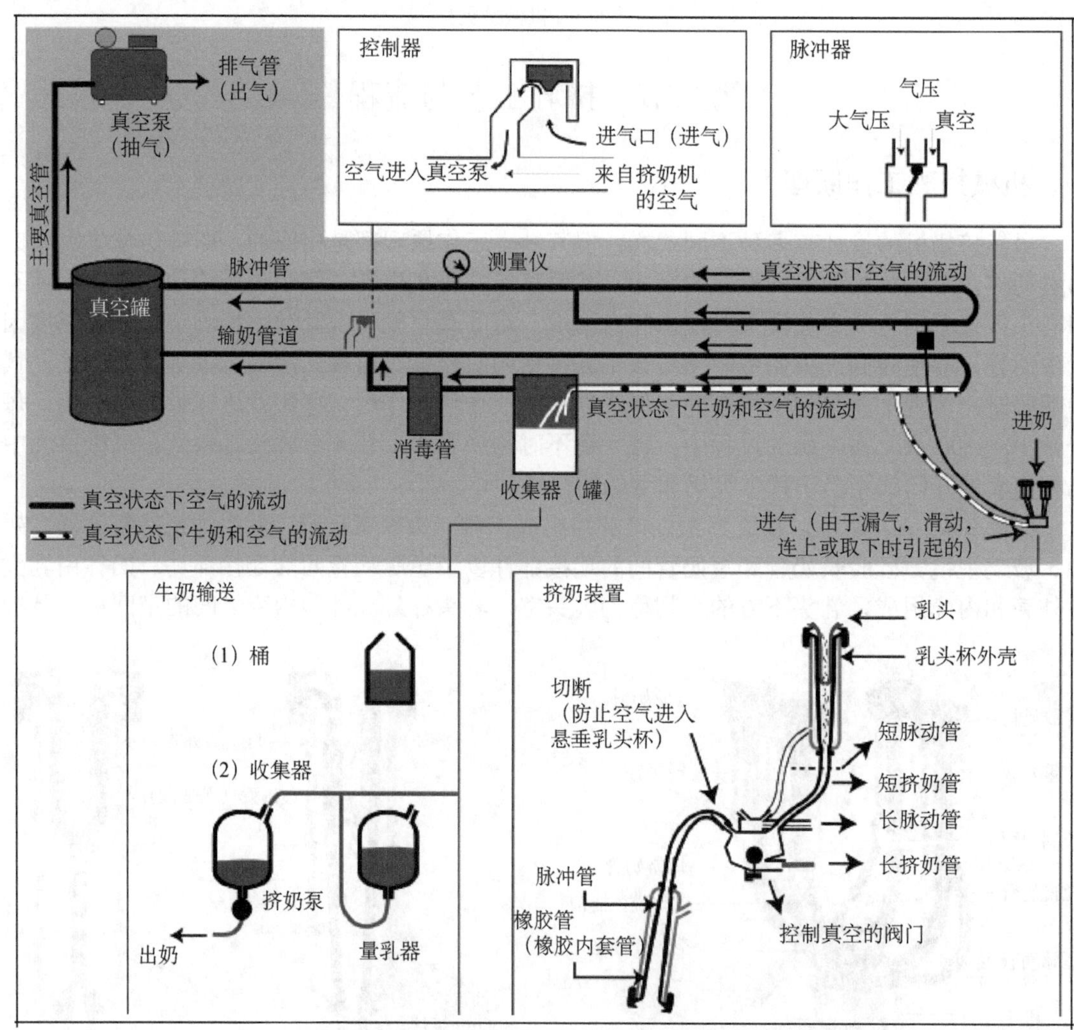

图 9-5 挤奶机系统中的各部件（引自侯俊财和杨丽杰，2010）

二、挤奶机的种类

通常根据奶牛的饲养方式和饲养规模来决定挤乳的设施和设备。一般来说，常用的挤乳设备设施分为牛舍内固定的挤乳设施（桶式挤奶器、管道式挤乳系统）和专为挤乳而建设的挤奶厅等。前者多用于奶牛数量较多的中型以上牧场或舍饲奶牛的挤乳，后者用于放牧方式饲养的奶牛或一定范围内奶牛饲养头数少的农户集中挤乳。奶站的建设需要投入一定的费用，为农户提供许多便利的同时能提高挤乳作业的效率，但是如果奶站的挤乳规模达不到一定程度的话是不合算的。

1. 手推式挤奶机

其真空装置、挤奶装置和可携带的挤奶桶装在一起（图 9-6）。可依次将挤奶桶移往奶牛处进行挤乳，挤下的牛乳直接流入挤奶桶。该挤奶装置的操作可在牛床上进行，人工挤乳需要蹲或坐着操作，容易疲劳，这种方法挤乳效率仍然较低。同时，奶牛往大奶罐转移过程中，容易造成牛乳的二次污染。它主要用于拴系式牛舍。

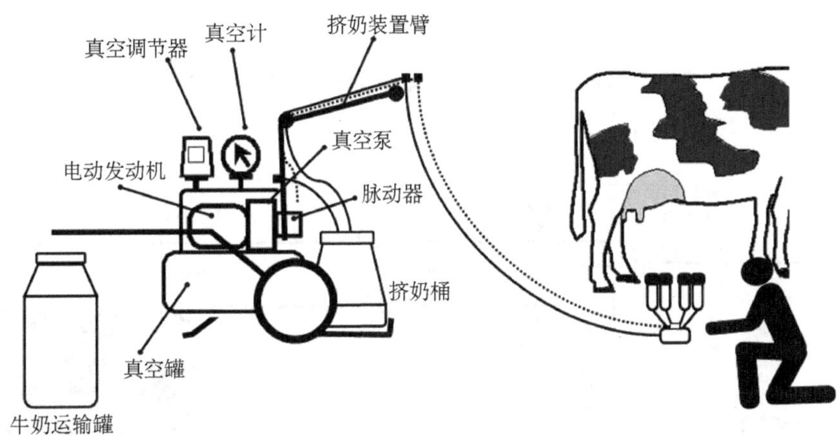

图 9-6　手推式挤奶机系统（引自 Angela Calvo，2020）

2. 桶式挤奶机

将挤下的牛乳贮存到奶桶内（图 9-7）。通常小牧场或奶牛头数不多的饲养者，用奶桶收集牛乳是最简单、最经济的收集方式。一种方法是用小桶接挤出的牛乳，然后将小桶中的牛乳汇集到特制的牛乳运输罐中；另一种方法是直接将牛乳挤入牛乳运输罐中。也可以在牛乳罐盖子上接上一个脉冲装置，或者将脉冲装置安装在奶牛拴系架的上方。每一个奶牛拴系架上方的连接真空泵管道都装有控制阀门。桶式挤奶机的挤奶效率为手工挤乳的 1.5～2 倍。

3. 管道式机械挤乳

管道式挤奶装置、真空装置和接收器固定在牛舍，增设固定的牛乳输送管道，挤奶器无挤乳桶，挤下的牛乳可直接通过牛乳计量装置和牛乳管道进入储奶间，挤奶器仍可携往各奶牛处进行挤乳，主要用于中型奶牛场的拴系牛舍中（图 9-8）。管道式挤奶机挤出的奶是在封闭的管道内流动，减少了牛乳被污染的基础。另外，管道式挤乳还可实现就地自动循环清洗，不仅大大降低了劳动强度，更主要的是清洗效果好，保证了牛乳的卫生。

4. 挤奶厅式集中挤乳

挤奶厅式挤奶装置、真空装置和挤奶器都固定在专用的挤乳间内，所有奶牛通过规定畜道进入挤乳间进行挤乳，挤下的牛乳通过输送管道进入牛乳间冷却贮存。这种装置的优点是可进一步提高设备的生产率和利用率。工人在挤乳沟站立操作，工作方便，不易疲劳。适合于大型散放（隔栏）饲养的牛场。与手工挤乳相比较，挤奶厅管道挤乳工作效率为 3～10 倍。

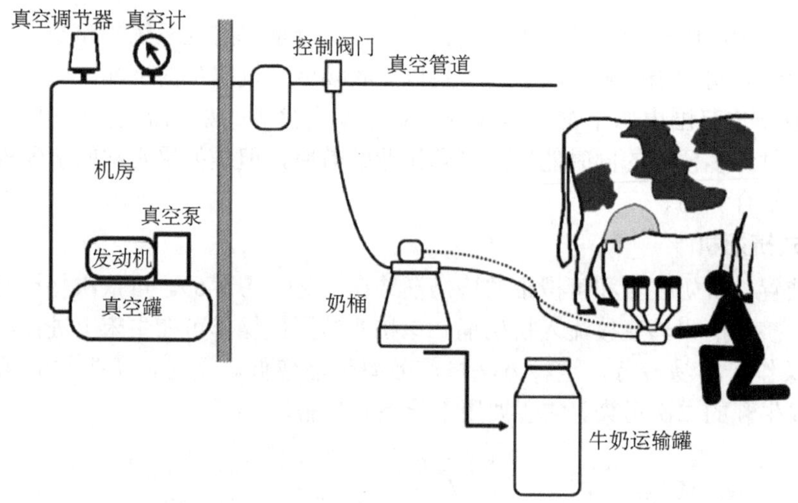

图 9-7　桶式挤奶机系统（引自 Angela Calvo，2020）

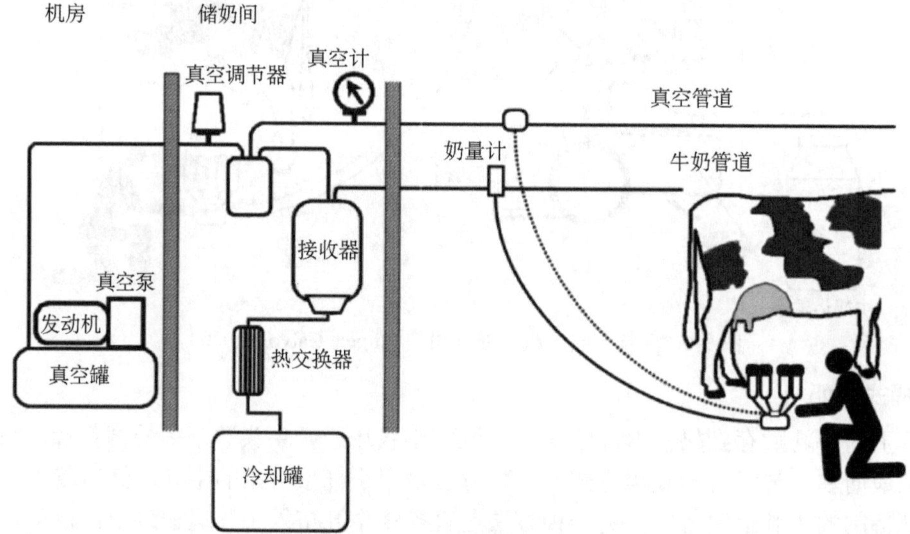

图 9-8　管道式机械挤乳系统（引自 Angela Calvo，2020）

5. 鱼骨式挤奶机

鱼骨式挤奶机要求奶牛成组进出，牛位排列紧凑，占地面积小；挤乳员在地坑中操作走动少，一人可操作几套。这种方式挤乳，观察到的奶牛乳房面积大，套奶杯主要从侧面进行，对脾气暴躁的牛也可从牛腿后面进行。目前，在中小型牛场应用比较广泛。

6. 转盘式挤乳

转盘式挤乳也称为旋转式挤乳，是目前工作效率最高的一种挤乳方式。转盘式挤乳在转盘上有数十个牛位，转盘由电动机驱动，牛依次进入牛位，转台转一圈的时间为 6～7min，刚好是一头牛挤乳所需要的时间。这种挤奶机效率最高，适用于较大规模牛场。

7. 全自动挤乳

即全由电脑控制的自动挤奶装置，也称机器人挤奶机，发达国家已推广使用，我国有一些企业引进了该设备。这种挤奶机一次性投资成本较高、效率较低，但可以节省人力，对于劳动力缺乏的发达国家比较适用。

三、挤乳设备的基本部件

尽管挤乳设备的种类很多，但其基本工作原理大致相同，即都采用抽真空的方式挤乳。图 9-5 列举了挤奶机系统中的各部件，包括：①挤奶装置，乳头杯外壳，长、短脉动管，长、短挤奶管，控制真空的阀门，阀门结构便于挤乳杯装卸。②脉冲系统，用于改变乳头周围真空水平，从而防止挤乳时液体阻塞及乳头组织水肿。③牛乳输送系统，这一系统将牛乳从挤乳杯送至贮存器内。此系统包括输奶管道和贮奶罐（桶、收集器、量乳器、挤乳泵等）。④真空系统，真空罐、真空管、真空泵、输奶管道及末端封闭的脉动管。只有当所有部件协调工作时，挤奶机才能正常运转。

（一）挤奶装置

1. 挤乳杯

挤乳杯由乳头杯外壳和一体化奶衬组成（图 9-9）。①乳头杯外壳，为装内套的刚性外壳；②一体化奶衬，为挠性套管，有奶杯口和管体，有的还有连为一体的短奶管；③奶杯口部，挤乳家畜乳头或清洗头进入奶杯内套的入口，挤乳杯剖面图见图 9-10。

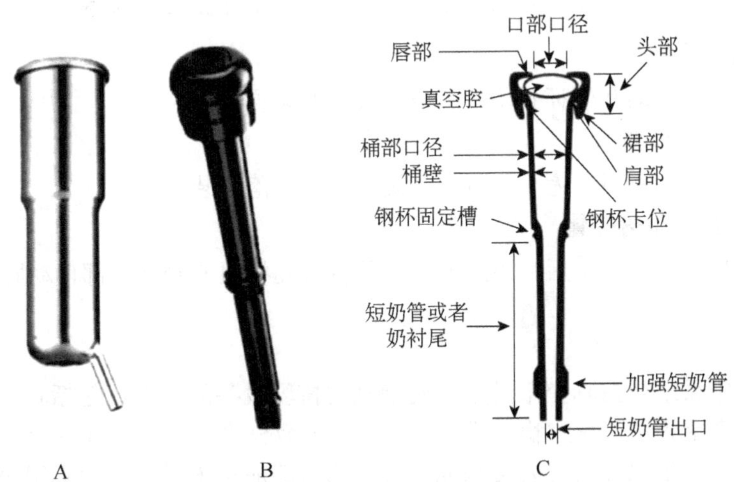

图 9-9 乳头杯外壳（图 A）、一体化奶衬（图 B）、奶衬各部分名称（图 C）（引自金红伟，2014）

2. 集乳器

具有若干歧管的容器，使各奶杯相隔安装，构成挤乳杯组，并将奶杯与长奶管和长脉动管相连。

3. 自动关闭阀

挤乳单元内的一个阀，在一个或多个挤乳杯脱落或被踢掉时立即关闭奶杯或挤乳杯组的真空系统。

4. 奶杯塞

模拟家畜乳头，堵塞奶杯口的塞子或堵塞物。

5. 奶量计

用于计量单头家畜全部出奶量的装置。

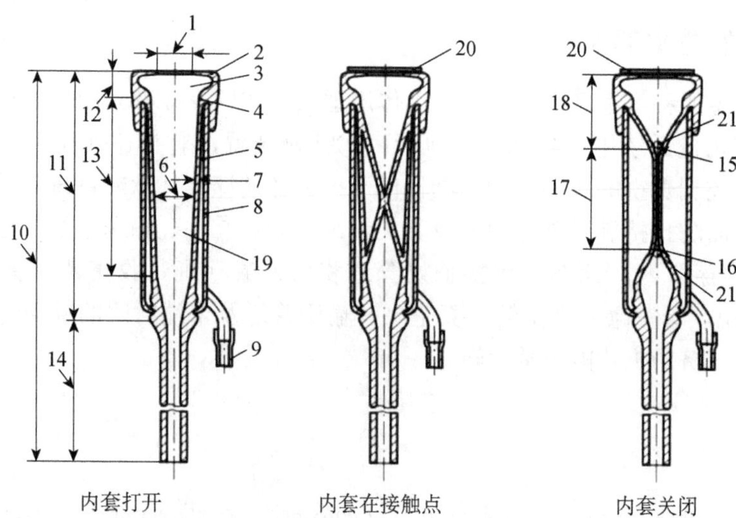

图 9-10 挤乳杯剖面图（引自金红伟等，2014）

1. 口唇直接；2. 口唇端；3. 口唇腔室；4. 内套喉部；5. 脉冲室；6. 内套直径；7. 内套壁厚；8. 奶杯外壳；9. 短脉动管；10. 奶杯；11. 奶杯内套；12. 奶杯口；13. 套筒；14. 短奶管；15. 上接触点；16. 下接触点；17. 内套收缩长度；18. 杯口深度；17+18. 内套有效长度；19. 乳头室；20. 保持内套真空的盖；21. 直接 5mm 的球

6. 自动奶杯套杯装置

不用人为干预、自动套奶杯到待挤家畜乳头上的装置。

7. 自动奶杯脱杯装置

关闭挤乳真空后，不用人为干预将一个奶杯自动脱落的装置。

8. 挤乳单元自动脱落装置

关闭所有奶杯的挤乳真空后，不用人为干预将挤乳杯组的奶杯全部自动脱落的装置。

（二）真空系统

挤乳设备真空系统是指真空下且不与奶接触的挤乳设备的部件，包括真空泵、真空调节器、真空表、主真空管道、真空稳压罐、分配罐、气液分离器、挤乳真空管道、真空管等。

（1）真空泵　把电能转化为运动能，是挤奶器的能量来源。选择真空泵大小时，除考虑挤乳需要外，还要考虑管道漏气、奶杯脱落、奶杯滑动、集乳器小孔进气，并保证在挤乳过程中乳头底部真空度的稳定。

（2）真空调节器　用于控制挤乳系统和真空系统真空度的自动装置。真空泵和真空调节器组成一个单元，以在规定范围内维持恒定真空度。调节器可控制泵的抽气速率，或泵抽气速率恒定让空气进入真空系统，或结合两种方式。

（3）真空表　显示挤乳系统相对于大气压的真空度的仪器。

（4）主真空管道　真空泵与气液分离器之间的真空管道。

（5）真空稳压罐　装在主真空管道中、储备真空并防止液体或固体杂物进入真空泵的容器。

（6）分配罐　装在主真空管道中的一个罐或腔体，处于真空泵或真空稳压罐上游，作为其他管道的分接点。

（7）气液分离器　挤乳系统与真空系统之间的罐，用以限制两系统之间液体和其他污物的相互运动。

（8）挤乳真空管道　计量式挤乳设备或奶气分离式挤乳设备中位于气液分离器和挤乳杯组之间的管道。该管道向挤乳杯组提供挤乳真空，也可以用作清洗回路的一部分。

（9）真空管　挤乳桶或挤乳罐与真空管道之间的连接软管。

不同挤乳设备其真空系统的正常真空水平可能不同，但调试后的挤乳真空水平应为280～305mmHg①高。真空系统中的正常真空水平在高管道设计系统中大约是15in②汞高，而在低管道设计系统或是直接连接牛乳收集桶的设计系统中大约是13.5in汞高，详见表9-1。

表9-1　挤乳管线的真空度（引自侯俊财和杨丽杰，2010）

管线类型	真空范围
高位管线	47～50kPa
中位管线	45～49kPa
低位管线	42～45kPa

（三）脉冲系统

挤乳设备脉冲系统是指奶杯中提供奶杯内套运动的设备。脉冲抽真空方式可使挤乳杯橡胶内套管达到按摩乳头、挤压关闭和开放乳头管让牛乳流出的目的。挤乳设备脉冲系统包括脉冲器、脉冲信号发生仪、脉冲器真空管道、主脉冲器真空管道、长脉冲动管、短脉冲动管、脉冲室等。

（1）脉冲器　使相连的空腔内气体（通常为脉冲室的压力）在真空度和大气压之间周期性切换的装置。

（2）脉冲信号发生仪　提供信号以操作电子脉冲器的装置。

（3）脉冲器真空管道　连接主真空管道与脉冲器的管道。

（4）主脉冲器真空管道　脉冲器真空管道中主真空管道和第一个分支间的部分。如果没有分支，就没有主脉冲器真空管道。

（5）长脉冲动管　脉冲器和挤乳杯组的连接管。

（6）短脉冲动管　脉冲室和集乳器之间的连接管。

（7）脉冲室　内套和奶杯外壳之间的空腔。

（四）脉冲器术语

（1）脉冲周期　一个脉冲周期指脉冲器完成一次挤乳相和一次按摩相所需的时间。

（2）脉冲频率　指脉冲器1min内的脉冲周期数。市场上出售的脉冲器的脉冲频率为40～60次/min，如脉冲频率为60意味着乳头内套管打开60次并且关闭60次。一般挤奶器的脉冲频率定在每分钟45～65次。挤乳速度在脉冲频率60时比脉冲频率40时稍快一点。

（3）脉冲比率　指脉冲器每完成一次脉冲周期，挤乳相与按摩相的时间比。脉冲比率可以用简单的比率或百分率表示。脉冲比率例子如：1∶1或50∶50，3/2∶1或60∶40。

因此，一个60∶40的脉冲器表示在任何脉冲周期内，挤乳杯膨胀部件将开放并挤乳占60%的时间，关闭或按摩乳头占40%的时间。例如，假设脉冲频率为60次/min，脉冲比率为60∶40，表明挤乳相持续0.6s，按摩相持续0.4s。

脉冲比率也可以表示抽真空状态（关闭挤乳杯内套管）与不抽真空状态（打开挤乳杯内

① 1mmHg=1.333 22×10^2Pa
② 1in=2.54cm

套管）的时间比。典型的比值一般是 60∶40，也就是说有 60%的时间处在抽真空状态。然而，不是所有抽真空的时间牛乳都不流出，牛乳是否流出主要看挤出的牛乳是不是足够流出。一台挤奶器上通常装有 4 个挤乳杯，脉冲比率决定牛乳流出的时间比例。

（4）同时脉冲　一些挤奶机是设计成 4 个挤乳杯同时挤乳，然后 4 个挤乳杯同时按摩。

（5）交互脉冲　一些挤奶机是被设计为交互挤乳，当两个挤乳杯膨胀元件正在挤乳时，其他两个挤乳杯膨胀元件正在按摩。交互作用可以从左侧到右侧或从前面到后面，这主要取决于制造商的设计。

当空气流入脉冲室内时，挤乳杯内套管就不再挤压乳头，这时牛乳就可以流进挤乳杯内。脉冲室中的气压不应过度，否则会过分挤压乳头，但仍然要能够起到按摩乳头和保证乳头血液流通及关闭乳头管等作用。

一些挤乳系统的设计是使 4 个挤乳杯上的脉冲频率相等；也有一些设计是让其中每两个挤乳杯的脉冲频率一样。两种设计都能满足挤乳要求，选择哪一种主要是根据整个挤乳系统的规模来决定。

（五）牛乳输送系统

收集到挤乳杯内的牛乳应尽快输送。输送系统必须设计适当，使得牛乳流动既快又不阻塞管道或倒流回挤乳杯内。

挤乳杯相连的抓状结构上应留有一个细小的洞让空气进入。这样有助于稳定挤乳期间挤乳杯内的真空水平并顺利地将牛乳输送走。在真空条件下，输送管道内的牛乳和空气一起流动直至到达贮藏罐后才分开。若没有适当的空气进入，挤乳杯的真空度会大幅度地波动。其部分是输奶管道中的牛乳重量造成的。如果必须将牛乳从挤乳杯输送到位置更高的管道上端，空气与牛乳的比例就变得特别重要。真空管内牛乳高度每升高 1m，挤乳杯内的真空水平就下降大约 75mmHg。允许少量空气进入输奶管道可降低真空管内牛乳的高度并有助于管道内牛乳和空气的流动。牛乳从挤乳杯往下流入输送管内（下端输运管道系统）比往上流入输送管中（上端输送管道系统）要好得多。

四、挤乳程序

现代挤奶机可以在几分钟内将乳房内 80%～90%的牛乳挤出，而不需增加挤乳杯的重量或额外的人工辅助。遵循以下操作程序可以高效挤乳。挤乳过程中的每一步骤都必须小心操作以免奶牛受到惊吓或伤害。只有奶牛放松时其排乳反射才更加明显自然。相反，奶牛若在挤乳期间受到惊吓或感到疼痛，产奶量可降低 20%以上。

操作人员、环境（栏杆或挤奶厅）及奶牛必须保持干净，总体清洁卫生的保持有助于减少乳腺炎的传播并能保证牛乳质量。例如，奶牛乳房上的长毛应用剃刀剃除，以减少粘在毛和皮肤上的脏物、粪便及垫草。按照挤乳操作程序，将挤乳分成三部分，即挤乳前准备工作、挤乳过程中工作和挤乳后工作。

（一）挤乳前准备工作

1. 挤乳场所与人员卫生

挤乳员必须更换工作服，用消毒水洗手及经紫外灯消毒后才能进入挤乳作业区。挤乳员必须每天检查自己的指甲。对于拴系式饲养的牧场，挤乳前必须对牛床进行清扫，对牛身进行清洁，必要的情况下需轻摸奶牛的背部、侧身、乳房，对奶牛轻声讲话或播放音乐。作用如下：一是保证挤乳过程中尽量少受污染；二是可以促进奶牛血液循环；三是让奶牛做好挤乳准备。

2. 挤奶器具、消毒水的准备

挤奶器必须是经标准程序清洗消毒过的，奶杯里面不可留有水。按要求浓度配制好消毒水，做到“用多少配多少，现配现用”，不可多配，以保证效果。

3. 使用温热的消毒液清洗乳头

使用含有温和消毒剂的温水清洗并按摩4个乳头。应用尽可能少量的清洗液湿润小面积的乳区，因为流到乳头上的清洗液会增加乳腺炎传播的危险性，而且会使牛乳中细菌的数目升高；应使用单独的布或棉纸擦干每头牛的乳头。使用同一块布清洗多头奶牛会引起细菌在牛群中的传播。

4. 彻底擦干乳头

最好是使用一次性使用的棉纸彻底擦干乳房，但通常比较贵。使用干净的布则要求每头牛使用单独的布块且每次用前必须洗净烘干。乳头及乳房周围残留的水分中会含有细菌，这些细菌最终会污染挤乳杯的橡胶内套管、乳头及牛乳，从而增加患乳腺炎的危险性并且降低牛乳质量。此外，擦干乳头可最大限度地减少挤乳期间挤奶机的滑脱。

5. 检查挤奶机械的挤奶性能

在正式挤乳前要检查真空泵压力，使其必须在正常值范围内（管道挤乳48kPa左右、转台挤乳42kPa左右），还要检查机油液位、流速等。

（二）挤乳过程中工作

1. 检查挤乳设备

在每次挤乳之前，要检查挤奶机的真空水平和脉冲系统，必要时可以按照说明书调整挤乳系统。

2. 尽快给奶牛装上挤乳杯

应在挤乳准备开始后1min内将挤乳杯装上。每个挤乳杯必须以滑动的方式装上并应尽量减少空气进入挤乳杯内。

3. 检查牛乳流速，必要时应当调整挤奶机

检查每个乳头的牛乳流速，调整挤奶机的位置，只有当挤奶机得到适当调整才能快速、完全地挤乳。通常，前面的两个挤乳杯应比后两个挤乳杯安装稍高一些。某些制造商建议使用一个支撑臂，以便放置挤乳管和真空管。调整挤奶机使其处在最适当的位置。挤乳杯若安装不适当常会造成滑脱和奶流受阻。这些因素均可引发乳腺炎；应当尽量避免挤奶机产生不正常的噪声；必要时应在挤乳期间重新调节挤奶机，空气进入挤乳杯可造成细小的奶滴高速倒流回乳头池。如果这些奶滴已被细菌污染，细菌即可乘机而入并导致乳腺炎。这种情况较常发生于牛乳流速减慢和挤乳结束之前。

4. 避免过度挤乳

挤乳不应过度，大多数奶牛都会在4～5min内完成排乳。前两个乳区通常比后两个乳区产奶多。因此前面两个乳区会发生轻度的挤乳过度。一般来说，这种情况不会引起任何问题。若采用工作正常的挤奶机，挤乳时间超过 1～2min 也不会造成乳腺炎；应避免使用挤奶机挤干最后一点牛乳。以前，人们习惯用挤奶机按摩乳房并挤出最后一滴牛乳（所谓挤干牛乳）。现在这种方式被彻底淘汰，因为此方法会增加乳头组织的应激和空气进入挤奶机的机会。因此也会增加患乳腺炎的危险性。

5. 确保正确移去挤乳杯

挤乳完成时应先关掉真空泵，然后卸下挤乳杯。在真空状态下强行拔下挤乳杯会增加乳头受伤和感染的机会。因为这样做会造成挤乳杯乳胶内套对乳头的严重摩擦。

（三）挤乳后工作

1. 消毒乳头

用安全和有效的消毒剂浸泡或喷洒乳头，用温和消毒剂浸泡或喷洒乳头末端 2/3 处。0.5%氯化碘、含低浓度磷酸的 0.5%～1.0%碘溶液及 4%次氯酸（含低浓度的氢氧化钠）等均为较安全的消毒剂，不会使乳头皮肤皲裂或刺激乳头。

2. 立刻清洗挤乳设备

为防止乳腺炎在奶牛中传播，在准备挤下一头奶牛之前常常对挤乳杯橡胶内套管进行消毒。常用的办法是将挤乳杯橡胶内套管放在清洁的水里涮一下以冲掉残留的牛乳，然后将挤乳杯放在含有水及温和消毒剂的桶中（每千克水加 15～25mg 的碘即 15～25 百万分浓度的碘溶液）浸泡 2.5min。最后，橡胶内套管必须擦干后才可装入挤奶机为下一头奶牛挤乳。这一步骤操作不当反而增加乳腺炎的传播概率。多数挤奶机都配备有自动清洗系统以快速有效地对挤乳杯橡胶内套管进行消毒（回流冲洗）。

3. 乳快速制冷

检查牛乳制冷温度，确保挤乳中或每次挤乳后牛乳温度达到适宜的温度；适宜的温度可以很好地使大部分微生物生长减慢或停止。

4. 规律地监控乳质量

定时监控和有规律地回顾所有乳质量、乳成分和挤乳中心性能信息，并与前面数据表比较。这样可以明确此时采用的挤乳操作程序正确与否，如果出现乳质量问题，可以及时改正，对保证乳质量起到重要的作用。

（四）规范的挤乳操作

1. 乳房乳头的清洁、消毒

它是挤乳的第一道工序。清洁乳房可以把粘在乳房上的脏东西清洗掉，保证牛乳的卫生，还能刺激乳房膨胀，促进奶牛排乳。洗乳房要用 50～56℃的温水，如水温低于 20℃，牛感觉不舒服，乳房不膨胀。用高于 60℃的水，牛感到较烫皮肤。擦洗的方法：用湿毛巾按乳头孔、乳头、乳头四周、乳镜、乳房两侧等顺序洗涤，最后将毛巾拧干擦乳房。经过擦拭，乳房明显膨胀，乳静脉变得粗大而明显，应立即挤乳。如果洗涤完毕，乳房无变化，再用拧干的热毛巾按摩乳房，使其迅速膨胀。

2. 头三把奶废弃

正常奶牛的牛乳中均含有一定数量的细菌，头三把奶中细菌含量最高，因此在挤乳前必须将头三把奶废弃掉。此外，还可以通过头三把奶判定乳房健康状况。一般将头三把奶挤在套有黑纱布的杯子中。挤完三把奶后，需要用药浴液对乳头进行消毒，30s 后再用草纸或小毛巾擦干乳头（遵循“一牛一巾，正反使用”的原则）。擦乳头的方式是水平旋转，由下至上。

3. 套奶杯挤乳

乳头擦干后，即可上杯。上杯方式可一起上杯，可单个上杯，一起上杯是先上对侧两个乳头，速度要快。单个上杯要使用“S”状上杯，避免漏气，减少奶牛的应激。在挤乳的过程中要密切注意奶杯状况，发现漏气要及时纠正，奶杯掉下后，要清洗消毒后再上杯。

4. 卸杯及挤后药浴

牛乳挤完后及时进行卸杯，卸杯时应先打开气阀，不可直接拉开，以防拉伤乳头。对于自动脱落杯的奶牛要检查乳房内牛乳是否挤净，如果未挤净需要重新套杯。卸杯后，要及时给乳头进行药浴（药浴浓度为 0.5%以上）。

第三节　挤乳设备的保养

一、挤乳设备的维护和检修

整个挤乳设备系统的协调工作与系统中的每一个部件都有关系。任何一个部件的磨损和功能不正常都会使整个系统工作效率下降。挤乳设备的常规维护对于保证挤乳系统工作的有效性和防止奶牛患乳腺炎等都是十分必要的。完整的维护记录是非常有价值的资料。更换零件时也应当保留所有的记录（表 9-2）。

表 9-2　常规挤奶机械的保养和检修（引自侯俊财和杨丽杰，2010）

检查时间	检查项目
每次挤乳检查内容	1. 检查输奶管道和阀门是否无奶且无水；如有液体应当用氯化水溶液冲洗 2. 检查挤乳杯的内套管是否有水，若有水，应当清理干净 3. 检查真空泵机油水平，及时添加机油 4. 检查真空泵水平及正常速率的恢复。真空泵启动后应当在 5s 内达到正常真空水平。如过快应当检查调节阀，过慢应降低恢复速率并检查是否漏压 5. 在挤乳过程中，通过注意听空气吸入的声音来调整调节阀 6. 检查抓手的空气洞是否干净并通畅 7. 注意倾听检查脉冲频率是否正常，用拇指检查挤乳杯脉冲是否正常 8. 挤乳结束后，让压力泵继续工作 10min 以便清除残留的水分并使管道干燥 9. 每次挤乳后都需要检查截流开口是否关闭并检查是否有牛乳进入真空管道；如果真空管道内有牛乳应当检查橡胶内套管是否受损伤
每周检查内容	1. 利用手表检查脉冲器和脉冲频率并判断脉冲频率是否正常 2. 认真检查所有内套管并根据厂商要求及时更换 3. 检查真空泵皮带是否磨损并检查真空泵的机油水平，及时添加机油 4. 检查脉冲器和真空调节器内的空气过滤膜是否干净
每月检查内容	1. 拆开真空调节器进行清洗，然后重新安装 2. 使用清洁剂和低浓度的氯化钠（250mg/L）清洗真空管道及阀门，清除系统内所有水分 3. 检查脉冲器并及时更换磨损的零件 4. 检查牛乳输送泵并判断是否漏奶
每年检查内容	1. 更换牛乳输送管道内的橡胶管及其他橡胶垫片或连接垫片 2. 空转整个挤乳系统并判断其工作是否正常，应及时检修

（一）挤乳杯的维护

挤乳杯是整个挤乳系统中唯一直接与奶牛乳房接触并起实际挤乳功能的零部件。挤乳杯的金属外套管内装有橡胶内套管（具有弹性）。内套管的内腔连接连续抽真空部件，内套管与外套管之间的空腔与脉冲抽真空部件相连。各种挤乳系统中无论挤乳杯和内套管的设计有多么不同，特定内套管和特定挤乳杯配套使用是必要的。内套管和挤乳杯若不配套会导致挤乳系统不工作甚至损伤乳头。应重点考虑内套管的弹性和硬度，挤乳设备的真空系统是根据内套管的类型及其正确工作方式来设定最佳工作条件的。挤乳杯的内套管通常是使用天然或合成橡胶或硅胶材料制作的。橡胶内套管会随使用年限的增加失去功能和弹性，因而多年后若不更换会造成以下影响：①内套管开闭缓慢进而减慢挤乳速度；②挤乳杯对乳头的按摩作用减弱将导致流入乳头的血液量下降；③内套管内表面随使用年限的增加和不断清洗而变的粗糙，从而更利于细菌的附着和滋生。

每周将奶杯拆开一次，把不锈钢奶杯、奶杯胶套和脉冲短管内外洗干净、晒干，再重安装。安装时注意奶杯套顶部与中部要对成一条直线，以避免扭曲，对奶牛乳头造成伤害。

挤乳杯和橡胶制品的维护建议详见表 9-3 和表 9-4。

表 9-3 挤乳杯的维护建议（引自侯俊财和杨丽杰，2010）

检查清单	维护建议
1. 检查空气进口（“气孔”）	1. 彻底清洗空气孔
2. 检查阀门、漂流物、挤乳杯垫圈	2. 清洗和更换任何有缺陷的挤乳杯零件
3. 于所有部件都在工作的挤乳过程中，检查真空稳定性	3. 真空不稳定时，增加电磁调压阀门，调整真空度

表 9-4 橡胶制品的维护建议（引自侯俊财和杨丽杰，2010）

检查清单	维护建议
1. 检查挤乳杯的膨胀部件和内衬橡胶	1. 丢弃任何有洞的和有裂纹的膨胀部件。丢弃任何超过制造商建议使用的挤乳次数（如 1000 次）的挤乳杯内衬橡胶
2. 检查储存的橡胶制品	2. 建议应该在手中有两个备用的挤乳杯内衬橡胶。一个放在碱液中储存并且在预备几周内使用

（二）真空系统维护泵的维护

1. 真空泵的维护

真空泵是整个挤乳系统的动力部件，它的性能好坏直接影响着挤奶机的性能，因此，其维护与保养很重要。保持真空罐和稳压器滤网清洁，真空泵内绝不允许有任何微小的杂物进入，否则其性能将会受到很大的影响，甚至造成毁坏。真空罐是杂物进入的主要渠道，因此，每次挤乳结束后都要擦净其内腔。下一次挤乳前还要注意，如又有杂物进入，则需再次擦净。真空稳压器的滤网要定期清洗，保持干净，确保稳压器正常工作。切不可在没有滤网的情况下开机，因为这样会使空气中的杂物进入真空泵。如果真空泵吸入了牛乳，必须立即停机，冲洗真空罐及橡胶真空管，否则会烧毁电机，其维护建议详见表 9-5。

表 9-5 真空泵的维护建议（引自侯俊财和杨丽杰，2010）

检查清单	维护建议
1. 每周检查油含量	1. 填满制造商建议的正确型号的油。一些油含有添加剂，当它们与水或清洁剂混合时，将形成淤泥状物质。油添加不要过多，过多的油将排大量浓烟

续表

检查清单	维护建议
2. 检查皮带的型号和拉紧状况。用手旋转泵，看叶片是否自由脱落，或者检测滑轮是否松动和轴承是否变粗糙。在工作时检查滑轮状况，有无破损、裂纹，特别注意滑轮轴的磨损情况	2. 皮带应与滑轮搭配正确，如B面皮带不应该在A面滑轮使用。拉紧传动带以免在运行时皮带轻微下垂。维修和更换用旧的叶片、轴承、传动带和滑轮
3. 检查真空泵是否干净	3.每6个月检查一次，或当真空泵被奶弄脏时，可以使用柴油或4∶1煤油与油混合物清洗污物。如果需要广泛清洗时，真空泵可以用混合物填满和浸泡。当真空泵被清洗后，通过进气孔添加0.275L油，以保证机器彻底润滑
4. 检查排气管	4. 排气孔不能小于真空泵出口，否则压力将严重限制真空泵功能。当它们太紧时，弯管不应该使用。大直径弯曲较好。当关闭真空泵时，防止反向阀门，阻止真空泵反转
5. 通过流量表检查真空泵容量	5. 每6个月，维修人员检查一次真空泵容量，并且帮助检查真空泵系统的磨损、泄漏和填塞情况

及时更换真空罐上的橡胶密封件，连续使用半年后会有不同程度的老化或变形，用户可根据实际情况（如漏气）进行更换。经常检查传动皮带，电机和真空泵的装备在出厂前经过严格调试，保证电机和真空泵皮带轮在同一个平面上，因此，用户不要随意自行拆卸。使用过程中要经常检查传动皮带，看是否磨损或过松，如皮带过松则需调紧，如磨损严重则需更换，否则，将造成真空下降或不稳定，使挤乳性能受到严重影响。

下面为预防性维护计划，为牧场主带来很大利益。操作者不仅应该知道挤乳系统是怎么工作的，而且还应该知道日常检查什么和怎样维修，以保证它较高的工作效率。

下面列举了检查清单和维护建议，以帮助牧场主保持挤乳系统在最好的工作条件下。

2. 真空调节器的维护

真空调节器是挤乳设备真空系统的重要组成部分，它安装在接受管和储气罐之间，用来设定和稳定真空系统的真空度，其必须灵敏度高、反应迅速和维修方便，其维护内容详见表9-6。

表9-6　真空调节器的维护内容（引自侯俊财和杨丽杰，2010）

频率	元件	维护工作
每日检查	检查挤奶台的真空度	如果需要进行校正
每周检查	检查和清洁主控制阀 检查系统空气过滤器	用湿布擦拭 根据需要更换
每月检查	检查空气过滤器 检查感应器软管	如果脏了就替换 如果破损就替换
半年检查	检查控制阀、气门座和开口	用刷子、针和湿布除去污垢
每2500个工作小时或一年检查一次	感应膜片	更换

（三）脉冲器的维护

脉冲器是挤奶机的心脏，各部分要求极其精密，是保证挤奶机正常工作的关键。常出现的脉冲器问题主要有两类：一类是脉冲器本身结构件性能发生变化，另一类是外界物质进入脉冲器内部影响脉冲器的正常工作。

第一类问题主要可以通过定期维护脉冲器，更换有工作寿命的零部件（主要是各种橡胶件）来解决。

第二类问题分为以下两种情况

1）脉冲器吸入尘土阻塞脉冲器中的细小通气孔，从而造成脉冲器性能发生变化。这类问题可以通过两种方法解决：为脉冲器安装专用的空气过滤器，或安装带有空气过滤器的清洁空气管道，以此来减少尘土的吸入量，延长脉冲器的正常工作时间；定期拆下脉冲器，清理脉冲器内部的空气通道。

2）乳汁或其他物质被吸入脉冲器而造成脉冲器中的通气孔堵塞，从而使脉冲器性能发生变化。这类问题主要可以通过两种方法解决：定期且及时更换奶杯内衬，或选择合适的挤奶器和脉冲双管，防止脉冲双管从挤奶器上脱落而吸入污水甚至异物。当然，一旦发生这种情况，应该首先拆下脉冲器，彻底清理掉脉冲器内部吸入的各种杂物。

一般而言，脉冲器的维护应该是每两个月仔细清理其运动部件和脉冲器壳体，使用自来水和柔性清洗剂，用毛刷刷除污物，用清水冲净后晾干，拆装时要注意先后顺序。如果挤奶机是在非常潮湿或灰尘很大的条件下作业，上述清洗至少每个月一次。同时要注意一旦有牛乳进入脉冲器应及时清洗并干燥。建议每年至少用脉冲器测试仪检测一次脉冲器的脉冲次数和脉冲比率，最好由专业部门或挤奶机技术服务人员进行。如果脉冲器需要彻底检修，就要与经销商联系。脉冲器的维护建议见表 9-7。

表 9-7 脉冲器的维护建议（引自侯俊财和杨丽杰，2010）

检查清单	维护建议
1. 检查脉冲比率。脉冲比率是指挤乳相与休息相的时间长度比。这仅能通过专门的测量设备检测	1. 例如，脉冲比率是 50∶50 和 60∶40。知道使用设备的脉冲比率并且向维修人员报告设备出现的任何故障
2. 检查脉冲频率。脉冲频率是指脉冲器 1min 内运转的周期数（挤乳相+休息相＝1 周期）。可以用手表检查它，当脉冲器工作时，将手指插入挤乳杯内，并且数每分钟挤的次数	2. 建议的频率为每分钟在 50 到 60 次。这取决于脉冲比率、真空程度和膨胀部件的类型。了解和遵从制造商的建议保持上面因素平衡状态。自己不要进行试验
3. 检查脉冲器的清洁状况。检查脉冲器的过滤器和横膈膜	3. 旧型号的脉冲器需要对空气进口进行频繁清洗和偶尔更换阀门橡胶密封。有些能被有规则清洗，但是在与水接触前，需参考制造商的建议
4. 检查电压，检查电动脉冲器电路是否连接松动和短路	4. 向维修人员报告出现的问题

（四）挤乳管道的维护

应及时检查挤乳管道，详见表 9-8。

表 9-8 挤乳管道的维护建议（引自侯俊财和杨丽杰，2010）

检查清单	维护建议
1. 检查管道的倾斜度	1. 从管线高点到存奶罐，维持管道每 3 米向下倾斜 40mm
2. 检查奶的进口位置和是否泄漏	2. 维持进口，在运输管道的顶端 1/3 处预防真空波动。确定阀门紧闭防止真空损失
3. 检查是否有漏的接口	3. 为了防止真空损失需拧紧接口；清洗或更换垫圈

（五）制冷器和奶罐的维护

制冷器和奶罐的维护建议，详见表 9-9 和表 9-10。

表 9-9 制冷器的维护建议（引自侯俊财和杨丽杰，2010）

检查清单	维护建议
1. 检查搅拌器发动机是否有油泄露或噪声工作及轴承油封和轴承是否陈旧	1. 更换搅拌器发动机的密封。拧紧螺钉发动机固定装备支架。更换旧的轴承油封和旧的轴承

续表

检查清单	维护建议
2. 检查定时器，是否正常工作	2. 如果不能正常工作，更换定时器
3. 检查温度计的精确性，当浸入冰水中时，温度计读数为0℃	3. 如果出现毛病，更换温度计
4. 检查奶灌输出阀是否泄漏。塞子阀门将不得不被整修表面	4. 如果漏的话，更换阀门的“O”形环
5. 检查冷却器运行时间。在开始挤乳1h内，冷却器温度应该降到10℃，在挤乳的第2h后，冷却器温度降到4℃并维持这个温度。第一次、第二次、第三次和第四次混合温度应该保持在10℃以下	5. 如果运行时间过长，检查和清洗冷凝盘管。检查制冷机
6. 在乳表面检查泡沫、搅动乳和冻结乳	6.（a）乳中有泡沫的存在表明在挤乳系统中有空气泄漏或过度搅动乳；（b）搅动乳（在表面漂浮的脂肪块）时常是被过多搅动和缓慢制冷引起的；（c）在表面的或在储备箱底部的冻结乳，当储备箱中乳的含量达到搅拌器刀刃时，打开制冷，乳的冷冻能被避免。设置储备箱的自动调温器，使乳被制冷到4℃
7. 检查冷凝盘管是否有污垢或灰尘。空气必须自由流动通过盘管和排入大气中	7. 如果冷凝盘管是脏的，转动断开开关从位置上卸下来，用奶去垢剂刷洗，用自来水从扇面冲洗并且在重新开机前排水3h
8. 检查制冷部件并检查管子是否有漏的迹象（油点）	8. 制冷维修人员应注意任何空气或制冷剂泄漏
9. 在制冷部件已经运行15min后，检查玻璃制冷剂应该是清澈的，没有任何起泡沫迹象	9. 如果制冷剂起泡，需维修人员添加制冷剂
10. 检查压缩风扇电动机	10. 制冷维修人员注意压缩风扇电动机出现的任何故障

表9-10　奶罐的维护建议（引自侯俊财和杨丽杰，2010）

检查清单	维护建议
1. 检查垫圈、装置和防止泄漏的阀门	1. 清洗或更换垫圈，拧紧接口
2. 检查电子探针是否腐蚀和磨损	2. 更换腐蚀和磨损严重的电子探针

二、挤乳设备的清洗

（一）挤乳设备清洗的工作原理

挤乳设备清洗是指在挤乳作业前和挤乳作业完成后，为清除挤乳设备中与奶接触的工作部件中的奶垢或残奶，减少细菌滋生，而对挤乳设备进行的清洗消毒过程。

（二）挤乳设备的清洗

1. 挤乳设备清洗的基本术语

1）清洗：在奶接触面清除污物、减少细菌增长的过程。

2）冲洗：用水清洗。

3）消毒：用消毒剂清洗。

4）就地清洗、原位清洗：不用拆卸即可工作的奶清洗与消毒系统。

5）清洗托：在清洗期间插接奶杯的部件，用于在清洗管道或挤乳真空管道与奶杯之间建立连接，以便有效清洗挤乳杯。

6）清洗管道：在清洗过程中，将清洗和消毒液从清洗槽或热水器输送至各挤乳单元、挤乳管道或挤乳真空管道的管道。

2. 挤乳设备清洗程序

当原料奶中细菌总数在1×10^4～5×10^4个/mL时，问题已经存在。如果没有对设备进行很好地清洗，那么奶杯组表面和挤奶机的其他地方的细菌便会很快生长。这为细菌在奶杯的周围及奶衬里面大量繁殖提供了潜在的可能性，使得细菌直接接触到乳头，并穿透乳导管口。由于乳导管口在挤乳后是松弛和开放的，可能增加乳头及乳房内部感染的风险。因此，要认真检查及清洗挤奶器和奶衬表面。清洗剂的浓度及水温要根据季节设定在合适的水平。水温低于 40℃，清洗就无效果。要根据水的质量来确定清洗剂浓度。水的硬度高，就需要提高清洗剂浓度，因为硬水会减弱清洗及消毒的效果。如果水硬度很高，交替使用酸碱来清洗是常用的方法。使用这种方法清洗，微生物更少，而且清洗后无残留物，建议挤乳设备的清洗程序见表 9-11。

表 9-11 建议挤乳设备的清洗程序（引自侯俊财和杨丽杰，2010）

循环	目标	水温	最佳管理实践
1ST①– 预先冲洗输奶管道	除去 90%～95%的乳固体，预热输奶管道	循环开始水温 49～60℃，结束温度最低为 35℃	水不要重复使用，否则奶片可能重新沉淀到系统中 确保水温不能过热，否则乳蛋白将被烤到管道内表面 降低废水系统中的乳排放量（一些牧场主可以保留第一次冲洗管道用的水及乳，并用于饲喂犊牛）
2ST②– 用氯化碱性去污剂清洗输奶管道	通过添加氯化碱性去污剂除去脂肪和蛋白质	开始最低温度为 71℃ 循环结束时水温应该高于 43℃，目的是预防脂肪重新沉淀到输奶管道上	根据用水的体积和质量（如水的硬度及铁离子含量），计算使用去污剂的数量；遵从挤乳设备制造商的建议； 在清洗循环过程中，清洗溶液的 pH 必须为 11.0～12.0，溶液的碱性为 400～800ppm，氯含量为 100～200ppm 确保循环清洗时间持续 5～10min 确保管道内最小 20 滴液
3ST③– 用酸性溶液冲洗输奶管道	中和去污剂残留 预防金属碎屑沉积 低的 pH 可以抑制细菌生长 减少碱和氯洗对橡胶部件的破坏	核查制造商的建议，粘贴清洗图表	确保酸洗溶液 pH 低于 3.5 在每次挤乳之后，添加酸到酸性洗涤溶液中 千万不要将酸性去污剂与以氯为基础的产品混合——混合能产生一种有毒的致命气体
4ST④– 用消毒杀菌剂冲洗输奶管道	在挤乳前，启动消毒系统	核查制造商建议（一般为 43℃）	使用 100～200ppm 氯的溶液 恰在挤乳前（20～30min），运行此系统 3～4min

注：①第一次循环；②第二次循环；③第三次循环；④第四次循环

灰土或残迹所携带的污染源可通过擦抹或高压水汽混合冲洗而去除干净。碱性洗涤剂可以帮助除去灰土和残迹。洗涤剂帮助残留在设备表面上的牛乳中的蛋白质溶解并使其脂肪皂化。使用溶在热水中的洗涤剂去污效果更好。碳酸钠（洗涤用苏打）、磷酸钠及多聚体磷酸是常用的温和碱性洗涤剂。另外，市场上也有各种牌子的洗涤剂出售。市场上出售的洗涤剂通常是浓缩的，使用前应按照说明适当稀释，否则会腐蚀设备或表面留下残迹。应避免使用含有酚酸的洗涤剂，原因是酚酸容易使牛乳腐坏。使用大量的水冲洗可以极大地稀释细菌数量。酸性洗涤剂清洗对于除掉积累的矿物盐非常有效。只能使用食物中允许含有的酸如磷酸来配制酸性洗涤剂。同时可以使用化学消毒、高温消毒或者两者结合使用来消毒设备。表 9-12 列出了常用消毒液的名称和性能。

表 9-12 常用消毒液的名称和性能

消毒液	性能
低浓度氯化钠	有效又便宜，不受硬水影响，如果有机物质存在效果降低，对金属和橡胶有轻度腐蚀性
释放氯化物的化合物	常用；与低浓度氯化钠功效相似，这组化合物包括次氯异精尿酸盐和三氯异精尿酸盐及二氯二甲内酰脲
四价氯化钠	由于会起泡沫，因此适用于清洗和消毒分开操作的情形，对嗜冷细菌和芽孢菌效果较差
碘伏	碘和表面活性剂混合而成的复合物，这种复合物可提高碘化物的杀菌能力，应用广泛，也会起泡沫，如果有机物或硬水存在，效果降低，对金属没有腐蚀作用

第十章 牛群健康管理

第一节 奶牛常见疾病的诊断与治疗

在奶牛场中，奶牛消化系统疾病是影响奶牛健康、引起奶量下降的主要疾病。各种消化系统疾病一般不是孤立存在的，如一种前胃疾病特征往往伴有其他前胃疾病的病理过程，它们之间相互影响且互为因果关系。因此，准确诊断和预防治疗各类消化系统疾病，有利于提高奶牛场奶牛的群体健康水平，保证牛乳的产量和质量。

一、消化系统疾病

（一）前胃弛缓

前胃弛缓是前胃神经调节机能紊乱，前胃壁神经兴奋性降低，胃壁肌肉收缩力减弱，引起消化机能障碍的疾病，是奶牛常见的消化道疾病。

1. 病因

是奶牛场饲养管理不当引起的。比较多的原因是精饲料或蛋白质饲料喂量过多，影响了消化而发病。饲料品质不佳及调制方法不当，如饲喂发霉青贮、饲草、块根等，可引起前胃弛缓。

突然改变饲喂频次，或改变饲料种类，适口性突然变差或变好，也可致使奶牛发病。

2. 临床主要症状

原发性前胃弛缓的初期症状为食欲减退，精神沉郁，反刍次数减少至停止。瘤胃触感像坚实的面团状；呼吸、脉率和体温正常。产奶量下降。取瘤胃内容物镜检，纤毛虫活性降低，瘤胃液 pH 5.5～6.0，低于正常牛 pH 6.5～7.0。

3. 诊断

原发性前胃弛缓根据症状、病后食欲表现、瘤胃蠕动减弱、咀嚼次数下降等特征，可以做出确诊。

4. 治疗

治疗目标是加强瘤胃蠕动和排空机能；阻止瘤胃的异常发酵过程；恢复反刍和食欲。治疗方法是消除病因，健胃止酵，调节 pH，防止机体酸中毒。

加强瘤胃运动。皮下注射新斯的明，按每 45kg 体重 2.5mg。硫酸镁 500～1000g，加蒸馏水配成 10%溶液，一次灌服。调节瘤胃 pH，投服碱性药物，按 450kg 的成年母牛体重标准，灌服氧化镁 400g。应用缓冲剂，当瘤胃 pH 降低时，采用碳酸氢钠 50g，一次内服。初期喂给优质干草，刺激瘤胃蠕动。

5. 预防

预防本病的关键是合理调整牧场饲养管理制度和饲料组合，健康饲喂，尽可能保持瘤胃的运动功能。

（二）瘤胃臌气

瘤胃臌气是指瘤胃和网胃因异常发酵而产生大量气体，且气体不能以嗳气方式排出体外，其蓄积于胃内，致使瘤胃体积增大，瘤胃消化机能紊乱的疾病。瘤胃臌气的特征是左侧肷窝高度膨隆，可见突起高于髋关节，叩诊瘤胃呈鼓声。

1. 病因

原发性瘤胃臌气，主要是大量采食豆科植物、未经浸泡处理的大豆（豆饼）及苜蓿与甘薯秧和生长迅速而未成熟的豆科植物、幼嫩的小麦、青草等可引起发病。

继发性瘤胃臌气，主要是前胃弛缓导致瘤胃和网胃肌肉组织的紧张性及蠕动力减弱，引起臌气。

2. 临床症状与诊断

急性瘤胃臌气的明显症状是肚腹鼓胀。

3. 治疗

本病的治疗目标是尽快排出气体，减轻腹压。治疗原则是排气减压。止酵泻下，补充体液。对于急性臌气可采用瘤胃切开术、套管针穿刺放气和胃管放气法。

对原发性（泡沫性）臌气的治疗：药物治疗的目标是消除泡沫，方法为：二甲硅油 5～10g、乙醇 100～200mL，混合，一次灌服。

对继发性（游离性气体）臌气的治疗：可用胃导管放气，或套管穿刺到瘤胃放气。

4. 预防

预防瘤胃臌气的关键是加强牛群的饲养管理。具体措施有：谷实类饲料不应粉碎过细，精料量应按需要量供给。加强饲料保管和加工调制，防止饲料腐败、霉烂；在饲料加工过程中，要注意饲料中尖锐异物的清除，减少创伤网胃炎引起继发性瘤胃臌气的发生率。

（三）瘤胃积食

瘤胃积食是指奶牛因大量采食，前胃收缩力减弱，消化机能下降，瘤胃内充盈过量的食物难以消化，瘤胃容积增大，瘤胃壁强烈扩张，从而导致瘤胃消化功能紊乱的疾病。

1. 病因

过量采食精饲料是本病的重要原因。

2. 临床症状

瘤胃积食常见症状有反刍停止，食欲废绝，鼻镜干燥；精神沉郁，不愿运步，患牛时发呻吟，腹痛，踢腹，患牛不安，肌肉震颤，喜卧。

3. 诊断

根据病史和临床症状，很容易诊断。但应注意区分瘤胃臌气、肠梗阻。

瘤胃臌气的气体积聚混合于瘤胃内容物之中，用套管针刺穿瘤胃之后只有少量泡沫状气体排出；瘤胃积食气泡积聚在瘤胃内容物之上，穿刺时有单纯性气体放出。

4. 治疗

治疗目标是尽快排出瘤胃内容物，缓解瘤胃酸中毒，方法有以下几种。

灌服泻剂，促进胃内容物的排空：硫酸镁 500～1000g、苏打粉 100～120g，加足够水混合，一次灌服；硫酸镁500g、液体石蜡1000mL、鱼石脂20g，加水一次灌服。

加强瘤胃运动机能，缓解酸中毒：20%安钠咖10mL，10%氯化钠液500mL，一次静脉注射。25%葡萄糖液500mL、5%碳酸氢钠液500mL、葡萄糖生理盐水1000mL，一次静脉注射，每日1到2次。

5. 预防

关键在于加强饲养管理。日粮要按奶牛不同生理时期的营养需要来提供，不能片面加大精料喂量；要重视干草的供应，在饲喂粗饲料如豆秸、麦秸、花生秧及白薯秧时，要控制进食量，饲喂时要配合其他饲料，严防饲料单一。

（四）真胃移位

真胃移位是指真胃由正常位置移到瘤胃、网胃的左侧。向前可移到网胃和膈肌；向后可移到最后肋骨，进入左侧腰旁窝。多数真胃移位发生在左侧，约占真胃移位的90%。真胃移位的临床特征主要是慢性消化机能紊乱，采食量下降。

1. 病因

精料喂量与发病呈正相关，表现为精料喂量多，发病也多。

2. 临床症状

发病多出现于分娩后，患牛食欲减少至废绝，精神稍沉郁，体温、呼吸、脉率正常。因瘤胃被真胃挤于内侧，可见左腹壁出现“扁平状”隆起。瘤胃蠕动微弱或消失。

3. 临床诊断

根据病史及临床特征进行诊断：分娩后不久发病；左侧腹下真胃听诊有钢管音；直肠检查右腹腔上方空虚；外观右腰窝下陷及左腹壁呈扁平状等；真胃穿刺液褐色，pH可达2.0。

4. 治疗

对真胃移位的治疗，可用手术疗法和非手术疗法。其目标是尽快使变位的真胃复位。

手术疗法：切开腹壁，整复移位的真胃，将真胃或网膜固定在右腹壁上。手术疗法适用于各时期的变位，由于真胃被固定，是根治疗法。

非手术疗法：通常指翻滚法，将母牛四蹄缚住，腹部朝天，猛向右翻转又突然停止，以期待真胃能自行复位。非手术疗法的优点是不需开腹、简单、快速，缺点是治愈率低，易复发。

5. 预防

加强围产期牛的饲养。严格控制妊娠后期母牛精料的采食量，自由采食干草，自由运动，增强孕牛机体的体质。

二、营养代谢疾病

（一）酮病

奶牛酮病又称奶牛酮血症、奶牛酮尿病，是指碳水化合物和脂肪代谢紊乱所引起的全身功能失调的代谢性疾病。主要特征是酮血、酮尿、酮乳、低血糖、消化机能紊乱、产奶量下降，并常伴有间歇神经症状。

1. 病因

涉及酮病的因素很广，且较为复杂。但其主要与母牛高产、营养供应、分娩及泌乳有关。其中，营养供应不足是最为重要的因素。分娩后母牛能量负平衡，碳水化合物缺乏引起的低血糖是酮病发生的主要原因。

2. 临床症状

酮病通常是消化症状和神经症状同时存在。

消化症状主见食欲降低或废绝，产奶量下降。神经症状主要体现在病症突然发作，特征症状是在棚内乱转；全身紧张，颈部肌肉强直，兴奋不安；空嚼磨牙，流涎，感觉过敏。

3. 诊断

对患畜血酮、血糖、尿酮及乳酮作定量和定性的生化测定，进行全面分析，综合判断。

4. 治疗

酮病患牛，通过适当针对性的有效治疗可获得较好的治疗效果。为提高治疗质量，首先应精心护理病畜，提高适口性，日粮中增加块根饲料和优质干草的喂量。

葡萄糖疗法：静脉注射50%的葡萄糖500～1000mL，对大多数患畜有效。因一次注射造成的高血糖是暂时性的，其浓度维持仅2h左右，所以需反复注射。

肌内注射可的松1000mg，对本病效果也较好，注射后48h内，患牛采食增加，2～3d后产奶量显著增加，血糖浓度增高，血酮浓度下降。

5. 预防

加强围产期牛群的饲养管理，供应平衡日粮，保证母牛在产犊时有健康的体况。产后预防酮病的关键在于，控制碳水化合物过多的同时，也要防止饲喂蛋白质过多。所以，饲喂日粮时应按照饲养标准的需要平衡供给。

（二）瘤胃酸中毒

奶牛瘤胃酸中毒是大量投喂和采食碳水化合物，致使瘤胃pH下降，血液中乳酸蓄积所引起的一种全身性代谢紊乱疾病。其临床特征是瘤胃消化机能紊乱。本病也被称为酸性消化不良、瘤胃化学性酸中毒、瘤胃过食等。

1. 病因

给奶牛饲喂过量的富含碳水化合物的饲料日粮，如玉米、大麦、燕麦、小麦或各种块根饲料如甜菜、马铃薯，以及糟粕类饲料，如啤酒糟、醪糟、豆腐渣等是发病的主要原因。

临产与产后母牛，因机体抵抗力降低，消化机能减弱。分娩、气候条件等外界应激因素也可影响瘤胃内环境的改变，成为发病的诱因。

2. 临床症状

本病临床症状与奶牛食入的饲料种类、性质和数量及疾病发展过程的速度有关。一般分为最急性型、急性型和亚急性型-慢性型等。

3. 诊断

根据患牛临床症状、流行病学调查可初步诊断。检测血液中乳酸、碱贮含量及测定尿液、胃液中的pH，都有助于本病的确诊。

4. 治疗

瘤胃酸中毒的临床表现为酸性消化不良综合征，如血液浓稠、碱贮下降、缺氧等。因此在治疗时，主要从用生理盐水扩充血容量、用5%碳酸氢钠解除酸中毒、补充水及电解质等几个方面入手。

5. 预防

瘤胃酸中毒具有发病急、病程短、死亡率高的特点，所以预防本病是关键。主要措施有以下几个方面。

1）加强饲养管理，合理供应精料，日粮精料水平不应过高。日粮中可添加碳酸氢钠、氢氧化钙、氧化镁等缓冲物质。

2）加强饲料加工。谷实精料加工时压片或破碎，颗粒宜大不宜小，大小要匀称。一定要保证充足干草的进食量。

（三）产后瘫痪

产后瘫痪又称乳热症或产后缺钙。其发病特征是患牛精神沉郁、全身肌肉无力、低血钙、牛瘫痪卧地不起等。

1. 病因

奶牛产后瘫痪与其体内钙的代谢紊乱相关，表现为血钙下降。

引起血钙下降的主要原因：母牛在干乳期，特别是在怀孕后期日粮中钙含量过高；日粮中磷不足及钙磷比例不当；日粮中 Na^+、K^+等阳离子饲料过高；维生素 D 不足或合成障碍等。

2. 临床症状

发病初期症状为四肢肌肉震颤，食欲废绝。行走时，步态踉跄，共济失调，容易摔倒。勉强站起，步行几步后又摔倒。也有前肢直立，后肢卧地，呈犬坐样。

发病后期，患畜站立不起，只能伏卧或躺卧于地。伏卧的牛，四肢缩于腹下，颈部常弯向外侧，呈“S”状；体温稍低于正常，心音微弱，心率加快。瘤胃蠕动停止，便秘。

3. 诊断

本病的诊断要点为：患牛产犊后不久发病，多在产后 1～3d 内瘫痪；体温 38℃以下，心跳可达 100 次/min；患牛的应激感觉消失，昏睡，便秘。

4. 治疗

钙剂疗法：20%～25%葡萄糖酸钙 500～800mL，或 2%～3%氯化钙 500mL，一次静脉注射，每日 2～3 次。典型的产后瘫痪，在补钙后全身状况会得到改善。注射钙剂时，注意钙剂量要充足，注射速度要缓慢，务必确保钙制剂注入血管内。

5. 预防

加强干乳期母牛的饲养，增强机体的抵抗力。预防要点有：控制精饲料喂量，防止母牛过肥，日粮中有充足的优质干草供自由采食；重视日粮矿物质钙、磷的供应量及其比例，饲料中钙、磷比控制在 2∶1；增喂阴离子（如 S^{2-}、Cl^-）盐的饲料。

第二节　奶牛蹄病的管理与控制

一、蹄叶炎

奶牛蹄叶炎是指蹄真皮弥散性、无败性炎症，又称蹄壁真皮炎。蹄叶炎最常发病侵害的是前肢内侧趾和后肢外侧趾。临床特征是运步疼痛、蹄变形和不同程度的跛行。

如果牧场奶牛采食精料过多，或日粮中含有超过牛正常需要的大量碳水化合物，或日粮的精粗比高和能量不平衡等，则蹄叶炎的发病率就较高。

（一）病因

奶牛蹄叶炎是奶牛营养代谢性疾病的一种蹄部表现，奶牛采食了大量谷物饲料等含有碳水化合物的饲料后，引起奶牛的瘤胃慢性酸中毒。在酸中毒发病的早期，机体产生大量组胺。这种组胺类物质可作用于牛蹄部真皮小叶上的毛细血管壁，从而引起毛细血管壁的扩张、渗出，导致角质生成细胞养分的供应不足，结构性角质蛋白的合成障碍。当毒素随血液进入蹄真皮后，真皮内的动脉瓣和静脉瓣机能丧失，使蹄内血压升高，毛细血管破损，局部会有出血。外观表现为蹄底角质有粉红色、黄色、暗褐色着染变化。

（二）症状

急性和亚急性蹄叶炎发病迅速，患牛运动有痛感，不愿运动。站立时弓背，两前肢发病时，两后肢略向前伸于腹下，分担前肢负重。当两后肢发病时，两前肢稍向后站立以支撑体重。患牛表现喜卧。如果牛群中存在一部分新产牛的蹄冠和悬蹄周围的皮肤有肿胀、潮红现象，表明牛群有患蹄叶炎的风险，这与围产后期精料过多有关。

（三）诊断

急性和亚急性蹄叶炎的患牛站立时，可见两前肢腕关节跪地或交叉站立，或两后肢前伸至腹下。患牛不喜运动，运步拘谨，蹄部有疼痛表现。同时诊断患牛是否有酸中毒的症状。慢性蹄叶炎牛会呈现明显的变形蹄，蹄壳表面与蹄冠平行的方向有 1 圈或多圈深颜色环。修蹄时可见蹄底角质有血染或黄染，也常伴发蹄底溃疡、蹄尖溃疡、白线病等蹄病。

（四）治疗

确诊患牛是因饲料混合不均挑食，或精饲料采食过多引发的急性和亚急性蹄叶炎，首先应限制其精料采食量。发病 48h 内，使用抗组胺类药物并结合消炎治疗，用冷水进行蹄浴，有很好的疗效。如果是瘤胃酸中毒引起的急性蹄叶炎，应先治疗酸中毒，以解除病因。

慢性蹄叶炎患牛引起变型蹄的治疗方法主要为修蹄矫正。

（五）预防

急性和亚急性蹄叶炎多是突然采食过多精料引起，所以规模化牧场要提高全混合日粮（TMR）的制作水平，加强管理混合的均匀度，防止奶牛挑食大量精料。

慢性蹄叶炎主要表现为患牛蹄变形。例如，牧场变形蹄患病比例过高，需调整日粮结构，尤其要重视日粮中合理的精粗比。同时加强牛群蹄部保健，每头奶牛每年至少保健修蹄两次。

二、疣性皮炎

又名真皮炎、草莓病、菜花病，具有很强的传染性，有明显的痛感且患处毛发增长。牛疣性皮炎的主要特征，是于指（趾）间隙掌（跖）侧的两蹄球间生长出草莓状疣性增生物，是牛的一种特发性蹄病。因患牛蹄部着地有疼痛感，所以运步时跛行，采食量减少，产奶量降低，给牧场带来严重的经济损失。

（一）病因

疣性皮炎与牛舍环境密切关联，如运动场积粪、蹄部长时间在粪尿中浸泡均可导致该病。如果不定期进行浴蹄，部分牛的蹄部在潮湿污浊的环境下感染真菌或螺旋体，随后在两后蹄的蹄球间出现草莓样增生物，继而引发牛群疣性皮炎的流行。

（二）症状

疣性皮炎主要发生于后蹄，前蹄发病较少。发病初期，可见一个后蹄或双后蹄的两蹄球之间长出牛毛，牛毛呈丛状生长。随后两蹄球间皮肤肿胀、有液体渗出，继而出现草莓状增生物，增生物初期扁平，随病程延长形成草莓样，运步时有疼痛感，出现轻度到中度跛行。病情如果进一步发展，增生物会向邻近两蹄球蔓延，继发黑色素拟杆菌感染，引起蹄球糜烂，导致蹄球萎缩。因蹄球部疼痛，患牛站立与运动时表现为系部直立，以蹄尖部着地站立或行走，跛行严重，再不处理，蹄严重变形。奶牛采食量下降，产奶量降低。

（三）诊断

奶牛上挤奶台后，用水冲洗奶牛的后蹄，观察后蹄两蹄球有无肿胀，两蹄球之间有无长毛，有无疣状物，根据这些症状很容易确诊。

（四）治疗

手术方法治疗。按修蹄五步法功能性修蹄。用消过毒的蹄刀将腐烂组织彻底清除干净，消毒水进行处理。再使用高锰酸钾烫死病灶组织，喷涂蹄泰或护蹄喷剂加以处理。

（五）预防

疣性皮炎的发生多与饲养环境不良有关。预防措施有如下几方面。

1）及时清除牛舍的粪污，避免长时间浸泡。卧床定期翻耕，增加奶牛舒适度。

2）一周 2 次消毒，边角式消毒，犄角旮旯特别容易滋生细菌。对患病牛及时隔离，早发现早治疗；要制订切实可行的浴蹄规程，选用硫酸铜或福尔马林溶液或专用蹄浴液浴蹄可有效预防本病。一周浴蹄至少两次，每 100～150 头牛换一次蹄浴液和清水池。

3）一年两次全场性母牛保健性修蹄，预防蹄病的发生，如发现病灶，修蹄兽医可及时进行有效的处理，减少牧场损失。

三、蹄底溃疡

蹄底溃疡是指外力伤害使蹄底角质缺损所致的蹄底真皮露出。蹄底溃疡多见于后蹄的外侧趾和前蹄的内侧趾。

（一）病因

亚临床型蹄叶炎是本病发病的主要原因。蹄叶炎会损伤角质生成组织，导致蹄底局部角质生长缓慢，蹄底角质变软。地面尖锐物质使蹄底产生瘀伤，不及时处理会渗透粪水感染，产生溃疡。

（二）症状

凡发生蹄底溃疡的牛，在运步时都表现不同程度的跛行，患蹄落地不确实。

（三）诊断

在削除蹄底角质的过程中，于底球接合部及蹄底三角区内观察是否有病变。如果角质已缺损，则较容易确诊。

（四）治疗

按修蹄五步法功能性修蹄，把腐烂的角质清除干净，用消毒水进行处理，上防腐生肌散和蹄膏，用绷带包扎处理，两到三天换药。如果条件允许，可隔离出来单独圈养。粘蹄鞋减轻患处的压力。患蹄在后肢，要减轻外侧趾的负重，由健康的内侧趾负重；患蹄在前肢，要减轻内侧趾的负重，由健康的外侧趾负重。健康趾蹄底修整平整后，健康趾粘贴木质蹄垫或橡胶蹄垫，由健康趾负重，发生蹄底溃疡的趾减轻负重，使溃疡灶得到充足的恢复时间。

很多蹄底溃疡的牛不会完全恢复正常，病牛可能呈慢性长期跛行。

（五）预防

改善其牛舍地面环境，增加圈舍舒适度，赶牛通道铺设防滑垫，降低蹄底磨损；增加舒适度，减少奶牛站立时间以降低牛蹄的负重；尽量把运动场和通道的尖锐物、石子等异物清除。可使用硫酸铜作蹄浴液，一周两次蹄浴，硬化角质。

一年两次全场性母牛保健性修蹄，早发现早治疗，预防蹄底溃疡的发生，如发现病灶，修蹄兽医可及时有效的处理。

四、指（趾）间皮炎

舍饲牛的发病率常高于其他饲养模式的牛，蹄踵糜烂高发的牛场，本病也可能高发。拴系饲养的牛，后肢发病率高于前肢。散放饲养的牛，前后肢发病率相差不大。

（一）病因

本病多发生于高温高湿的季节、饲养环境较差的规模化牛场。指（趾）间病变处有节瘤拟杆菌和螺旋体，节瘤拟杆菌可侵袭表皮，但不会穿透真皮层。随着病情的发展，皮肤与蹄踵软角质的接合部裂开，呈现出类似溃疡或糜烂的症状。这时，病牛运步时有疼痛感，出现跛行。

（二）症状

发病初期，指（趾）间皮肤有渗出性皮炎表现。随着病程的发展，患蹄表现不适，两肢出现交互负重的状况。无并发症时，患牛不表现跛行。

（三）诊断

根据临床症状即可确诊。

（四）治疗

将牛调入干净地面的牛舍，保持蹄的干燥和清洁。患蹄局部使用防腐、干燥、收敛剂，一般采用蒙脱石粉撒布于指（趾）间，每天 2 次，连用 3d。对于严重病例，病灶要用消毒液彻底清洗，除去渗出液和结痂，用脱脂棉擦干后，患处使用抑菌剂与防腐剂治疗。

（五）预防

加强牛舍的清洁管理，保持牛舍有良好的舒适度，尽量保持牛蹄干净干燥。保健修蹄可防止并发症。定期浴蹄对于有指（趾）间皮炎的牛尤为重要，本病高发季节应增加浴蹄频次。

五、白线病

白线是指蹄底角质和蹄壁角质的接合部。该接合部由不含角小管的角质构成，与含角小管的蹄底和蹄壁相比，白线更为薄弱。蹄真皮发生病变即可引起白线角质变软，从而导致发生白线疾病。

白线病指蹄底和侧蹄壁、蹄踵壁间角质接合部的开裂。病原微生物可从裂口处进入，感染蹄真皮，形成局部脓肿，也可能侵及蹄深部组织形成脓肿。白线病是引起牛跛行的主要蹄病。

（一）病因

白线是蹄壳角质最为脆弱的部分。饲养在运动场和通道积粪的环境中，蹄部长时间受粪尿的浸泡后，蹄底白线部角质会变得更加柔软，受到坚硬地面的挤压或踩踏坚硬的石子时，异物容易嵌入白线内，引起白线裂开，异物的填塞扩大了白线裂开的程度与范围，最后损伤其内的蹄真皮，引发感染。

（二）症状

白线病常发于蹄底白线前 1/3 处，白线处有明显的出血斑块，用蹄刀抠除时会有淡粉色或淡灰色的液体流出，严重的伴有明显的恶臭，有强烈的疼痛感；轻微时，蹄底与蹄壁结合处出现空隙；严重时，通常会在蹄跟、蹄底及蹄壁结合处出现脓肿（白线脓肿、白线异物）。

由亚临床型蹄叶炎继发的白线病，修蹄时可见白线部血染。如发现侧蹄壁上方角质有脓性排出物时，应怀疑是白线病。

（三）诊断

本病病变位置是固定的，容易诊断，修蹄时蹄底被削去一层，可见白线发病部位。

（四）治疗

按修蹄五步法功能性修蹄。根据病变部位扩创，保留负重面，必要时在患蹄的另一侧健康趾部黏蹄鞋，降低患部负重。在牛蹄检查中，任何白色线中的黑色组织必须被消除掉，直到健康的角质暴露出来。对于局部脓肿，切除病灶附近的一段椭圆形管壁，提供一个自洁的开口，有助于引流。开创之后用消毒水进行处理，采用防腐生肌散包扎，3d 后观察是否需要换药。在蹄底找到坏死点，然后向深处挖，把脓肿腔打开，清理干净脓汁和坏死组织，然后上药包扎。

（五）预防

改善牛舍地面环境，增加圈舍舒适度；尽量把尖锐石子等异物清除。饲喂平衡日粮，防止酸中毒引起的亚临床型蹄叶炎，预防白线病的发生。

第三节　繁殖疾病的预防与控制

子宫内膜的炎症称为子宫内膜炎，是奶牛最常见的繁殖疾病。根据黏膜损伤程度及子宫分泌物性质的不同，可将其分为隐性子宫内膜炎、慢性卡他性子宫内膜炎、慢性脓性子宫内膜炎 3 种。子宫内膜炎对繁殖的影响，主要表现在初次发情时间的延迟和配种妊娠次数的增加。

（一）病因

病原微生物的感染是引起奶牛子宫内膜炎的主要内在原因。

（二）临床症状

隐性子宫内膜炎母牛虽发情周期正常，但多次配种不妊。直检子宫形态无异常。但黏液混浊或含有絮状物。慢性卡他性子宫内膜炎患牛的发情、排卵正常，于发情时，从子宫内流出混有絮状物的黏液，子宫角增粗，子宫壁比正常子宫肥厚质软，弹性降低，子宫收缩无力。

慢性脓性子宫内膜炎患牛的性周期不规律；卧地后排出更多脓性分泌物，呈黏稠、灰白色或黄褐色，气味恶臭。直检子宫角肥大，子宫壁肥厚不均，收缩反应弱，无弹性。

（三）诊断

直肠检查阴道、子宫炎症变化及子宫肿胀、质地和收缩反应，结合发情、配种情况等，综合分析临床反应，从而可以确诊。

（四）治疗

子宫内灌注药物法

1）将抗生素注入子宫内。土霉素、青霉素、链霉素及磺胺类药物皆可。其目的是消炎、抑菌。其中以长效土霉素效果较好。剂量是 1～3g，隔日一次，子宫灌入。

2）用抗菌药物制成的栓剂、发泡剂、缓释剂等，投入子宫内，临床上也收到了一定效果，如使用宫得康疗效很好等。

激素疗法：用氯前列烯醇肌内注射，以促进子宫内脓性分泌物的排出。激素结合药物治疗，对提高子宫内膜炎治愈率、怀孕率有良好效果，在牧场中普遍采用。

（五）预防措施

1）产房应清洁、通风、干燥、明亮，要定期消毒；运动场粪尿、褥草要及时清扫。

2）临分娩母牛，应到产间待产，产床应提前消毒，并铺垫干草。

3）尽量自然分娩。助产器械要严格消毒；助产时操作要细致、规范，避免产道损伤。

第四节　奶牛传染疾病的预防与控制

一、口蹄疫

口蹄疫也称口疮热或流行性口疮，是口蹄疫病毒引起的偶蹄动物急性、热性、高度接触性传染疾病。其临床特征是口腔（舌、唇、颊、龈和腭）黏膜和蹄、乳头、乳房皮肤上形成水疱，最后发展为糜烂。口蹄疫因为扩散快，流行广，发病后可引起奶牛产量、乳成分等生产力急剧下降，因此给养牛业造成的危害极其严重。

（一）病原

口蹄疫病毒（FMDV）属于小核糖核酸（RNA）病毒，是目前已知动物核糖核酸病毒中最细微的一级。此病毒共分 A、O、C、南非Ⅰ、南非Ⅰ、南非Ⅲ和亚洲Ⅰ等 7 个主型。

口蹄疫病毒在 4℃比较稳定。在−70～−50℃的温度中最稳定，可以保存几年之久。病毒对酸碱很敏感，氯化镁、直射阳光、乙酸或 4%碳酸钠对口蹄疫病毒有很好的消毒作用。

口蹄疫病毒对各种不良环境条件有较强的抵抗力，因此依靠环境改变来控制病毒传播是比较困难的。

（二）流行病学

本病在世界各地呈地方性流行。自然感染主要发生于黄牛、奶牛、猪和山羊。

传染源：病畜和病后恢复的家畜是口蹄疫的主要传播来源。感染动物的食道、咽部液体和呼吸道的气溶胶中，都含有病毒。感染后恢复的动物，在一定时间内咽部含有病毒，病毒随唾液、精液、乳汁等分泌物及尿和粪等排泄物排出。

传播途径：本病的传播方式主要是直接接触，如吸入了感染动物呼出的气溶胶，经呼吸道感染；挤乳员因接触感染动物或接触被口蹄疫病毒污染的挤奶机械后，传播病毒使健康的牛发生感染等。

（三）临床症状

自然情况下，病毒潜伏期为 48h 至数天。患牛产奶量下降，体温升高至 40～41℃，精神沉郁。水疱先出现在鼻镜、唇内、齿龈、颊部黏膜上，水疱呈白色，直径为 1～2cm，并迅速增大，相互融合成片，水疱破裂后，液体流出，留下粗糙的颗粒状糜烂面，边缘不齐，表面附有坏死上皮。病畜大量流涎，下流呈线状，采食和咀嚼困难。

蹄部被侵害时，蹄冠部、蹄趾间沟内出现水疱，患畜跛行。蹄部继发细菌感染后化脓，严重者蹄壳脱落。乳房被侵害时，主要表现在乳头上有水疱发生。

（四）诊断

临床根据口腔、乳头和蹄部的水疱和烂斑，可初步诊断。确切的诊断需取口腔、乳头新鲜水疱皮 5～10g，或水疱液作为病毒的分离、鉴定和血清抗体鉴定。

（五）预防

控制口蹄疫流行的预防措施为：提高全场员工对口蹄疫的危害性认识，自觉遵守场区防疫消毒制度；场门口设消毒间、消毒池，人员进出牛场必须消毒；严禁非本场的车辆进入场内。每月定期对畜舍、牛栏、运动场进行彻底消毒。坚持定期对所有牛只进行系统的疫苗注射，注射灭活疫苗。

二、布鲁氏菌病

布鲁氏菌病简称布病，是布鲁氏菌引起的动物及人可共患的一种传染病，呈慢性经过。主要侵害的奶牛生殖道，引起子宫、胎膜的炎症；母牛临床表现为胎衣停滞、流产及久配不孕。

（一）病原

布鲁氏菌为小的呈球形或杆状的革兰氏阴性菌。布鲁氏菌在感染的胎盘、胎儿组织、冰冻的牛乳和奶制品中可长期具有感染性。对湿热敏感。在尘埃中可活 2 个月，在皮毛中可活 5 个月。普通消毒剂对布鲁氏菌均有杀菌作用。

（二）流行病学

牛布病广泛分布于世界各地，凡是养牛的地区都有不同程度的感染和流行，特别是饲养管理不良、防疫制度不健全的牛场，其感染更为严重。

传染源：布病牛的流产胎儿、羊水、胎衣及流产母牛的乳汁、阴道分泌物、血液、粪便中皆含有大量布鲁氏菌。

传播途径：本病传播途径较多。当牛采食了被布鲁氏菌污染的饲料后，经消化道感染；因精液中含有布鲁氏菌，通过人工输精，经生殖道感染；布鲁氏菌通过鼻腔、咽、眼黏膜、擦伤的皮肤等，经呼吸道和皮肤黏膜感染。兽医在人工助产时，器械消毒不严，可直接扩散本病。

（三）临床症状

布病的主要症状是流产。流产多发生于妊娠 5～8 月；流产儿多是死胎，少部分弱犊。流产后母牛易患胎衣不下、子宫内膜炎，致使配种多次不孕。在新感染牛群中，大多数母牛都将流产一次。有些牛流产后可以正常再受胎产犊，但其仍为带菌状态，一旦有新牛加入群体，新牛还会被感染。

（四）诊断

病原学诊断：确诊本病最可靠的方法是取流产胎儿第四胃的内容物、淋巴结、脾、肝，或母牛胎盘、乳汁等进行细菌分离、鉴定。

血清学诊断：虎红平板凝集试验被检血清 0.03mL 与抗原试剂 0.03mL 混合，4min 观察反应结果。凝集判为阳性；不凝集判为阴性。对判为阳性反应的牛，再进行试管凝集反应。

试管凝集反应被检血清与不同浓度的抗原反应，观察液体浑浊度和沉淀变化。

判定标准：1∶50 出现“++”为布病可疑；1∶100“++”为布病阳性。

（五）治疗

本病以预防为主，无特效药治疗。链霉素 1g，一次肌内注射；四环素 2～3g，一次内服，每日 4 次；连用 3 周。

(六) 预防

主要措施有：定期检疫与及时隔离病畜；加强牛场防疫消毒，消除病原菌的侵入和感染机会；培育健康犊牛。加强饲养管理，根据不同生理阶段的营养需要，供应满足需要的矿物质、维生素，促进奶牛的抵抗力；坚持常年严格防疫消毒，加强产房卫生，严格执行兽医、配种的规范操作，减少人为因素导致的感染；如果群体流产多发，应查找原因，取流产胎儿组织作细菌分离、鉴定；应用血液凝集反应，每年定期检疫 2 次；牛乳应经巴氏消毒后再给犊牛饲喂；在犊牛 6 月龄内，采取疫苗接种。

三、结核病

结核病是结核分枝杆菌引起的动物及人可共患的一种慢性传染病。发病后，常常侵害患畜肺脏、消化道、淋巴结、乳腺组织，被侵害组织形成肉芽肿，机体表现为渐进性消瘦。本病危害人的健康，也使养牛业蒙受巨大损失。

(一) 病原

结核分枝杆菌分为 3 型：人型、牛型和禽型。其中牛型结核分枝杆菌对牛的致病力最强，人型和禽型结核分枝杆菌感染都不会传播给牛。

结核分枝杆菌对外界环境的抵抗力很强，在牛的分泌物中，结核分枝杆菌可存活数月；对湿热敏感，牛乳经巴氏消毒 30min，即可杀死结核分枝杆菌；结核分枝杆菌对普通化学消毒剂如酸、碱有一定的抵抗力；漂白粉、70%乙醇杀菌效果最好。

(二) 流行病学

传染源：牛结核病主要是牛型结核分枝杆菌引起，特别是开放性结核患牛是重要的传染来源。病牛通过分泌物及排泄物向外排菌。例如，呼出的气体、唾液、阴道分泌物、粪便、尿液和乳汁中都含有病原菌，当这些排泄物污染了食槽、器具、饲料和水时，能很快传播本病。

传播途径：传播有两种途径，一种是通过飞沫的呼吸道传播，另一种是采食了被结核分枝杆菌污染了的饲料的消化道传播。

(三) 临床症状

病牛呈现渐进性的消瘦，产奶量降低，随病程发展日渐虚弱。

(四) 诊断

根据临床渐进性消瘦、日渐虚弱症状，应怀疑本病。应用细菌分离、鉴定进行确诊。

奶牛场诊断结核病的方法是进行结核菌素试验，即用适量的结核分枝杆菌抗原注射于皮内，结核牛对结核分枝杆菌抗原具有过敏性，使局部发生炎症和水肿，凭此反应确诊病牛。临床上经常使用的是牛型提纯结核菌素（PPD）。

注射部位：于牛颈部一侧中部选定一个部位，去毛，用游标卡尺量皮厚。

注射剂量：干燥的牛型提纯结核菌素，用无菌蒸馏水溶化，并稀释到每毫升含 10 万 IU。注射剂量为每头牛 0.1mL。

观察结果与判定：①皮内注射后，在72h观察结果，并量皮厚；②注射部位发生红肿，72h皮厚比原皮厚增加4mm以上，判为阳性；③注射部位红肿不显著，72h皮厚比原皮厚增加2～3.9mm，判为可疑；④72h皮厚比原皮厚增加不到2mm，判为阴性。可疑牛在2个月后，用同样方法在原来注射部位重新检验。若复检结果仍可疑或呈阳性反应，即可判断该牛为结核阳性牛。

（五）预防

牛场坚持严格防疫消毒措施，定期检疫，具体措施有以下几种。

1）对于开放性结核病牛要立即出群，无症状阳性牛从牛群中挑出淘汰。被病牛污染的牛舍、器具，应用消毒液消毒处理。

2）对于阳性结核牛场，在第一次检疫后30～50d进行第2次结核检疫，后每隔1～1.5个月进行一次检疫，在6个月内连续3次检疫不再有阳性病牛被检出，可认为该牛群为健康牛群。

3）新调入牛场的牛只，须提前进行结核检疫，阴性牛才能入场。

4）奶牛场内每年必须进行春秋两次结核检疫，可疑牛只要复检。

5）饲养员要定期进行健康检查，结核患者，不再从事直接接触奶牛的工作。人感染结核分枝杆菌多是接触牛型结核分枝杆菌所致，所以，在牧区饮用生牛乳前，牛乳加热消毒是预防人患结核病的重要措施。

第十一章　原料奶初加工、贮存与乳制品质量

第一节　加工与贮存对牛乳质量的影响

一、加工对牛乳质量的影响

牛乳的加工方式主要有热加工、冷加工和发酵加工等类型。了解这些方式对乳制品加工中的质量控制有一定的指导意义，避免或减少加工中营养成分的损失。

（一）热加工对牛乳的影响

牛乳由于加热而发生的变化是加工中极其重要的问题，其中蛋白质的变化尤为重要，与各种乳制品质量都有很大的关系。

1. 一般的变化

（1）形成薄膜　牛乳在40℃以上加热时表面生成薄膜。这是由于蛋白质在空气与液体的界面形成了不可逆的凝固物。随着加热时间的延长和温度的提高，从液面不断蒸发出来水分，因而促进凝固物的形成而且厚度也逐渐增加。这种凝固物中包含占干物质量70%以上的脂肪和20%～25%的蛋白质，且蛋白质中以α-乳白蛋白占多数。为防止薄膜形成，可在加热时辅以搅拌。

（2）褐变　牛乳长时间的加热则产生褐变（特别是高温处理时）。一般认为是具有氨基（NH_2—）的化合物（主要为酪蛋白）和具有羰基的（—C═O）糖（乳糖）之间产生反应形成褐色物质。这种反应称为美拉德反应，从而使酪氨酸效价降低。另外，由于乳糖经高温加热产生焦糖化也形成褐色物质。除此之外，牛乳中含微量的尿素，也认为是反应的重要原因。褐变反应的程度随温度、酸度及糖的种类而异，温度和酸度越高，褐色化越严重。糖的还原力越强（葡萄糖、转化糖），褐色化也越严重，这一特性对于加糖炼乳和乳粉生产影响较大。例如，生产炼乳时使用含转化糖高的砂糖或混合用葡萄糖则会产生严重褐变。

（3）蒸煮味　牛乳加热后会产生或轻或重的蒸煮味，蒸煮味的程度随加工处理的程度而异。例如，牛乳经74℃/15min加热后，则开始产生明显的蒸煮味，这主要是β-乳球蛋白和脂肪球膜蛋白的热变性而产生巯基（—SH），甚至产生挥发性的硫化物和硫化氢（H_2S）。

2. 各种成分的变化

（1）乳清蛋白的变化　占乳清蛋白质大部分的α-乳白蛋白和β-乳球蛋白对热都不稳定。例如，以61.7℃/30min杀菌处理后，约有9%的白蛋白和5%的球蛋白发生变性，80℃/60min、90℃/30min、95℃/10～15min、100℃/10min加热则使得白蛋白和球蛋白完全变性。牛乳在80℃左右加热后产生的蒸煮味与巯基产生有关，这种巯基几乎全部来自乳清蛋白，并且主要由β-乳球蛋白所产生。

（2）酪蛋白的变化　牛乳酪蛋白在低于100℃的短时加热下，其化学性质不会受影响，当温度达到 140℃时开始变性，在 100℃长时间加热或在120℃加热时则引发褐变。

100℃以下的温度加热时，酪蛋白的化学性质虽然没有变化，但对其物理性质却有明显影响。例如，以高于63℃的温度加热牛乳后，再用酸或皱胃酶凝固时，乳凝块的物理性质产生变化。一般来说，牛乳经63℃加热后，加酸生成的凝块比生鲜乳凝固所产生的凝块小，而且柔软；用皱胃酶凝固时，随加热温度的提高，凝乳时间延长，凝块也比较柔软，用100℃处理时尤为显著。

（3）乳糖的变化　乳糖经100℃以上长时加热会产生乳酸、乙酸、蚁酸等，离子平衡显著变化，此外也产生褐变。在低于100℃短时加热时，乳糖的化学性质基本没有变化。

（4）脂肪的变化　牛乳即使以100℃以上的温度加热，其脂肪也不起化学变化，但是一些球蛋白上浮，促使形成脂肪球间的凝聚体。因此高温加热后，牛乳、稀奶油就不容易分离。但经62～63℃/30min加热并立即冷却时，不致产生这种现象。

（5）无机成分的变化　牛乳加热时受影响的无机成分主要为钙和磷。在63℃以上的温度加热时，可溶性的钙与磷含量开始减少。例如，在60～83℃加热时，可减少0.4%～9.8%的可溶性钙和0.8%～9.5%的可溶性磷。这种情况可以解释为：可溶性的钙和磷成为不溶性的磷酸钙［$Ca_3(PO_4)_2$］进而沉淀，即钙与磷的胶体性质起了变化。

（二）冷加工对牛乳的影响

1. 冷冻对蛋白质的影响

牛乳的冷冻加工主要指冷冻升华干燥和冷冻保存的加工方法。牛乳冷冻保存时，如在−5℃下保存5周以上或在−10℃下保存10周以上，解冻后酪蛋白产生凝固沉淀。这时酪蛋白的不稳定现象主要受牛乳中盐类的浓度（尤其是胶体钙）、乳糖的结晶、冷冻前牛乳的加热和解冻速度等所影响。不溶解的酪蛋白，其中钙与磷的含量几乎和冷冻前相同。因此，可以认为酪蛋白胶体从原来的状态变成了不溶解状态。

冷冻乳中蛋白质的不稳定现象为：冻结初期的牛乳经融化后，易出现脆弱的羽毛状沉淀，其成分为酪蛋白酸钙。这种沉淀物可通过机械搅拌或加热来分散。随着乳不稳定现象的加深，沉淀物会变得难以通过机械搅拌或加热来分散。因此乳中酪蛋白胶体溶液的稳定性与钙含量有密切关系，钙含量越高，稳定性越差。为提高牛乳冻结时酪蛋白的稳定性，可以除去乳中的部分钙，也可添加六偏磷酸钠（0.2%）或四磷酸钠，或其他具有螯合钙离子作用的物质。

冷冻保存期间蛋白质的不稳定现象，也有人认为是pH降低所致。但快速冻结时（1℃/h）pH变化很小，缓慢冻结时（如0.25℃/h或0.1℃/h），则pH变化较大。此外，冷冻保存期间蛋白质的不稳定现象也与乳糖有密切关系。浓缩乳冻结时，乳糖结晶能够促进蛋白质的不稳定现象，添加蔗糖则可增加酪蛋白复合物的稳定性，这是由于黏度增大从而影响冰点下降，同时有防止乳糖结晶的作用。

冷冻升华干燥常用于初乳制品及酪蛋白磷酸肽等的加工，这需要采用薄层速冻的方法，可以完全避免酪蛋白的不稳定现象。

2. 冷冻对脂肪的影响

牛乳冻结时，由于脂肪球膜的结构发生变化，脂肪乳化产生不稳定现象，以至失去乳化能力，并使大小不等的脂肪块浮于表面。当牛乳在静止状态冻结时，由于稀奶油上浮，上层脂肪浓度增高，因而乳冻结可以看出浓淡层。但含脂率25%～30%的稀奶油，由于脂肪浓度高，黏度也高，脂肪球分布均匀，各层之间没有差别。均质处理后的牛乳因脂肪球的直径在1pm以下，同时黏度也稍有增加，脂肪不容易上浮。

冷冻破坏牛乳脂肪乳化状态的过程如下。首先冻结产生冰结晶，脂肪球受冰结晶机械作用的压迫和碰撞形成多角形，相互结成蜂窝状团块。此外，由于脂肪球膜随着解冻而失去水分，物理性质也发生变化而失去弹性。又因脂肪球内部的脂肪形成结晶而产生挤压作用，将液体释放，从脂肪内挤出而破坏了球膜，因此乳化状态也被破坏。防止乳化状态不稳定的方法很多，最好的方法是在冷冻前进行均质处理（60℃，22.54～24.50MPa）。

此外，冷冻保存的牛乳经常出现氧化味、金属味及鱼腥味。这主要是由于处理时混入了金属离子，促进了不饱和脂肪酸氧化，产生了不饱和的羟基化合物。对此可添加抗氧化剂加以防止。

3. 冷冻牛乳中细菌的变化

牛乳冷冻保存时，细菌几乎没有增加，与冻结前乳相近似，如表11-1和表11-2所示。

表 11-1　冷冻前后牛乳中细菌的变化（引自侯俊财和杨丽杰，2010）

名称	细菌数/（CFU/mL）	
	冻结前	6个月后
杀菌乳	3600	1500
杀菌乳、均质乳	200	400

表 11-2　冻结乳融化后的细菌数（引自侯俊财和杨丽杰，2010）

名称	细菌数/（个/mL）		
	刚融化	24h后（4.4℃）	48h后（4.4℃）
杀菌乳	1200	1200	8000
杀菌乳、均质乳	400	400	450

（三）发酵技术对牛乳的影响

1. 乳糖转化成乳酸

乳酸菌将原料奶中的乳糖作为其生长与增殖的能量来源。在乳酸菌增殖过程中，其中的各种酶和酸将乳糖转化成乳酸。

2. 稳定性降低

乳清蛋白和酪蛋白复合物因其中的磷酸钙和柠檬酸钙的逐渐溶解而变得越来越不稳定。当体系内的pH达到酪蛋白等电点时（pH 4.6～4.7），酪蛋白胶粒开始聚集沉降，逐渐形成一种蛋白质网络立体结构，其中包含乳清蛋白、脂肪和水溶液部分。这种变化使原料奶变成了半固体状态的凝胶体——酸乳。

3. 生化反应

在乳酸菌增殖过程中，在产生乳酸的同时，也伴有一系列的生化反应。

（1）糖代谢　乳糖产生乳酸、半乳糖，也产生寡糖、多糖、乙醛、双乙酰、丁酮和丙酮等风味物质。另外，乳清酸和马尿酸减少，苯甲酸、甲酸、琥珀酸、延胡索酸增加。

（2）蛋白质代谢　蛋白质轻度水解，使肽、游离氨基酸和氨增加，生成乙醛。

（3）脂肪代谢　脂肪微弱水解产生游离脂肪酸。部分甘油酯类在乳酸菌中脂肪分解酶的作用下，逐步转化成脂肪酸和甘油。酸乳中脂肪含量越高，脂肪水解越多，而均质过程有利于这类生化反应的进行。尽管这类反应在酸乳中只是副反应，但经其产生的游离脂肪酸和酯类足以影响酸乳成品的风味。

（4）维生素变化　乳酸菌在生长过程中，有的会消耗原料奶中的部分维生素，如维生素 B_{12}、生物素和泛酸会减少，也有的乳酸菌产生维生素，如嗜热链球菌和保加利亚乳杆菌在生长增殖的过程中就产生烟酸、叶酸和维生素 B_6。

（5）矿物质变化　形成不稳定的酪蛋白磷酸钙复合物，使离子增加。

4. 物理性质的变化

乳酸发酵后 pH 从 6.6 降低至 4.4，形成软质的凝乳。产生了细菌与酪蛋白微胶粒相连的黏液，赋予搅拌型酸乳黏浆状的质地。

5. 感官性质的变化

乳酸发酵后使酸乳呈圆润、黏稠、均一的软质凝乳质地，且具有典型的酸味。这主要是以乙醛产生的风味最为突出。

6. 微生物指标的变化

发酵时产生的酸度和某些抗菌剂可防止有害微生物生长。由于保加利亚乳杆菌和嗜热链球菌的共生作用，酸乳中的活菌数大于 10^7CFU/g，同时还产生乳糖酶（β-半乳糖苷酶）。

二、贮存对牛乳质量的影响

牛乳在贮存过程中质量会发生一定变化，原料奶的成分组成、特性及质量的变化会直接影响加工过程及最终产品的组成和质量。

（一）微生物的繁殖

奶罐中微生物的数量变化主要取决于嗜冷菌的生长。生产之前，如果乳中细菌数超过 5×10^5 个/mL 时，就说明嗜冷菌已产生了足够的耐热性酯酶和蛋白酶，进而破坏产品质量（雷鸣等，2019）。值得一提的是，由含有许多嗜冷菌的少量乳与含有少量嗜冷菌的大量乳混合而成的乳，其中的高数量嗜冷菌所造成的危害要比仅含有相同菌数的乳更大，这是因为嗜冷菌在对数生长期的最后阶段，胞外酶的产生占优势。

乳温在从牧场到乳品厂的运输过程中会增高，这使得细菌的传代间隔明显缩短，因此必须采取一定措施以使原料奶保存更长时间。采用一种较为温和的预热处理方法（如 65℃，15s）可以有效降低贮存原料奶中嗜冷菌的数量，同时该法在乳中保留了大部分完好的酶和凝集素。热处理之后，假如乳没有再次受到嗜冷菌污染，可在 6～7℃保持 4d 或 5d。

乳应该尽可能地在运抵乳品厂之后立即进行预热，不过预热后的乳仍会受到非常耐热的嗜冷菌（如耐热性产碱杆菌）的威胁。

（二）酶活性

虽然乳中其他酶如蛋白酶和磷酸酶也会引发乳的变化，但酯酶对鲜乳质量的影响更为突出。因此，在 5～30℃温度范围内贮存鲜乳时，应避免温度反复波动，防止破坏脂肪球。

（三）物理变化

在低温条件下原料奶或预热乳脂肪会迅速上浮，通过有规律地搅拌（如每小时施加 2min

的搅拌）能避免稀奶油层的形成。这经常是通过通入空气的方法来实现的，所用空气必须是无菌的。空气泡非常大，否则的话许多脂肪球就会吸附在气泡上。

脂肪球的破坏主要是空气混入和温度波动引起的。温度波动使一些脂肪球熔化和结晶，能导致脂肪分解加速。如果脂肪球是液态的就会导致脂肪球破坏。如果这种脂肪部分是固体（10～30℃），就能致使脂肪球结块。

在低温条件下，部分酪蛋白（主要是 β-酪蛋白）就会由胶束溶解于乳清中，这种溶解是一个缓慢的过程，大约经过 24h 才能达到平衡。一些酪蛋白的溶解增加了乳清 10%的黏度，从而降低了这种乳的凝乳能力。凝乳能力的降低部分是由于钙离子活力的变化。将乳暂时加热至 50℃或更高温度可使其凝乳能力全部恢复。

（四）化学变化

阳光暴晒会导致乳变味，另外冲洗水（引起稀释）、消毒剂（氧化）和铜（起触媒作用引起油脂氧化）等会引起乳的污染。

第二节　原料奶的验收

一、原料奶的验收标准

《食品安全国家标准　生乳》(GB/T 19301—2010）中规定，生乳为从符合国家有关要求的健康奶畜乳房中挤出的无任何成分改变的常乳。产犊后 7d 的初乳、应用抗生素期间和休药期间的乳汁、变质乳不应用作生乳。该标准包括了感官指标、理化指标、卫生指标及细菌指标。

（一）感官指标

正常牛乳呈乳白色或微黄色，不得含有肉眼可见的异物，不得有红色、绿色或其他异色。不能有苦味、咸味、涩味和饲料味、青贮味、霉味等异常味（表 11-3）。

表 11-3　感官要求

项目	检验方法
色泽	呈乳白色或微黄色
组织状态	呈均匀的胶态流体，无沉淀，无凝块，无肉眼可见杂质和其他异物
滋味与气味	具有新鲜牛乳固有的香味，无其他异味

（二）理化指标

《食品安全国家标准　生乳》(GB/T 19301—2010）规定的理化指标见表 11-4。

表 11-4　原料奶验收时的理化指标

项目	指标	检验方法
冰点/℃	−0.560～−0.500	GB 5413.38—2016
相对密度/（20℃/4℃）	≥1.027	GB 5009.2—2004
蛋白质/（g/100g）	≥2.8	GB 5009.5—2016
脂肪/（g/100g）	≥3.1	GB 5009.6—2016

续表

项目	指标	检验方法
杂质度/（mg/kg）	4.0	GB 5413.30—2016
非脂乳固体/（g/100g）	8.1	GB 5413.39—2010
酸度/°T	12～18	GB 5009.239—2016

（三）卫生指标

卫生指标应符合《食品安全国家标准 食品中污染物限量》（GB/T 2762—2022）、《食品安全国家标准 食品中真菌毒素限量》（GB/T 2761—2017）及《食品安全国家标准 食品中农药最大残留限量》（GB/T 2763—2021）中的规定（表 11-5）。

表 11-5 卫生要求

项目	指标
汞（以 Hg 计）/（mg/kg）	≤0.01
砷（以 As 计）/（mg/kg）	≤0.1
铅（以 Pb 计）/（mg/kg）	≤0.02
铬（以 Cr^{5+}计）/（mg/kg）	≤0.3
亚硝酸盐（以 $NaNO_2$ 计）/（mg/kg）	≤0.4
六六六/（mg/kg）	≤0.02
滴滴涕/（mg/kg）	≤0.02
黄曲霉毒素 M1/（μg/kg）	≤0.5
甲胺磷/（mg/kg）	≤0.02

（四）细菌指标

《食品安全国家标准 生乳》（GB/T 19301—2010）中规定，细菌指标不应超过 2×10^6 CFU/g（mL）。

生乳经感官检验合格之后再进行其他项目，感官检验不合格为废奶，不必进行其他检验。脂肪、密度、酸度三项为等级检验项目，其他为抽检项目，任何一项不合格则按不合格乳处理。

此外还规定有下述情况之一者不得收购：①产犊前 15d 内的末乳和产犊后 7d 内的初乳；②牛乳颜色有变化，呈红色、绿色或显著黄色者；③牛乳中有肉眼可见杂质者；④牛乳中有凝块或絮状沉淀者；⑤牛乳中有畜舍味、苦味、霉味、臭味、涩味、煮沸味及其他异味者；⑥用抗生素或其他对牛乳有影响的药物治疗期间，母牛所产的乳和停药后 3d 内的乳；⑦添加有防腐剂、抗生素和其他任何有碍食品卫生的乳；⑧酸度超过 20°T 的乳。

二、原料奶指标检测

以下是对牛乳进行的最常规的检验。

（一）感官检验

鲜乳的感官检验主要是对滋味、气味、色泽、清洁度和杂质度等进行的检验。

1. 滋味和气味

用奶槽车收奶时，奶槽车司机在农场收回乳样以便在乳品厂进行检验。奶桶收集奶时，取样在奶桶接收处进行。打开贮乳容器盖后，应立即嗅容器内鲜乳的气味。否则，开盖时间过长，外界空气会将容器内的气味冲淡，对气味的检验不利。再将试样含入口中，并使其遍及整个口腔的各个部位，因为舌面各种味觉分布不均，以此鉴定是否存在各种异味。正常乳不能有苦、涩、咸的滋味和饲料、青贮、霉等异味。滋味、气味与正常牛乳有差距的，质量评定较低，这将影响奶户的收入，如滋味、气味有明显不同，乳品厂应拒收牛乳。

2. 色泽及清洁度检验

正常乳为乳白色或微黄色，不得含有肉眼可见的异物，不得有红、绿等异色。奶罐和奶桶的内表面应仔细地检查，任何牛乳的残余物都是清洗不充分的证据，并根据质量支付方案降低奶的价格。

3. 杂质度检验

此法只用于奶桶收奶的情况。用一根移液管从奶桶底部吸取样品，然后用滤纸过滤，如滤纸上留下可见杂质，会降低牛乳价格。

（二）酒精试验

酒精试验是为观察鲜乳的抗热性而广泛使用的一种方法。通过乙醇的脱水作用，确定酪蛋白的稳定性。新鲜牛乳对乙醇的作用表现的相对稳定；而不新鲜的牛乳，其中蛋白质胶粒已呈不稳定状态，当受到乙醇的脱水作用时，则加速其聚沉。此法可检验出鲜乳的酸度，以及盐类平衡不良乳、初乳、末乳及因细菌作用而产生凝乳酶的乳和乳腺炎乳等。

酒精试验与乙醇浓度有关，一般以 68%、70%或 72%（*V*/*V*）容量浓度的中性乙醇与原料奶等量混合摇匀，无凝块出现为标准。正常牛乳的滴定酸度不高于 18°T，不会出现凝块。但是影响乳中蛋白质稳定性的因素较多，如乳中钙盐增高时，在酒精试验中酪蛋白胶粒脱水失去溶剂化层，使钙盐容易和酪蛋白结合，形成酪蛋白酸钙沉淀。

酒精试验结果可用于鉴别原料奶的新鲜度，了解乳中微生物的污染状况。新鲜牛乳存放过久或贮存不当、乳中微生物繁殖使营养成分被分解，则乳中的酸度升高，酒精试验易出现凝块。为合理利用原料奶和保证乳制品质量，用于制造淡炼乳和超高温灭菌奶的原料奶，用 75%的乙醇进行试验；用于制造乳粉的原料奶，用 68%的乙醇进行试验（酸度不得超过 20°T）。酸度不超过 22°T 的原料奶尚可用于制造奶油，但其风味较差。酸度超过 22°T 的原料奶只能供制造工业用干酪素、乳糖等。

（三）滴定酸度

滴定酸度就是用相应的碱中和鲜乳中的酸性物质，根据碱的用量确定鲜乳的酸度和热稳定性。一般用 0.1mol/L 的 NaOH 滴定，计算乳的酸度。该法测定酸度虽然准确，但在现场收购时受到实验室条件限制，故常采用酒精试验法来判断乳的酸度。

（四）密度测定

密度常作为评定鲜乳成分是否正常的一个指标，但不能只凭这一项来判断，必须再结合脂肪、风味的检验来判断鲜乳是否经过脱脂或是否加水。我国鲜乳的密度测定采用“乳脂计”，即乳专用密度计。

（五）细菌数、体细胞数、抗生物质检查

一般现场收购原料奶不做细菌检验，但在加工以前，必须检查细菌总数和体细胞数，以确定原料奶的质量和等级。如果是加工发酵制品的原料奶，必须做抗生物质检查。

1. 细菌检查

细菌的检查方法很多。有亚甲蓝还原试验、稀释倾注平板法、直接镜检法等。

（1）亚甲蓝还原试验　是用来判断原料奶新鲜程度的一种色素还原试验。新鲜乳加入亚甲蓝后染为蓝色，如乳中污染有大量微生物则产生还原酶使颜色逐渐变淡，直至无色。该法除可迅速地间接查明细菌数外，对白细胞及其他细胞的还原作用也敏感。因此，还可检验异常乳（乳腺炎乳及初乳或末乳）。

（2）稀释倾注平板法　是取样稀释后接种于琼脂培养基上，培养24h后计数，测定样品细菌总数的方法。该法可测定样品中的活菌数，需要时间较长。

（3）直接镜检法　取一定量乳样，在载玻片上涂抹一定的面积，经过干燥、染色，镜检观察细菌数，根据显微镜视野面积，推断出鲜乳中的细菌总数，而非活菌数。直接镜检比稀释倾注平板法更能迅速判断结果，通过观察细菌的形态，还能推断细菌数增多的原因。

2. 细胞数检查

正常乳中的体细胞多数来自上皮组织的单核细胞，如有明显的多核细胞出现可判断为异常乳，常用的方法有直接镜检法（同细菌检查）或加州乳腺炎测定法（CMT法）。CMT法是根据细胞表面活性剂的表面张力测定。细胞在遇到表面活性剂时，会收缩凝固。细胞越多，凝集状态越强，出现的凝集片越多。

3. 抗生物质检查

（1）TTC试验　如果鲜乳中有抗生物质的残留，在被检乳样中，接种细菌进行培养，则细菌不能增殖，此时加入的指示剂TTC保持原有的无色状态（未经过还原）。反之，如果没有抗生物质残留，试验菌就会增殖，使TTC还原，被检样变成红色。即被检样保持鲜乳的颜色为阳性；被检乳变成红色为阴性。

（2）纸片法　将指示菌接种到琼脂培养基上，然后将浸过被检乳样的纸片放入培养基上进行培养。如果被检乳样中有抗生物质残留，会向纸片的四周扩散，阻止指示菌的生长，在纸片的周围形成透明的阻止带，根据阻止带的直径，判断抗生物质的残留量。

（六）乳成分的测定

近年来随着分析仪器的发展，乳品检测方法出现了很多高效率的检验仪器。例如，采用光学法测定乳脂肪、乳蛋白、乳糖及总干物质，并已开发使用各种微波仪器。

1. 微波干燥法测定总干物质（TMS检验）

通过2450MHz的微波干燥牛乳，并自动称量、记录乳总干物质的质量速度快，测定准确，便于指导生产。

2. 红外线牛乳全成分测定

通过红外线分光光度计，自动测出牛乳中的脂肪、蛋白质、乳糖3种成分。红外线通过牛乳后，牛乳中的脂肪、蛋白质、乳糖减弱了红外线的波长，通过红外线波长的减弱反应测

出 3 种成分的含量。该法测定速度快，但设备造价高。

第三节 原料奶的过滤与净化

为了保证原料奶的质量，挤出的牛乳在牧场必须立即进行过滤、冷却等初步处理。其目的是除去机械杂质并减少微生物的污染。

一、原料奶的过滤

牧场在没有严格遵守卫生的条件下挤乳时，乳容易被大量粪屑、饲料、垫草、牛毛和蚊蝇等所污染。因此挤下的乳必须及时进行过滤。另外，凡是将乳从一个地方送到另一个地方，从一个工序到另一个工序，或者由一个容器送到另一个容器时，都应该进行过滤。过滤方法有常压（自然）过滤、减压过滤（吸滤）和加压过滤等。

二、原料奶的净化

原料奶经过数次过滤后，虽然除去了大部分的杂质，但为达到最高的纯净度，一般采用离心净乳机净化。离心净乳机的构造与奶油分离机基本相似。只是净乳机的分离钵具有较大聚尘空间，杯盘上没有孔，上部没有分配杯盘。净乳机的净化原理是乳在分离钵内受到强大离心力的作用，将大量的机械杂质留在分离钵内壁上。净化后的乳可直接用于加工。没有专用离心净乳机时，也可以用奶油分离机代替，但效果较差。

没有上述条件的，可采用沉淀法净化，即在奶温保持 5℃左右静置 4～5h，取用上层，摒弃底渣。不过此法不适用于微生物污染严重的奶。

第四节 原料奶的冷却、贮存与运输

一、原料奶的冷却

（一）冷却的作用

刚挤下的乳温度在 36℃左右，是最适宜微生物生长的温度，如果不及时冷却，则侵入乳中的微生物大量繁殖，酸度迅速增高，不仅降低乳的质量，甚至使乳凝固变质（表 11-6）。

表 11-6 乳的冷却与乳中细菌数的关系（引自侯俊财和杨丽杰，2010）［单位：CFU/g（mL）］

贮存时间	刚挤出的乳	3h	6h	12h	24h
冷却乳	11 500	11 500	8 000	7 800	62 000
未冷却乳	11 500	18 500	102 000	114 000	1 300 000

乳中含有抑制微生物繁殖的抗菌物质——乳抑菌素。由表 11-7 可知，新挤出的乳迅速冷却到低温，可使抗菌特性保持相当长的时间。另外，这种抗菌特性随细菌的污染程度逐渐降低（表 11-8）。因此，将挤出的乳迅速进行冷却是较长时间保持乳新鲜状态的必要条件。

表 11-7 乳温与抗菌特性作用时间的关系（引自侯俊财和杨丽杰，2010）

乳温/℃	抗菌特性作用时间
37	2h 以内
30	3h 以内
25	6h 以内
10	24h 以内
5	36h 以内
0	48h 以内
−10	240h 以内
−25	720h 以内

表 11-8 抗菌特性与细菌污染程度的关系（引自侯俊财和杨丽杰，2010）

乳温/℃	抗菌特性作用时间/h	
	挤乳时严格遵守卫生制度的	挤乳时未严格遵守卫生制度的
37	3.0	2.0
30	5.0	2.3
16	12.7	7.6
13	36.0	19.0

（二）冷却的要求

刚挤出的乳马上降至10℃以下就可以抑制微生物的繁殖；若降至2～3℃时，几乎不繁殖；不马上加工的原料奶应降至5℃以下贮存。

（三）冷却的方法

1. 浸没式冷却器冷却

这种冷却器轻便灵巧，可以插入贮乳槽或奶桶中以冷却牛乳。浸没式冷却器中带有离心式搅拌器，可以调节搅拌速度，并带有自动控制开关，可以定时自动进行搅拌，故可使牛乳均匀冷却，并防止稀奶油上浮，适合于奶站和较大规模的牧场。

2. 冷排冷却

冷排是由金属排管组成。乳从上部分配槽底部的细孔流出，形成薄层，流过冷却器的表面再流入贮乳槽中，冷却剂（冷水或冷盐水）从冷却器的下部自下而上通过冷却器的每根排管，以降低沿冷却器表面流下的乳的温度。这种冷却器，适于小规模的加工厂及奶牛场使用。

3. 片式预冷法

一般中、大型乳品厂多采用片式预冷器来冷却鲜牛乳。片式预冷器占地面积小，降温效果有时不理想。如果直接采用地下水作冷源（4～8℃的水），则可使鲜乳降至6～10℃，效果极为理想。以一般15℃自来水作冷源时，则要配合使用浸没式冷却器进一步降温。

（四）原料奶的预杀菌

在许多大型乳品厂中，牛乳在收购后不都能立即进行巴氏消毒或加工，因此有一部分必须在贮乳罐中贮存数小时或数天。不过，即使再深度的冷却也无法完全阻止牛乳的变质。为解决该问题，许多乳品厂对原料奶进行预杀菌，即将牛乳加热到63～65℃，持续15s。经过该热处理的牛乳的磷酸酶试验应呈阳性。预杀菌可以减少原料奶中的细菌总数，尤其是嗜冷菌。因为这些细菌中的一部分会产生耐热的酯酶和蛋白酶，从而引发乳产品变质。值得注意的是，这种加热处理除能杀菌外，对牛乳本身引起的变化相对较小。若将牛乳冷却并保存在0～1℃，其贮存时间可以延长到7d，且品质保持不变。

二、原料奶的贮存

为了保证工厂连续生产的需要，必须有一定的原料奶贮存量。一般工厂总的贮乳量应不少于1d的处理量。冷却后的乳应尽可能保持低温，以防止温度升高保存性降低。因此，储存原料奶的设备，要有良好的绝热保温措施，并配有适当的搅拌机构，定时搅拌乳液以防止乳脂肪上浮而造成分布不均匀。

贮乳设备一般采用不锈钢材料制成，应配有不同容量的贮乳缸，保证贮乳时每一缸能尽量装满。贮乳罐外边有绝缘层（保温层）或冷却夹层，以防止罐内温度上升。贮罐要求保温性能良好，一般乳经过24h贮存后，乳温上升不得超过2～3℃。

贮乳罐的容量，应根据各厂每天牛乳总收纳量、收乳时间、运输时间及能力等因素决定。一般贮乳罐的总容量应为日收纳总量的2/3～1。而且每只贮乳罐的容量应与每班生产能力相适应。每班的处理量一般相当于2个贮乳罐的乳容量，否则用多个贮乳罐会增加调罐、清洗的工作量和增加牛乳的损耗。贮乳罐使用前应彻底清洗、杀菌，待冷却后贮入牛乳。每罐须放满，并加盖密封，如果装半罐，会加快乳温上升，不利于原料奶的贮存。储存期间要开动搅拌机，24h内搅拌20min，乳脂率的变化在0.1%以下。

三、原料奶的运输

乳的运输是乳品生产上重要的一个环节，如果运输不当，往往会造成很大的损失。在乳源分散的地区，多采用乳桶运输，奶源集中的地区，多采用乳槽车运输。无论采用哪种运输方式，都应注意以下几点：①防止乳在运输途中升温，特别是在夏季，运输最好在夜间或早晨，或用隔热材料盖好桶。②所采用的容器须保持清洁卫生，并进行严格杀菌。③夏季必须装满盖严，以防振荡，否则会加速脂肪球膜破损，解脂酶分解脂肪；冬季不得装得太满，避免因冻结而使容器破裂。④奶桶盖内要有橡皮垫，并应消毒，装奶后须将桶盖盖严，防止掉入污物或向外洒奶。不得用其他不洁的东西如青草、油纸、碎布等做桶盖的补垫。⑤长距离运送乳时，最好采用乳槽车。利用乳槽车运乳的优点是单位体积表面小，乳温升高缓慢，特别是在乳槽车外加绝缘层后可以基本保持在运输中不升温（申晓琳等，2020）。

四、贮存与运输对原料奶中微生物的影响

（一）原料奶的贮存对微生物的影响

1. 牛乳在室温贮存时微生物的变化

原料奶在杀菌前都有一定数量种类不同的微生物存在，如果放置在室温（10～21℃）下，乳液会因微生物活动而逐渐变质，微生物的生长过程可分为以下几个阶段（邱月等，2023）。

（1）抑制期　新鲜乳液中均含有抗菌物质，其杀菌或抑菌作用在含菌少的牛乳中可持续36h（在13～14℃）；在污染严重的乳液中，其作用可持续18h左右。若温度升高，虽然抗菌物质的作用增强，但持续时间会缩短。因此，鲜乳放置在室温环境中，一定时间内不会发生变质现象。

（2）乳酸链球菌期　鲜乳中的抗菌物质减少或消失后，存在乳中的微生物即迅速繁殖，占优势的细菌是乳酸链球菌、乳酸杆菌、大肠杆菌和一些蛋白分解菌等，其中以乳酸链球菌生长繁殖特别旺盛。乳酸链球菌使乳糖分解，产生乳酸，因而乳液的酸度不断升高。如有大肠杆菌繁殖时，将有产气现象出现。由于乳酸度的不断上升抑制了其他腐败菌生长。当酸度升高 pH 降至 4.5 时，乳酸链球菌本身生长也受到抑制，并逐渐减少，这时有乳凝块出现。

（3）乳酸杆菌期　pH 下降至 6 左右时，乳酸杆菌的活动力逐渐增强。当 pH 继续下降至 4.5 以下时，由于乳酸杆菌耐酸力较强，尚能继续繁殖并产酸。在此阶段乳液中可出现大量乳凝块，并有大量乳清析出。

（4）真菌期　当酸度继续升高 pH 降至 3～3.5 时，绝大多数微生物被抑制甚至死亡，仅酵母和霉菌尚能适应高酸性的环境，并能利用乳酸及其他一些有机酸。由于酸被利用，乳液的酸度会逐渐降低，使乳液的 pH 不断上升并接近中性。

（5）胨化菌期　当乳液中的乳糖大量被消耗后，残留量已很少，适宜分解蛋白质和脂肪的细菌开始生长繁殖，同时乳凝块被消化、乳液的 pH 不断提高，逐渐向碱性方向转化，并有腐败的臭味产生。这时的腐败菌大部分属于芽孢杆菌属、假单胞菌属以及变形杆菌属。

2. 牛乳在冷藏中微生物的变化

在冷藏条件下，鲜乳中适合于室温下繁殖的微生物生长被抑制；而嗜冷菌却能生长，但生长速度非常缓慢。这些嗜冷菌包括：假单胞杆菌属、产碱杆菌属、无色杆菌属，黄杆菌属、克雷伯氏杆菌属和小球菌属。

冷藏乳的变质主要在于乳液中的蛋白质和脂肪的分解。多数假单胞杆菌属细菌具有产脂肪酶特性，这些脂肪酶在低温下活性较强并具有耐热性，即使在加热消毒后的乳液中还残留脂肪酶活性。低温条件下促使蛋白分解胨化的细菌主要为产碱杆菌属和假单胞杆菌属。

（二）原料奶的运输对微生物的影响

在原料奶的运输中，运输容器不洁，运输车无保温设施使奶温度升高，强烈振荡等都会加速微生物的繁殖，随着微生物的生长繁殖出现各种代谢产物和酶类，导致原料奶变质。

原料奶贮存及运输的温度和时间是影响奶中微生物数量的最主要因素。牛乳在加工之前保持低温冷藏很大程度上抑制了微生物繁殖，但是嗜冷菌在此条件下仍可生长，2～3d 后，奶中微生物主要是嗜冷菌。贮奶过程制冷效果差，不能使奶尽快降低到 4℃以下，微生物就能很快繁殖。交奶不及时，贮存期长，嗜冷菌数明显高。

第五节　乳品厂的原料奶运输、接收和贮存设备

一、原料奶的运输设备

原料奶常用奶桶或奶槽车运送至乳品厂，奶槽车仅与在农场中的大型冷却奶罐配套使用。无论哪种运送方法要求都是一样的，即牛乳必须保持良好冷却状态并且没有空气进入。运输过程的震动越轻越好。例如，奶桶和奶槽车要完全装满以防止原料奶在容器中晃动。

运输原料奶的奶桶有各种容量规格，最常用的奶桶容量为 30L 或 50L。装有乳的奶桶从农场被运到路边，马上就由收奶车运走。为防日晒，路边的奶桶应用苫布盖上或放于阴凉棚内或最好放置在聚苯乙烯的保温套中。

用奶槽车收集牛乳，奶槽车必须一直开到贮奶间。奶槽车上的输奶软管与农场的牛乳冷却奶罐的出口阀相连。通常奶槽车上装有一个流量计和一台泵，以便自动记录收奶的数量。另外，收奶的数量可根据所记录的不同液位来计算。一定容积的奶槽，一定的液位代表一定体积的乳。多数情况下奶槽车上装有空气分离器。冷却奶罐一经抽空，奶泵应立即停止工作，这样避免将空气混入到牛乳中。奶槽车的奶槽分成若干个间隔，以防牛乳在运输期间晃动，每个间隔依次充满，当奶槽车按收奶路线收完奶之后，立即将牛乳送往乳品厂。

二、乳品厂原料奶的接收设备

到达乳品厂的奶槽车直接驶入收奶间，收奶间通常能同时容纳数辆奶槽车。进来的牛乳按容量法或重量法来计量。

1. 容量法计量

该流量计在计量乳的同时也会将乳中的空气一并计量，因此结果不十分可靠。为提高计量精确度，可在流量计前装一台脱气装置，防止空气进入乳中，见图 11-1。

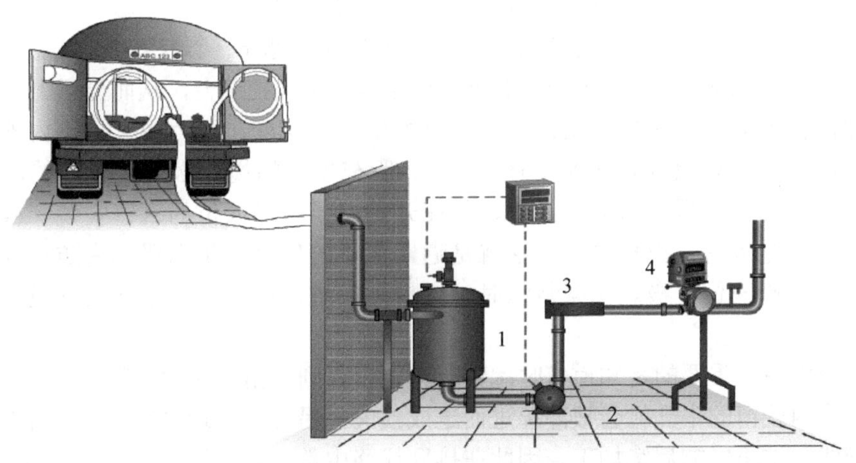

图 11-1 容积计量（引自侯俊财和杨丽杰，2010）

1. 脱气装置；2. 泵；3. 过滤器；4. 流量计

奶槽车的出口阀与一台脱气装置相连，牛乳经过脱气被泵送至流量计，流量计不断显示牛乳的总流量。当所有牛乳卸车完毕，把一张卡放入流量计，记录下牛乳的总体积。奶泵的启动由与脱气装置相连的传感控制元件控制。在脱气装置中，当牛乳达到能防止空气被吸入管线的预定液位时，奶泵开始启动。当牛乳液位降至某一高度时，乳泵立即停止。经计量后，牛乳进入一个大的贮乳罐。

2. 重量法计量

奶槽车收奶可用以下两种方法称量。称量奶槽车卸奶前后的重量，然后将前者数值减去后者，或用在底部带有称量元件的特殊称量罐称量。

用第一种方法时，奶槽车到达乳品厂后，车开到地磅上。数字记录有用人工的，也有自动记录的。如果用人工操作，操作人员根据司机的编号记录牛乳的重量。如果是自动的，当司机把一张卡插入卡扫描器后，称量的数值就自动记录下来。通常奶槽车在称重前先通过车辆清洗间进行冲洗。这一步骤在恶劣的天气条件下尤为重要。当记录下奶槽车的毛重后，牛乳通过封闭的管线经脱气装置，而不是流量计，进入乳品厂。牛乳排空后，奶槽车再次称重，同时用前面记录的毛重减去车身自重就得牛乳的净重。

用称量罐称量时，牛乳从奶槽车被泵入一个罐脚装有称量元件的特殊罐中。该元件发出一个与罐重量成比例的信号。当牛乳进入罐中时，信号的强度随罐的重量增加而增加。因此，所有的奶交付后，该罐内牛乳的重量被记录下来，随后牛乳被泵入大贮乳罐。

三、乳品厂原料奶的贮存设备

未经处理的原料奶贮存在大型立式贮乳罐（奶仓），容积范围多为 50 000～100 000L。较小的贮乳罐通常安装于室内，较大的则安装在室外以减少厂房建筑费用。露天大罐是双层结构的，在内壁与外壁之间带有保温层，罐内壁由抛光的不锈钢制成，外壁由钢板焊接而成。

大型奶仓必须带有某种形式的搅拌设施，以防止稀奶油由于重力的作用从牛乳中分离出来。过于剧烈的搅拌将导致牛乳中混入空气并使脂肪球破裂，从而使游离的脂肪在牛乳解脂酶的作用下分解。因此，轻度的搅拌是牛乳处理的一条基本原则。图 11-2 所示的贮乳罐中带有一个叶轮搅拌器，这种搅拌器广泛应用于大型贮乳罐中，且效果良好。在非常高的贮乳罐中，有的要在不同的高度安装两个搅拌器以达到所希望的效果。

露天贮乳罐在罐上带有一块附属控制盘，控制盘向里朝着一个带罩的中心控制台。罐内的温度显示在罐的控制盘上，电子传感器可将信号送至中央控制台，从而显示出温度。

气动液位指示器通过测量静压来显示出罐内牛乳的高度，压力越大，罐内液位越高，指示器把读数传递给表盘显示出来（图 11-3）。所有牛乳的搅拌必须是轻度的，因此，搅拌器必须被牛乳覆盖以后再启动。为此，常在开始搅拌所需液位的罐壁安装一根电极。罐中的液位低于该电极时，搅拌停止，这就是通常所说的低液位指示器。为防止溢流，在罐的上部安装一根高液位电极。当罐装满时，电极关闭进口阀，然后牛乳由管道改流到另一个大罐中。

在排乳操作中，重要的是知道何时罐完全排空。否则当出口阀门关闭以后，在后续的清洗过程中，罐内残留的牛乳就会被冲掉进而造成损失。另外，当罐排空后继续开泵，空气就会被吸入管线，这将影响后续加工。因此在排乳线路中常安装一根电极，以显示该罐中的牛乳已完全排完。该电极发出的信号可用来启动另一大罐的排乳，或停止该罐排空。

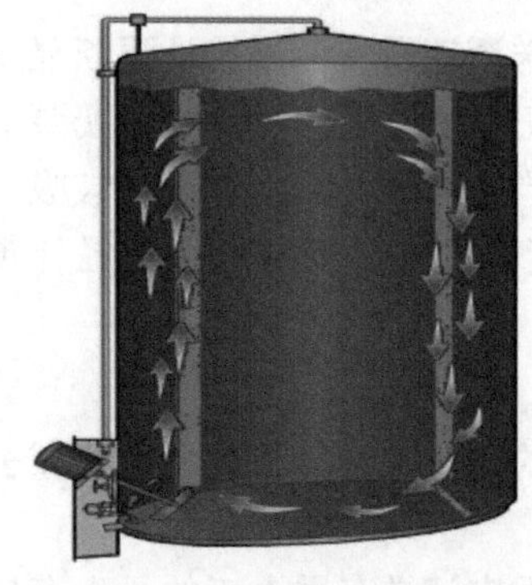

图 11-2 带叶轮搅拌器的贮乳罐（引自侯俊财和杨丽杰，2010）

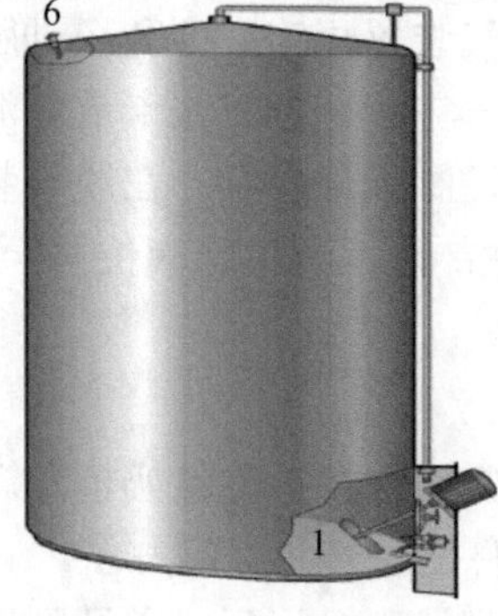

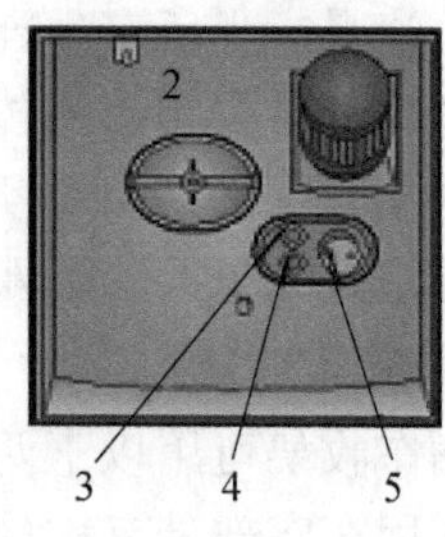

图 11-3 带探孔、指示器的贮乳罐（引自侯俊财和杨丽杰，2010）

1. 搅拌器；2. 探孔；3. 温度指示；4. 低液位电极；5. 气动液位指示器；6. 高液位电极

第十二章　奶源基地建设和管理

第一节　中国奶源基地建设的必要性

奶源基地，即原料奶生产供应基地，是指为乳品加工企业生产原料奶、奶畜饲养集中、形成一定规模的区域。奶业振兴任重道远，实现奶业振兴，奶源基地是基础和前提。我国作为人口大国，保障人体健康，提供丰富的牛奶及其制品至关重要。我国的奶源基地建设是个漫长却必须加强的环节，是促使我国乳制品行业健康、有序发展的必由之路。

一、乳品消费需要奶源基地建设

我国是乳制品消费大国，随着居民生活水平和生活质量的提高、对乳制品消费需求的不断增加，中国乳制品市场规模将不断扩大（乔光华和裴杰，2019）。

2022 版《膳食指南》推荐奶类及奶制品的每日摄入量为 300～500g，因此牛奶也再度引起了消费者的关注。但 2020 年我国人均奶类消费量只有 12.9kg，而美国、新西兰、印度已分别达到了 63.3kg、108.9kg、58.7kg。《2021 中国奶商指数报告》显示，我国“牛奶人口”（指每天摄入乳制品的人群）仅为 3.6 亿人，超过 10 亿人尚未形成喝奶的习惯。

乳制品作为生活不可或缺的营养品，越来越受到消费者的重视。2020 年后，消费者对乳制品的需求量进一步增长，这使得乳制品市场再次扩大。2021 年全国居民人均奶类消费量达 14.4kg，比 2020 年增长 11.63%（图 12-1）。因此，为满足国内乳及乳制品消费需求，必须加强奶源基地建设。

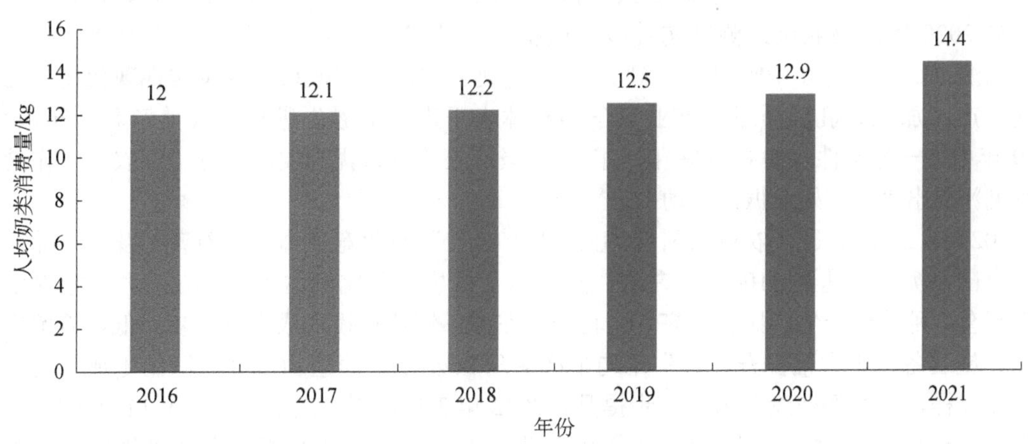

图 12-1　2016～2021 年全国居民人均奶类消费量（中国奶业统计摘要）

二、乳品加工业发展需要奶源基地建设

奶源基地是乳品加工的第一车间。行业内以往常说的“得奶源者得天下”（李妍玲等，2021）充分说明了奶源对于乳品加工的重要性。随着国内消费者乳品需求的提升，各大乳企

逐渐布局低温奶市场，这对奶源的要求更高，建设牧场的需求也随之增加。2020年以来，国内多家乳企兴建万头牧场的热情高涨，多个超大型牧场项目或奶业园区进入投建。2021年，全国乳制品产量达3031.7万t，比2020年增长9.44%，全国乳制品进口量达389.8万t，比2020年增长18.8%，对外依存度还比较高。因此，乳品加工业发展需要奶源基地建设。

三、奶源基地建设是奶业和谐发展的基础

奶源是乳企发展的基础，拥有稳定、优质的奶源供应是非常重要的。2019年以来，各大乳企都在加大上游奶源的并购力度。2021年乳企对奶源的布局一直在不断延续，如入驻牧业公司、建设奶源基地等。据统计，2021年，中国新建、扩建的牧场项目共166个，进入操作流程的新建扩建牧场项目设计存栏数总计达到98万头，计划投资总额近390亿元，而且几乎全是大牧场，设计规模存栏在5000头以上的项目占比达83%，“万头牧场”占比达62%。

目前，国内奶源仍存在供给不足的问题，而且原奶价格、饲料成本居高不下，对乳品企业来说，稳定奶源同样也是在平衡风险。因此，要强化奶源基地建设，通过加强原料奶价格协商、严格履行购销合同等方式，坚决抵制“抢奶源”等不健康行为，通过与上游牧场建立紧密的利益联结机制，加强产业链上下游协作和利益共享，促进乳制品行业持续健康发展。

四、国家政策鼓励奶源基地建设

奶源基地建设是推动奶业振兴的基础保障。国家高度重视奶业振兴工作，2016年12月，为深入推进奶业供给侧结构性改革，加快奶业振兴，农业部、国家发展和改革委员会、工业和信息化部、商务部和国家食品药品监督管理总局联合印发了《全国奶业发展规划（2016—2020年）》，要强化奶源基地建设，实施振兴奶业苜蓿发展行动，发展标准化规模养殖，建立健全标准化生产体系，推进种养结合农牧循环发展。2018年6月，国务院办公厅印发《国务院办公厅关于推进奶业振兴保障乳品质量安全的意见》，确定了奶业的战略定位，到2020年，奶业供给侧结构性改革取得实质性成效，奶业现代化建设取得了明显进展，奶源自给率保持在70%以上。到2025年，奶业实现全面振兴，基本实现现代化，奶源基地、产品加工、乳品质量和产业竞争力整体水平进入世界先进行列（姜毓君，2019）。2019年中央一号文件《中共中央 国务院关于坚持农业农村优先发展做好“三农”工作的若干意见》提出“实施奶业振兴行动”。

2022年2月16日，农业农村部印发《“十四五”奶业竞争力提升行动方案》，到2025年，全国奶类产量达到4100万t左右，百头以上规模养殖比例达到75%左右。规模养殖场草畜配套、种养结合生产比例提高5个百分点左右，饲草料投入成本进一步降低，养殖场现代化设施装备水平大幅提升，奶牛年均单产达到9t左右。养殖加工利益联结更加紧密、形式更加多样，国产奶业竞争力进一步提升。2022年3月，国家发展和改革委员会发布《“十四五”推进农业农村现代化规划》，提出奶业振兴工程。改造升级一批适度规模奶牛养殖场，推动重点奶牛养殖大县整县推进生产数字化管理进程，建设一批重点区域生鲜乳质量检测中心及优质饲草料基地。

2023年2月13日，《中共中央 国务院关于做好2023年全面推进乡村振兴重点工作的意见》发布，要求推进畜禽规模化养殖场改造升级。另外，各省（自治区、直辖市）也出台

关于奶源基地建设相关政策，如《内蒙古自治区人民政府办公厅关于推进奶业振兴九条政策措施的通知》（内政办发〔2022〕18号）、《河北省人民政府办公厅关于进一步强化奶业振兴支持政策的通知》（冀政办字〔2022〕93号）等。因此，国家政策积极鼓励奶源基地建设，积极扶持培育优质奶源基地，打造高端奶源基地。

第二节　中国奶源基地建设的成就

一、我国奶源基地的发展历程

（一）改革发展期（1978～2000年）

改革开放前，实行公私合营，奶牛定为生产资料，国营规模不断扩大，并实行生产、加工、销售一条龙的体制，即统一生产、收购原料奶，集中消毒、装瓶，统一销售。到1978年，全国奶牛存栏48万头，其中国营奶牛场饲养37万头（农垦系统27万头），占总存栏数的77.08%；集体饲养8万头，占总存栏数的16.67%；个体饲养3万头，仅占6.25%。

1978年以来，国家实行改革开放政策，重视人民生活的改善，提倡农业经营的多样化。首先允许和积极支持私人饲养奶牛，个体饲养奶牛的头数快速增长。奶业生产实行“国营、集体、个体一起上”的发展方针，有力地激活了劳动要素，解放了生产力。20世纪80年代末，个体奶牛养殖的比例超过了95%，同时，国家降低了外资进入奶业市场的门槛，国外乳品企业纷纷进入我国乳制品行业，促进了奶业快速发展。1978～1992年，我国奶类总产量和奶牛存栏数年均递增率分别达到13.4%和13.9%，干乳制品产量年均递增率达到16.9%。

（二）快速发展期（2000～2008年）

因国家政策引导和市场需求的拉动作用，大量农户开始养牛，奶牛数量扩增的同时，奶牛散养户数量也在大幅增加，尤其是2000年后，全国奶牛存栏量快速增加，2005年全国奶牛存栏量达1216.1万头，2008年全国奶牛存栏量达1230.5万头，比2000年增加了151.64%。奶业发展逐渐形成了公司＋农户的经营模式，国内各个乳品企业基本都进入了快速发展时期，2000年全国牛奶产量为827万t，而到2008年则达到了2947万t，比2000年增加了256.35%。但以蛋白质、脂肪、干物质含量进行计价的方式，也带来了蛋白质掺假等问题，影响了奶业的快速发展。

（三）模式转型期（2009～2013年）

从2009年起，奶农“倒奶杀牛”的现象逐渐出现，每年退出、弃养的奶农均超10万户。国内大型乳制品企业为了严格控制乳制品的质量安全，不再收购散户的牛奶，开始自建养殖农场，从而导致了大量奶户退出，奶站也逐渐退出。另外，国际奶价持续下跌，不少乳企为了降低成本选择低价的进口奶粉。内忧外患之下，中小型牧场和农户的生存空间被挤压，加上养殖成本居高不下，导致奶农被迫“倒奶杀牛”。

奶牛养殖由分散、粗放式向规模化、专业化的方式转变，农户养殖开始奶牛进小区，执行集中饲养、统一挤乳、统一销售的形式，由农户本着自愿的原则，将奶牛委托给专业的饲养组织（托牛所）饲养，或者由奶牛散养户成立自己的合作组织——奶业合作社，将奶牛资源集中起来，实行标准化、专业化饲养，再由奶业合作社（或托牛所）通过契约的方式与乳品企业确立购销关系。因此，2008 年之后，我国奶牛养殖在养殖规模、单产、质量水平上均发展到了一个新的阶段。

（四）规模发展期（2014～2019 年）

2014 年是国内乳品行业市场政策落地最多的一年，如《推动婴幼儿配方乳粉企业兼并重组工作方案》《婴幼儿配方乳粉生产许可审查细则（2013 版）》等。2014～2015 年，我国奶牛养殖业经历了从合作社形式的小区饲养向产权集中的公司制养殖场的集中转型，这也表明合作社只是规模化养殖的一个过渡阶段和中间形态。211 家养殖场的统计数据显示，200～300 头规模的经营主体中约有 50%为合作社，300～500 头规模的经营主体中，合作社占比降至 40%，500～800 头规模的经营主体中，合作社比例进一步降至 34%，800 头规模以上的经营主体中，无一家为合作社，均为公司制。规模化程度越高，越倾向于采用公司制经营方式。

国家不断出台政策鼓励和支持奶业发展，政策导向明确，接连出台“史上之最”系列政策支持奶业，预计未来的政策支持力度只增不减。各路资本投资者也看好奶业未来，大量资本涌入奶业发展，进入了“资本”时代。

（五）集团养殖期（2019 年后）

国内乳品企业逐渐加强对源头牧场的掌控，国内奶源基地中的中小型牧场已被大型乳品企业通过融资、租赁、签订长期合作合同等方式“锁定”，大型或超大型的奶牛养殖企业（集团）也被乳品企业通过入股、并购、控股等方式控制，甚至绝大多数在建和新建的奶牛养殖场背后均有乳品企业的身影。从当前趋势看，国内奶业产业链正朝供需一体化的方式发展。

二、奶牛存栏量和原料奶总产量

“十三五”期间，奶业振兴取得显著成效，奶类供应保障能力大幅提升，奶业现代化建设取得新进展。

（一）奶牛存栏量

奶牛养殖业是畜牧业的重要组成部分。近年来，经过不断改革、整顿与发展，我国奶牛养殖业稳步推行升级转型，取得了显著成效。从奶牛存栏量来看（图 12-2），我国奶牛存栏量从 2000 年开始快速上升，2008 年到达峰值。之后，除 2006 年存栏量低于 1100 万头，2007 ～ 2014 年均稳定在 1100 万头以上，2015 年后又开始减少，减少的主要原因是中小型牧场逐渐退出。2022 年全国奶牛存栏量 1161.8 万头，比 2016 年增长了 12.03%。

（二）规模化牛场奶牛存栏量

2018 年以来，规模化牛场已经成了我国原料奶生产的主体，散养和牧区饲养奶牛倾向于“肉牛化”和家庭内部消费，历时十年中国奶牛养殖模式的结构转型基本完成。我国奶牛养殖模式已经完成从散养向规模饲养模式的转变，2022 年全国奶牛年存栏 100 头及以上规模化养殖比例为 72%，比 2016 年提高了 37.7%（图 12-3）。

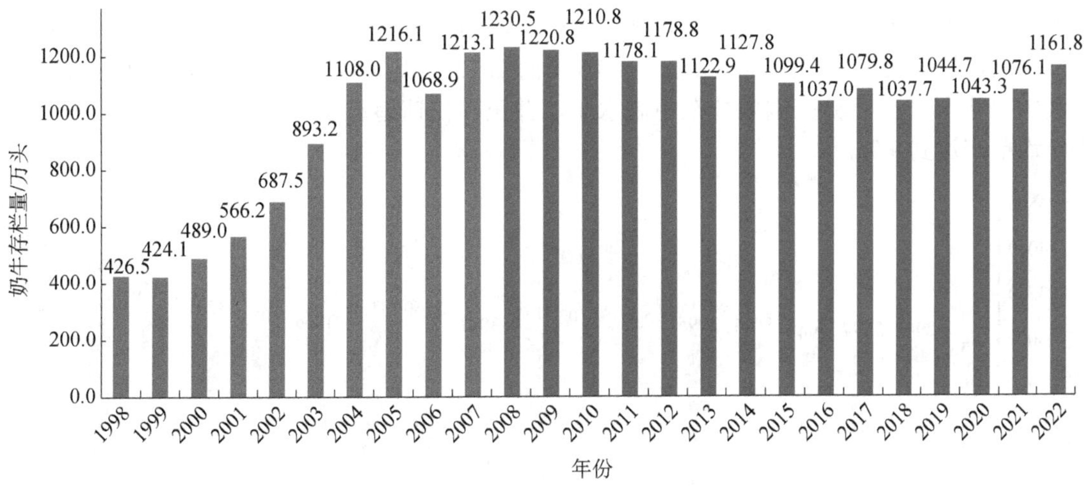

图 12-2 1998～2022 年全国奶牛存栏量情况（中国奶业统计摘要）

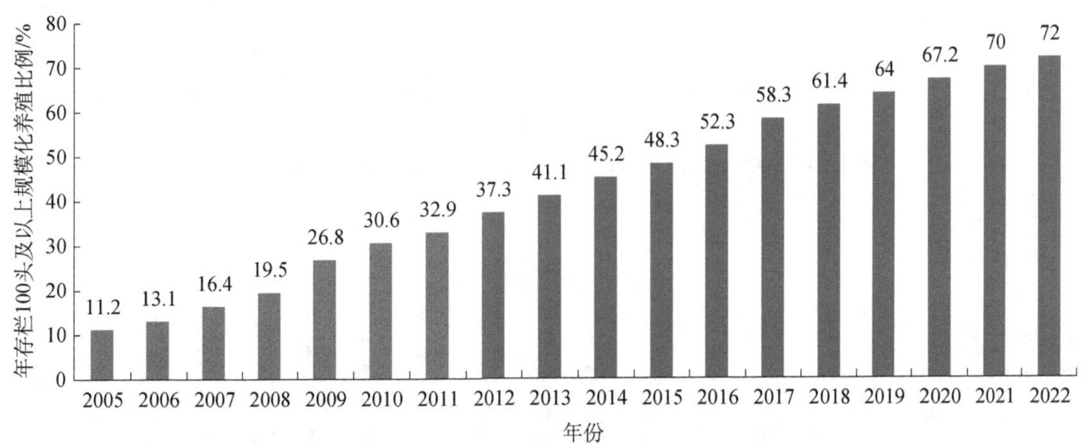

图 12-3 2005～2022 年全国奶牛年存栏 100 头及以上规模化养殖比例（中国奶业统计摘要）

2020 年全国规模化牛场数量超过 4000 家，万头牧场数量超过 80 家。大牧业集团存栏量逐年增长，2020 年，前 40 位养殖集团存栏 206 万头，牛奶产量 3.09 万 t/d，比 2015 年分别增长 49.7%和 86.1%，规模化牧场 100%实现机械化挤乳。

（三）牛奶产量

我国牛奶产量稳定向好。2020 年，我国奶类产量首次突破 3300 万 t，达到 3530 万 t，位居全球第四，占全球奶产量的 4.1%。奶类产量突破了多年来 3300 万 t 的生产关卡，其中牛奶产量 3440 万 t，比 2019 年增长 7.5%，明显高于 2019 年 3.8%的增幅，产量增幅为 2006 年以来最高。2021 年，我国牛奶产量达到 3683 万 t，比 2020 年增长 7.1%，比 2016 年增长 15.8%。2022 年，中国奶牛养殖业生产能力继续增长，全国牛奶产量 3932 万 t，比 2021 年增长 6.8%（图 12-4）。

（四）奶牛单产

我国奶牛养殖规模化、标准化和现代化水平不断提高，生产效率大幅度提升，整体素质明显增强，奶牛单产水平迅速提升。2021 年，全国奶牛年均单产达到 8.7t，比 2005 年提高了 4.8t，比 2016 年提高了 2.3t（图 12-5），全国奶牛年均单产已经高于德国的 8.33t，与荷兰单产接近，比美国奶牛单产 10.86t 低了 2.16t，而 2015 年美国奶牛单产差值为 4.16t，说明当前我国奶牛单产在世界范围内处在中高水平，并正在快速追赶发达国家。2022 年，全国奶牛年均单产达到 9.2t。

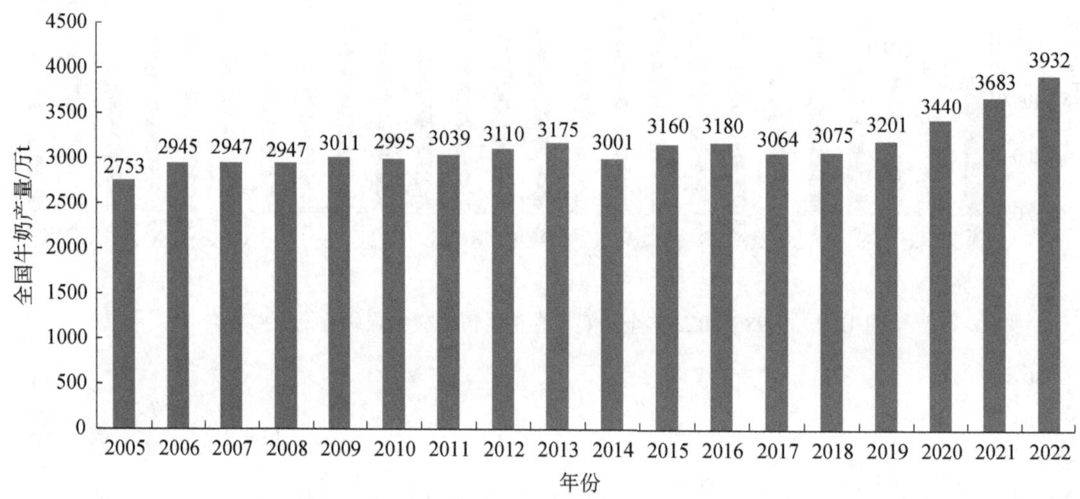

图 12-4　2005～2022 年全国牛奶产量情况（中国奶业统计摘要）

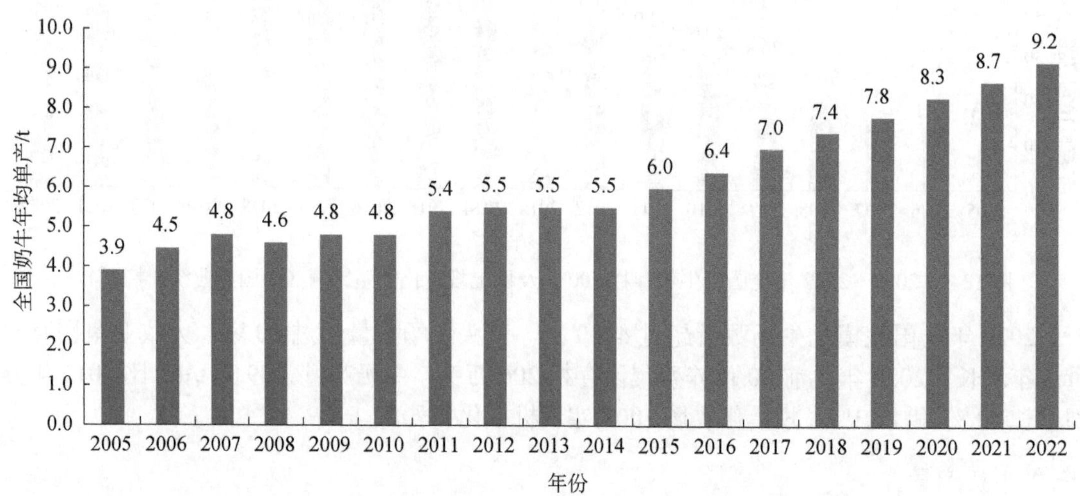

图 12-5　2005～2022 年全国奶牛年均单产情况（中国奶业统计摘要）

三、奶源生产区域布局

随着近年来我国奶业生产水平的不断提升，以及产量、质量的不断增长，我国正从奶业大国向奶业强国迈进。“十三五”中国奶业产业素质全面提升，现代奶业格局初步形成，为“十四五”中国奶业实现全面振兴奠定了坚实基础。我国广袤的国土面积及不同的地理环境、自然条件、历史渊源，最终形成了不同的奶业产区。每个奶业产区都在不断地发挥优势，夯实优势，影响着中国奶业的布局。

(一) 黄金奶源带

地球南北纬 40°～50°的奶牛饲养带是世界公认的“黄金奶源带”，气候条件良好，一方面有利于牧草和饲料的生长，适宜养殖奶牛，另一方面奶牛生长的环境舒适健康，可带来高产量高品质的奶源（李胜利，2020）。

我国的奶源带主要分布在北纬 40°～47°，横贯东北、西北和华北草原带，包括“三北”地区的大部分省份和胶东半岛，集中了全国 70%的奶牛和超过 60%的原料奶，适宜养殖奶牛，牛奶产量大，质量高，所以被称为国内“黄金奶源带”（图 12-6 和图 12-7）。

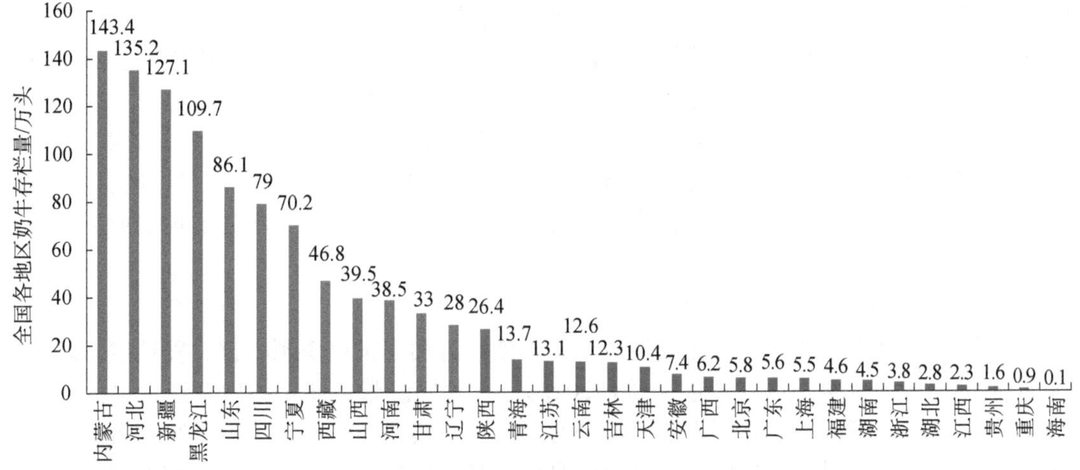

图 12-6　2021 年全国各地区奶牛存栏量（中国奶业统计摘要）

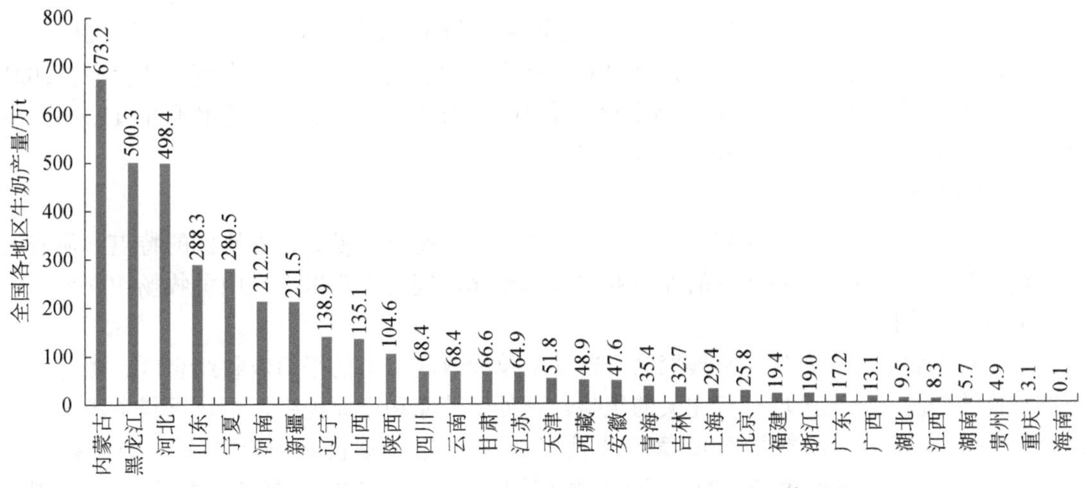

图 12-7　2021 年全国各地区牛奶产量（中国奶业统计摘要）

1. 内蒙古奶源带

内蒙古奶源带地处北纬 45°，拥有 13 亿亩[①]天然草原，3000 万亩人工草地，是国际公认的黄金奶源带，孕育出了最优质的奶源。内蒙古自治区充分发挥黄金奶源带优势，加强优质奶源基地建设，打造加工企业集群，着力发挥政策协同效应，全面推进奶业振兴。在奶源基地规划和布局方面，建设黄河流域、嫩江流域、西辽河流域、呼伦贝尔、锡林郭勒草原五大

① 1 亩≈666.7m²

奶源基地。近年来，奶牛存栏量逐年增加，2021 年，内蒙古地区奶牛存栏量达 143.4 万头，同 2020 年相比增长 10.9%，是全国奶牛存栏量最多的地区，占全国奶牛存栏量的 13.3%，牛奶产量达 673.2 万 t，占全国牛奶产量 18.8%，已成为全国最大的奶源生产输出基地。

相比于其他地形地态，沙漠往往意味着人烟稀少且经济价值较低。事实上，沙漠地区通过积极治理改善，依旧有大量可挖掘的天然资源，其中，内蒙古乌兰布和沙漠便十分适合被改造为天然牧场。乌兰布和沙漠是世界少有的沙漠绿洲，守护了有机牧场的纯净好生态。牧场被黄河上游清澈地下水滋养，年均 3200h 充沛日照让牧草饱含养分。在乌兰布和沙漠绿洲牧场中，乳品企业不仅仅是在养牛、产奶，服务于自身的商业诉求，也为我国治沙事业贡献力量，展现自身作为大企业的社会责任、环保公益属性。

内蒙古自治区着力发挥好政策协同效应，相继出台了《关于推进奶业振兴的实施意见》内政办发〔2019〕20 号、《奶业振兴三年行动方案（2020—2022 年）》内政办发〔2020〕39 号、《关于推动全区民族传统奶制品产业发展若干措施的通知》内政办发〔2022〕4 号、《关于印发推进奶产业高质量发展若干政策措施的通知》内政办发〔2023〕58 号等文件，从政策、措施上进行系统化支持，一体化推动，为全区奶业高质量发展、率先实现奶业振兴奠定了坚实基础。

2. 东北奶源带

东北地区属温带季风气候，比较适合奶牛养殖，再加上饲草资源丰富、养殖成本较低，因此是中国奶业的优势地区（李晨阳等，2022）。东北奶源带主要是指黑龙江地区的密山、大庆、绥化、肇东等地，是我国主要奶源基地之一。尤其是黑龙江省杜尔伯特蒙古族自治县拥有草原 469 万亩，黑龙江杜尔伯特大草原是中国最大的优质草原之一，广阔的黑土地上诞生了许多有机牧场，高质量的发展态势有望比肩欧洲，成为全球最大的有机牧场。

黑龙江奶源基地主要分布在北纬 45°，是世界公认的优质奶牛养殖带（吴继广，2021），也是世界仅存的三大黑土带之一，素有“龙江沃土、黄金奶仓、生态北大荒”的美誉。2021 年，黑龙江地区规模牧场 460 个，奶牛存栏量 109.7 万头，占全国奶牛存栏量的 11.8%，牛奶产量达 500.3 万 t，占全国牛奶产量 13.6%。

3. 河北奶源带

河北奶源带是奶牛养殖业的大户，之前呈现奶牛养殖小区模式占高比例的特点，随着近几年奶业整体结构升级，河北省的养殖业逐渐规模化，拥有千头以上大中型牧场 400 余个，全部实现管道式挤乳。

河北省规划了三大奶牛养殖集聚区，即坝上草原牧区、山前平原农牧结合区、黑龙港流域农草牧结合区。三大区域有着先天的优势，都处于草原和平原地带，饲草饲料资源丰富，适合种植玉米苜蓿，原料奶质量稳定性较好。2021 年，规模牧场 845 个，奶牛存栏量 135.3 万头，在全国排名第二，同 2020 年相比增长 10.6%，牛奶产量 498.4 万 t，在全国排名第三。

4. 新疆奶源带

新疆是我国传统的奶业主产区，具有得天独厚的自然资源优势和奶牛养殖传统。新疆草原资源丰富，有天然草场 7.2 亿亩，是我国最主要的草原牧场之一，同时也是我国重要的奶源供给基地。北疆农区饲草料较丰富，青贮和苜蓿在满足现有奶牛所需饲养量的情况下，尚有 200 万 t 和 150 万 t 富余，奶牛扩群增量仍有较大空间。

天山北坡属于世界公认的“黄金奶源带”，即在南北纬 40°～50°的温带草原，气候适宜、水草丰美，地域辽阔，是国际公认的优质奶牛饲养带（华实，2022）。天山区域日照时间更是长达 16h，是名副其实的黄金牧场，同时新疆还拥有全国最大的进口良种牛核心群，天山北坡、伊犁河谷和南疆绿洲具有奶牛养殖的良好基础。2021 年，新疆地区规模牧场 913 个，奶牛存栏量 127.1 万头，在全国排名第三，同 2020 年相比增长 17.0%，牛奶产量 211.5 万 t，同 2020 年相比增长 5.73%，在全国排名第六。

（二）区域布局

全国各区域的奶牛存栏量和牛奶产量存在很大的差异，华北、西北、东北、西南、华东、华南区域也是如此。从地理区域看，我国牛奶生产主要集中在“三北”地区，即东北、华北和西北（图 12-8）（李胜利，2014），“三北”地区位于我国黄金奶源带上，奶牛存栏量和牛奶产量都远高于西南、华东、华南区域。

2021 年，华北区域在奶牛存栏量和牛奶产量方面均处在全国领先地位。华北、西北和东北区域的奶牛存栏量占全国奶牛存栏量的 70.1%，牛奶产量占全国牛奶产量的 74.8%。全国奶牛存栏量前 10 位的省（自治区、直辖市）有 6 个省（自治区、直辖市）位于“三北”地区，全国牛奶产量前 10 位的省（自治区、直辖市）有 8 个省（自治区、直辖市）位于“三北”地区，使我国奶源基地区域布局呈现“北多南少”的格局。虽然西南、华东、华南区域的奶牛存栏量仅占全国奶牛存栏量的 29.9%，牛奶产量仅占全国牛奶产量的 25.2%，但是这三个区域中也分布着奶牛养殖量比较多的地区，如华东区域的山东地区、华南区域的河南地区、西南区域的四川地区。

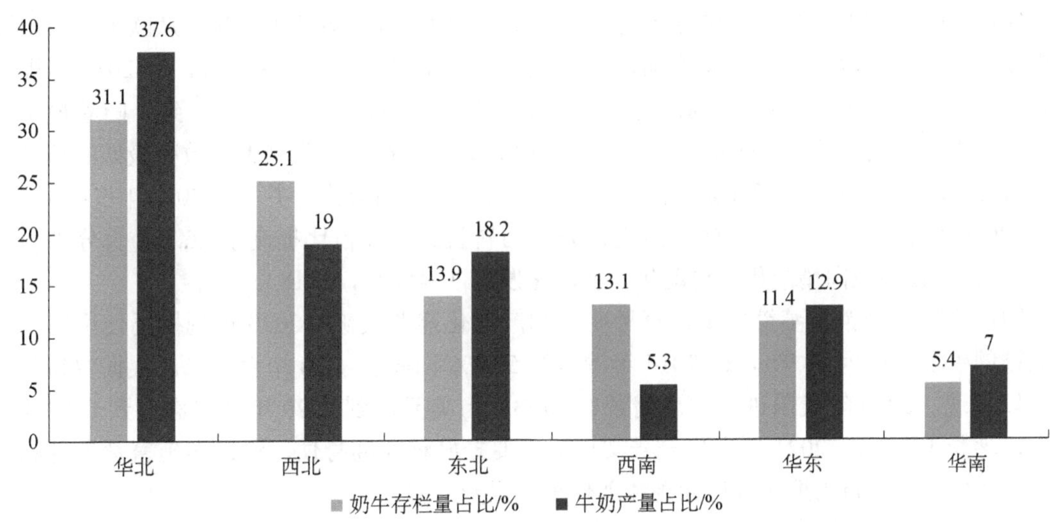

图 12-8 2021 年全国各区域奶牛存栏量和牛奶产量占比（中国奶业统计摘要）

第三节 中国奶源基地存在的问题

在国家奶业振兴战略的带动下，我国奶牛养殖规模化水平持续提高，原料奶质量普遍提升，饲养管理普遍改进，环保意识普遍增强，但是我国奶业发展仍存在一些问题。

一、奶源基地布局合理性有待提升

国内奶牛养殖80%以上分布在北方，2020年国内前10名省份总原料奶产量占全国总量的82%，缺口前10名的省份主要在中东部及南方，所缺原料奶产量占全国产量的31%。所以“北奶南运”就成为我国奶源供需特色之一，同时导致原料奶运输成本较高，也不利于原料奶质量安全保障。

2022年全国各区域新建扩建牧场设计存栏及占比，东北、华北及西北地区占比为88%，华东、华南、西南地区占比仅为12%，这将进一步加大南北差距，更加“南北不平衡”。

二、奶业发展与原料奶供给匹配度有待改进

随着奶业振兴工作的持续推进，乳品企业在推动形成紧密的上下游利益联结机制方面作出了很大努力，以稳定上游奶源保障。但在市场供需出现波动时，尤其是在奶源紧缺或者奶源过剩时，企业高价抢奶或变向压级压价、养殖场户“违约”等现象仍会时而发生，造成收奶秩序混乱及原料奶质量安全风险，上下游利益联结机制仍有待进一步健全。

三、牧场生产技术有待提高

由于我国在农牧业机械化领域的研究和起步较晚，奶牛养殖装备的研发力度和产业化水平滞后，在关键设备、种公牛选育及疫苗兽药开发等多个环节落后于发达国家，关键产品进口比例大。

奶牛养殖关键设备的国产化率偏低，目前国内大中型牧场的主要技术设备基本从国外进口，约占80%，饲喂、挤乳、粪污处理、环境等核心组件或设备基本依赖于从欧美进口，国内设备市场份额甚少。挤乳设备方面，奶厅式挤乳基本普及，占比96.2%，比2016年提高15.4个百分点，管道式仅占3.8%，说明与栓系饲养模式的逐渐消失趋势一致。随着最早建设的一批牛舍的逐渐关停和改造，厅式挤乳最终将普及。在奶厅类型中，效率最低的鱼骨式占比大幅下降，2020年占32.4%，相较2016年下降13.5个百分点，并列式2020年占41.0%，相较 2016 年占 44.6%略有下降，而更为先进的转盘式奶厅占比提高了16.1个百分点，达25.5%。挤乳设备应向精准化、自动化、智能化发展（吴泽全，2018）。

国产冻精生产销售萎缩严重，育种研发和产业化需要突破。2020年规模场使用国产品牌冻精的牛场占比为44.9%，比2016年调研的57.3%下降了 12.4个百分点。根据贸易数据也可以发现，2016年我国进口牛冻精金额2753.4万美元，到2020年进口额达到6122.0万美元，增长122.3%。2021年中央一号文件提出要打好种业翻身仗，深入实施畜禽良种联合攻关，实施新一轮畜禽遗传改良计划和现代种业提升工程。

四、技术服务体系建设有待加强

奶牛养殖需要科学的饲养技术和管理经验，目前我国奶牛养殖业存在一些普遍的问题，如精粗饲料搭配不合理、奶牛居住条件差、奶牛养殖的卫生意识及疾病预防意识差、挤乳操作不规范等（郎宇等，2020）。

这对养殖环节的技术和管理人员专业性要求较高（谷继承，2013），但牧场技术人员流

动性大，缺乏具有现代化管理和科学化生产的技术人才。现有奶牛养殖业人才培养机制和方式上不能完美契合现代奶业发展的需求，加上基层畜牧兽医技术推广人员不足、规模奶牛场技术骨干人才紧缺，管理方式和管理理念更新较慢，限制了自身的发展。所以急需强化基层畜牧兽医与原料奶生产技术人才队伍、技术服务体系建设。

五、产业化经营机制有待完善

目前，奶牛饲料中的苜蓿类饲料仍以进口为主，这限制了奶牛养殖业的发展。我国的奶牛养殖采用舍饲为主，投入成本较高，包括设施建设、饲料采购、人工投入等都加大了养殖业的压力。从消费结构看，我国乳制品的消费将近80%为液态奶，而液态奶销售时间短，受市场影响较大，导致我国奶源供给出现了特殊的周期现象，如每年3～5月是产奶旺季、需求淡季，每年7～9月是产奶淡季、需求旺季，这使我国奶源供需出现了季节性“剪刀差”现象。

六、生态环境和卫生状况有待改善

随着畜牧业禁养区的划定，奶牛养殖用地的需求与规模养殖设施用地的矛盾日益突出，同时，奶牛养殖废弃物对环境的影响也越来越大，土地的有效供应和严格的环保政策已成为制约奶源基地发展的最大瓶颈。

我国奶牛养殖现状是种养分离，“种地的不养牛，养牛的没有地”。据国家奶牛产业技术体系的调研，我国有49%的牛场没有土地配套，种养分离除造成玉米青贮、优质牧草需要外购之外，更大的挑战是造成了粪污消纳的压力，牛场因粪肥（特别是液体）无处消纳被迫缴纳排污费或造成牛场关停，尤其是南方地区和大城市周边地区，近年来退出的牛场一半是环保因素导致的。

当前牛场粪肥（液体）消纳处理的一个争议问题是农田常规施肥还是排污的界定，以及输送途径和相关法律标准的配套问题。我国2001年发布了国家标准《畜禽养殖业污染物排放标准》，2010年发布了国家标准《畜禽粪便还田技术规范》，2022年发布了国家标准《农用沼液》，而国家标准《农用沼液无害化还田技术规范》还在制订中，有必要协同环保部门对相关法规标准进一步完善，统一认识。

世界资源研究所2020年发布的报告，农业占全球碳排放的18.4%，其中，畜牧生产及粪污排放在总排放中占比5.8%。反刍动物由于其瘤胃发酵作用，产生的温室气体要多于猪、鸡等单胃动物，全球主要牛奶生产国中，新西兰碳排放水平最低，每千克牛奶排放0.77kg二氧化碳当量，我国则为1.68kg。奶牛养殖业面临更大的环保压力。

第四节　中国奶源基地的主要模式

奶业发展的关键是奶源，优质的奶源是奶业发展的根本。目前，我国奶牛养殖主要有草地放牧方式、家庭农牧混合方式、集约化规模养殖三种方式。采取草地放牧或家庭农牧混合方式的一般是小农户，大中型规模养殖场则采取集约化规模养殖方式，且大多由企业经营。随着中小牧场的退出，奶牛规模化养殖场越来越多，比例也越来越大。

一、奶牛养殖模式

（一）草地放牧方式

奶牛常见的草地放牧方式，即连续放牧和轮牧。连续放牧是指在一个特定草场上整年或整个放牧季节内不间断地放牧；轮牧指两个或更多的草场按设计好的顺序有计划地轮换进行放牧和休憩。放牧不能满足高产奶牛的所有营养需要，因此需要进行补饲，并且补饲可以使牛奶生产获得更高的经济效益。

（二）家庭农牧混合方式

家庭牧场通常是指以家庭为单位的饲养场，有助于农作物副产物的合理应用，将自家种植的农作物等作为主要粗饲料，配合购买饲草料等，可减少饲养成本，同时增加家庭成员的就业机会，因此这种养殖模式得到了广泛关注与认可。家庭牧场的奶牛养殖数量增加，而奶牛生存空间并不能扩大，另外对养殖个体户防疫技术和管理水平的要求大大提高。

养殖小区模式目前受到国家相关政策的明文鼓励，小区的建设由政府主导，统一规划、统一管理、统一建造，然后引导符合条件的奶站进驻，实行“集中饲养、集中挤乳、统一管理、统一防疫”的经营模式，是散养向规模养殖的一个过渡。

奶农合作社模式是由奶牛养殖户、政府职能部门、奶站经营者组成，按照“入社自愿、退社自由、民主管理、自主经营、利益共享、风险共担”的原则，奶户以奶牛、现金入股，其饲料和订单种植由合作社统一收购，实行公司化的运作模式，形成互相制约的管理机制，奶户按投资比例分红。

（三）集约化规模养殖方式

集约化规模养殖是具有法人资格的奶牛养殖场，具有一定的规模，指标是奶牛存栏大于或等于 100 头，是我国奶牛养殖业乃至奶业发展的必然趋势。不断地提高奶牛饲养的区域化、规模化、专业化、集约化、科学化水平，才能降低成本，提高原料奶质量。2022 年全国存栏百头以上的规模奶牛养殖比例为 72%。

目前我国存在的规模化养殖模式主要有规模化家庭牧场、奶联社和企业自建牧场等，都可以在一定程度上获得集聚效益，降低部分成本，克服之前散养模式存在的弊端（黄李翌，2016）。但面临的前期投入巨大、养殖环节成本收益比低、经营成本巨大、技术设备成本增加等问题，也是一种挑战。我国已进入从传统奶业向现代奶业转变的关键时期，在以奶业为主要产业的地区，如黑龙江、内蒙古、河北等地，按照单一形式发展已不适宜奶源基地的长期建设和奶业发展的长期需要。

（四）现代化牧场园区

现代化牧场园区按照种养结合、规范治理、绿色循环的发展理念，建设集标准化栏舍，配套自动化饲喂、挤乳、清粪设备，以及粪污综合利用设施和有机肥加工车间等为一体的健康种养殖、生态循环的现代化奶牛养殖基地，达到增产增收的目的。种养结合、绿色循环的发展模式的核心是“人畜分离、科学饲养、统一管理、统一挤乳、统一防疫”，大大提高了奶牛的产奶量和牛奶质量，实现了奶牛饲养业向科学化、规模化、集约化、现代化经营模式的转变，构建现代奶业产业体系、生产体系和质量安全体系，持续打造现代化牧场。

（五）沙漠牧场园区

沙漠有机奶（desert organic milk）是指从饲养在符合国家有机生产要求的沙漠绿洲的健康奶畜乳房中挤出的无任何成分改变的原奶。沙漠有机奶的生产遵照特定的生产原则，在生产中不采用基因工程获得的生物及其产物，不使用化学合成的农药、化肥、生长调节剂、饲料添加剂等物质，遵循自然规律和生态学原理，协调种植业和养殖业的平衡，是保持生产体系持续稳定的一种有机生产方式。因此，沙漠有机奶是产自沙漠绿洲，按有机标准生产，并经第三方严格认证的液体乳产品。

沙漠有机奶的养殖场选址与建厂需要进行严格把控，牧场园区需要建在地势总体平坦、水源充足、水质良好、排水良好的沙漠地块，且要建在有利于隔离、封锁等疫病防控的地块。沙漠有机奶的周边环境需满足养殖场的周围 5km 内不应有其他品种畜禽养殖场、矿场、畜禽交易市场、屠宰场、垃圾及污水处理场所和其他容易产生污染的企业，同时也不应建在饮用水源的上游。养殖场应设独立的管理区、生活区、生产区、饲草饲料供给区、隔离区、无害化处理区。此外，生活区、管理区应建在养殖场上风且地势较高处，与生产区严格分开，距离至少 50m 。沙漠有机奶的场区内应设净道和污道，净道和污道分开，避免交叉，净道用于畜群周转、饲养员行走和搅拌车运料等，污道主要用于粪污、药物或疫苗使用后的包装等废弃物、病死畜等出场。根据地势和风向，生产区应根据从净区向污染区不可逆走向的要求进行布局。检验室、兽医室应设置在方便观察畜物生活和方便取样的位置。养殖场周围应建立隔离带，并设围墙或防疫沟。

在沙漠有机奶养殖过程中，应根据沙漠的地理气候特点选择引入适应性强、抗性强的品种。须依据《反刍动物产地检疫规程》《跨省调运乳用、种用动物产地检疫规程》的规定，引进健康的畜物，同时，调入调出机构必须有相应资质，引入的畜物必须有良种登记记录。畜物的运输应符合《有机产品　生产、加工、标识与管理体系要求》（GB/T 19630—2019）中 4.5.9 的要求。引入畜物在装运及运输过程中不应接触其他偶蹄动物，运输车辆要做彻底清洗消毒，引入后要进行隔离饲养至少 45d，经检疫检测并确定为健康后，方可并入养殖场进行饲养。宜引入有机饲养的畜物。当不能得到有机饲养的畜物时，可引入符合《有机产品生产、加工、标识与管理体系要求》（GB/T 19630—2019）中 4.5.3 要求的畜物，并经过有机转换期，方可并入养殖场进行饲养。可引入常规种畜物，引入后应立即按照有机生产方式进行饲养。沙漠有机奶畜物的饲养应当符合《有机产品　生产、加工、标识与管理体系要求》（GB/T 19630—2019）的要求，并应配备自动化、智能化环境控制系统。此外，奶畜应用有机饲料饲养，饲料应符合《有机产品　生产、加工、标识与管理体系要求》（GB/T 19630—2019）中 4.5.4 的要求。奶畜要采食到足够的优质牧草、青贮等有机饲料，以保证奶畜的健康。同时，根据全群计划饲养日及各阶段奶畜的饲料需要量，制订全年各种饲料采购、储备和供应计划。应按饲养规范饲喂，禁止在饲料和饮水中添加国家明令禁用的药物，以及其他对动物和人体有直接或者潜在危害的物质，如动物源性成分的蛋白质、三聚氰胺等化学添加剂。过道、运动场粪便派专人使用清粪设备每天进行清理、集中。后备畜物应按畜物生长发育阶段分群饲养；成年畜物按头胎、多胎及泌乳阶段进行分群饲养。奶畜饮用水水质应符合《生活饮用水卫生标准》（GB 5749—2022）的要求，实行自由饮水。冬季应饮温水。沙漠有机奶奶畜的饲养人员应穿戴整洁的工作服，持有健康合格证，每年至少进行一次健康体检，并建立档案，传染病患者不得从事饲养工作，场内兽医、配种人员等生产技术人员不得对外从事相关工作。

对于沙漠有机奶奶畜的繁殖，应建立畜物的繁殖档案，包括每头畜物的系谱资料，发情、配种、妊检、流产、产犊和产后监护等书面记录。也可使用繁殖管理软件进行畜物群繁殖数据管理和各项工作记录。提倡自然分娩，产房环境要求安静、清洁、卫生，由熟练的护理人员进行助产和护理。子宫发生炎症时不得使用抗生素冲洗子宫、产道。消毒剂应选择对人体、畜物和环境安全、没有残留毒性、对设备没有破坏和不会在畜物体内产生有害积累、不对畜物奶生产造成污染的消毒剂。消毒剂应符合《有机产品　生产、加工、标识与管理体系要求》（GB/T 19630—2019）的规定。养殖场各生产环节的消毒方法应符合《畜禽养殖场消毒技术》（NY/T 3075—2017）的规定。应对养殖场的环境、畜物舍、用具、外来人员、生产环节（挤乳、助产、配种、注射治疗及任何对有机畜物进行接触）的器具和人员等进行消毒。消毒处理时，应将畜物迁出处理区。

沙漠有机奶管理过程中的微生物控制至关重要，对挤乳、生乳贮存和运输设备设施，牧场应制订和执行清洗消毒制度与管理操作程序。挤乳操作前，应进行消毒。消毒用热水，温度进口应达到 80℃以上，出口应达到 40℃以上。挤乳操作后，每班次应进行碱洗，碱洗后，清洗管道排出的水应无碱液残留，pH 呈中性。挤乳设施宜每 3 天进行一次酸洗，酸洗后，清洗管道排出的水应无酸液残留，pH 呈中性。贮存设施和运输设备宜配备原位清洗系统，并符合《危害分析与关键控制点（HACCP）体系乳制品生产企业要求》（GB/T 27342—2009）的规定。储奶罐应每天清空，清洗、消毒。三把奶发现异常的畜物应隔离检查。乳头药浴要选用专用的乳头药浴液，且药浴液应现配现用。使用药浴杯的牧场，宜使用止回流药浴杯；宜每 20 头畜物更换一次清洗后的药浴杯。挤前药浴乳头时间为 20～30s，用纸巾擦拭乳头。挤后药浴乳头时间 3～5s。挤乳杯组的内衬每次挤乳后清洗干净无奶污，使用不超过 2500 次需更换。储奶罐应安装温度自动监控记录仪；应定期校正温度计精度。生乳挤出后，应在 2h 内降温至 0～4℃，宜选用速冷设备进行冷却；24h 内，奶温升高不宜超过 2℃。冷却后的畜物乳与刚挤出的生乳混合后的温度不应超过 10℃，混合后 1h 内降温至 0～4℃。应每班次对储奶罐温度计进行温度验证，当实际测试奶温与储奶罐显示温度差异 1℃以上时，应查找原因，并及时纠偏。运奶罐材质和保温性能应符合食品安全要求。生乳从挤乳到运抵乳品加工企业不宜超过 24h。运输过程中生乳温度应控制在 0～6℃。对挤乳设备设施，牧场应制订挤乳程序与设备维护保养计划，并严格实施。应建立个体泌乳畜物的隐性乳腺炎和临床乳腺炎揭发制度，并及时治疗。宜每周测定 1 次奶罐乳中的体细胞数，每月测定 1 次个体泌乳畜物乳中的体细胞数。宜淘汰连续 3 个月以上体细胞数超过 100 万个/mL，且无乳链球菌和金黄色葡萄球菌检测阳性的泌乳畜物；宜隔离治疗连续 3 个月以上体细胞数超过 70 万个/mL 的泌乳畜物。沙漠有机奶应在产品包装主要展示面上紧邻产品名称的位置，使用不小于产品名称字号且字体高度不小于主要展示面高度 1/5 的汉字标示“沙漠有机奶”。相对于常规牛奶，沙漠有机奶富含维生素 E、不饱和脂肪酸，维生素 A 原等抗氧化物质，具有较高的营养价值、安全性，且乳香浓郁、口感较好。

值得注意的是，沙漠有机奶的生产对沙漠生态环境具有显著的改善作用。沙漠有机奶生产基地入驻沙漠后，在新开发的土地上，基地种植的是一年生禾本科牧草，可迅速覆盖地表，固定土壤表层，防风固沙，增加土壤肥力。在牧草种植前，会对土地进行 24 个月的净化，不施以农药、化肥，从而唤醒自然生态平衡。有机种植基地植被覆盖面积、基地周边植被覆盖面积将显著增加，而沙漠总面积明显降低。因此，沙漠有机奶产业链及奶源基地的建设不但可以满足养殖奶畜、产奶和乳品企业的商业诉求，还可以为我国的治沙事业贡献力量，并有助于传承乳品企业的社会责任感和环保公益属性。

二、“公司+基地+农户”经营模式

我国畜牧业发展“十二五”规划明确提出奶牛养殖要从散户经营逐渐向规模化、现代化、标准化的运营模式发展。通过上下游的合作发展，逐渐形成了“公司+基地+农户”的经营模式，解决“分散养殖，集中收购”传统模式所引发的乳企与分散奶农之间的松散关系，强化原料奶在收集过程中的控制与监管力度。

（一）乳企自有牧场

自有牧场是体现乳制品企业全产业链实力的重要方面，奶牛乃至牧草的品质都与乳品品质休戚相关，优质奶源是乳品企业重视的核心。因此，基于稳定供应链、保障产品品质等经营考虑，自 2020 年以来，国内已有多家乳品企业通过并购、自建牧场和签订合作协议等方式，强化奶源基地建设。一方面反映出乳品企业从源头上优化企业建设，夯实护城河的迫切愿望；另一方面也是不断升级的液态奶消费市场对优质原料奶的诉求体现。乳品企业建立稳定奶源基地的要求，也进一步推进奶业“优质化、规模化、标准化、机械化、合作化”。

（二）乳企与牧场合作

“企业+牧场”模式是投资人根据先进的设计和经营理念，按照标准化的要求建造牛舍、运动场、挤奶厅，引进优良的奶牛品种，聘请专业人员参与经营管理，应用全混合日粮饲养、阶段饲养、无线电感应系统、粪便无害化处理等先进饲养管理技术，最大限度发挥奶牛生产性能的一种较为灵活、合理的生态型养殖模式。

“企业+牧场”模式既包括企业的自建牧场、参股牧场，也包括通过协议方式签约的协议牧场。牧场的管理特征是“统一规划、统一管理、统一服务、统一防疫”。“企业+牧场”模式被广泛推广，是因为其具有很多优势，具体为：该模式便于统筹安排、统一管理，便于新技术的研发和应用，使科学饲养、机械化操作成为可能，此外，还有利于降低养殖成本，便于生产效益的提高。

第五节　中国奶源基地的发展方向

奶业作为国家战略性产业，从中央到地方都在采取强有力的政策措施，推进奶业全面振兴。《中华人民共和国国民经济和社会发展第十四个五年规划和 2035 年远景目标纲要》《国务院办公厅关于促进畜牧业高质量发展的意见》（国办发〔2020〕31 号）、《国务院办公厅关于推进奶业振兴保障乳品质量安全的意见》（国办发〔2018〕43 号）为我国奶业的战略发展提出了总体要求。

一、加强奶源基地建设的宏观思路

奶源基地建设涉及利益主体多，综合性强，范围广，需要根据市场需要和各地资源优势，加强奶源基地的布局，提出奶源基地建设的宏观思路，包括选择合适的生产经营模式、建立健全社会化服务体系、协调与乳品企业的关系等。

（一）选择适合的奶牛生产经营模式和规模

我国的奶源基地在确定奶牛生产经营模式时，不必千篇一律或追赶形势，应根据本地的资源、经济、奶业科技水平及奶农素质确定适合本地的奶牛生产经营模式，趋利避害，取长补短，选择最合适的模式。

（二）加强社会化服务体系建设

奶源基地饲养技术水平的提高，必须借助于奶业社会化服务体系的完善和有效运行。科技越发达，牧场对社会化服务的需要就越多，不仅原料奶的收购、冷藏、储运设备需要配套，而且奶牛良种繁殖、后裔测定、乳及乳品质量监测、疫病防治、饲料的供应、技术培训及市场信息的提供等各个方面，都需要得到有效的技术支持和服务。

（三）提高牧场人员素质

牧场人员的思想观念、市场意识、科学文化素质是提高奶牛生产水平、提高原料奶质量的根本。对牧场人员科技文化素质及思想观念的培养教育是一项长期的系统工程，应贯穿于奶源基地发展过程的始终，需要多个主体共同的努力，包括技术推广服务机构、乳品加工企业及个体中介服务组织（人）及其他奶牛饲养者。

（四）充分发挥政府的作用

奶源基地处于一定的市场经济条件下，它在运行过程中，除受市场自发调节外，还需要得到政府的有效控制和管理。在奶源基地建设中，政府应加强基地建设的宏观调控和科学规划；建立健全政策体系；加大对奶源基地的资金投入，尤其是对公共设施的投入；加强奶牛生产技术的推广和示范等。

（五）促进与乳品加工企业的协调发展

建立和完善奶源基地与乳品加工企业联结的组织模式，贯彻利益共享、风险共担、向奶牛场（户）让利的原则，通过经过公证的契约使奶牛饲养主体与乳品加工企业走向联合（代晓霞和于娟，2022），真正形成休戚与共的经济联合体。

（六）实现奶源基地的可持续发展

通过推动奶牛场升级改造，推广干清粪、微生物发酵技术，加快雨污分离、污水回收利用。促进粪污就地就近利用，推进种养业协同发展。落实规模奶牛场养殖废弃物资源化利用的主体责任，推进技术指导与环保执法监管有效衔接，加强日常监管，提升监管精准化、信息化水平。推广饲料高效低蛋白日粮技术，降低奶牛养殖氮、磷排放。继续实施兽用抗菌药减量化行动，严厉打击违法行为。

二、奶源基地建设未来发展方向

进入“十四五”以来，我国奶业由恢复性增长进入到全面振兴的新阶段，奶类产量进一步加快增长，规模化生产水平大幅提升，消费日渐恢复，奶制品质量持续提升，产业素质进一步增强，正从奶业大国加速向奶业强国迈进。

（一）强化种质创新

种业的发展和种公牛种质资源，是全国奶业发展的短板，与奶牛养殖先进国家相比，我们还有很大差距。打造高端奶源基地，离不开高端优质奶牛的育种、繁育。为快速提高种业的发展水平，需要瞄准世界前沿技术，深入开展分子育种研究与示范，加快遗传进展。开展奶牛核心育种场建设，组建起各项性能优秀的育种群，推进表型和遗传性能研究。实施高产荷斯坦奶牛基因分析，建立特色育种数据库。组建高产奶牛核心群，充分发挥种质资源的作用，提高养殖效率。

（二）实现种养结合

引导牧场建立与饲料地或与种植户的合作关系，促进奶牛粪污就地就近还田利用，推进循环农业发展。支持通过液体粪肥输送管网、存储设施或利用还田机械装备等方式，实现粪肥直接还田。推动经无害化处理的畜禽养殖废水还田使用。建成土地、作物、奶牛、水源、大气和人类和谐共生的示范奶牛场，形成一批种养结合的典型牧场，推动农牧循环发展。

（三）推动科学养殖

加强奶牛精准服务平台建设，完善配套检测和数据采集基础设施设备，在报告解读应用和精准饲喂方面实现突破，提高服务能力。开展牛群精准饲喂。推广第三方采样，从源头抓采样质量，保证数据有效、公平和公正，利用奶牛生产性能测定数据开展奶牛精准饲喂，对奶牛场全价混合日粮营养配制分析，结合粪便筛、滨州筛，实现奶牛日粮配方精准化，达到精准饲喂，节本增效，提高奶牛场生产水平和经济效益。做好技术示范引领，开展多对一的精准技术帮扶，提高示范效果，加强示范引领，助力产业升级。

智能化是未来畜牧业高质高效发展的必然选择（栗慧卿等，2022）。鼓励、支持和引导畜牧养殖业发展机械化、信息化、智能化融合示范场，形成更加高效、精准的现代化养殖系统。

（四）提升奶业产业人员素质水平

优秀团队是奶业产业化发展的根本，在我国奶业产业化发展进程中，应对高素质优秀人才的培养给予重视。在国内奶业产业发展的进程中，应注重优秀奶业发展人才的培养，将人才培养作为一项重点，在注重奶业发展某环节优秀人才培养的同时，要注重具有较强综合能力及素质的人才培养，发挥优秀人才的作用与优势。

（五）提高奶业集群化发展

奶业产业化发展在一定程度是建立在奶业集群化发展基础上的，集群化是奶业产业化发展的根本。因此在实际奶业产业化发展的进程中，应对奶业集群化发展给予重视，在这个基础上进行集群化方案优化与调整，提升发展的科学性、规范性，通过集群化发展带动奶业产业化发展。

（六）优化奶源布局

发展标准化规模养殖，我国奶牛养殖具有明显的区域特征，建议在巩固发展东北和内蒙古产区、西北产区、华北和中原产区，推动上述主产省（自治区、直辖市）率先实现奶业振兴的同时，积极开辟南方产区，稳定大城市周边产区，优化调整奶源布局。

三、充分发挥政府在奶源基地建设中的作用

奶源基地建设离不开政府的大力支持，应更好地发挥政府在宏观调控、政策引导、支持保护、监督管理等方面的作用，维护公平有序的市场环境。

（一）奶源基地的整体布局和规划

地方各级政府针对本地资源和现有基础及乳品加工业的发展情况，制订整体发展战略规划，用以指导奶源基地的建设。根据本地区的实际情况，进行生产的合理化布局和适度饲养规模的确定，以此来减少或避免市场竞争的非理性或资源配置的低效率。

（二）健全奶源基地建设的政策体系

良好的产业政策是鼓励奶源基地得以生存和发展的必要推动力，可以制订一系列政策，包括产业导向、产业扶持、龙头企业的引进与发展、技术服务政策、产品流通政策、土地政策、积极的财政信贷支持政策、信息提供政策等，鼓励奶源基地的发展壮大。

（三）加强对奶源基础设施建设的投入

改善奶源基地的生存环境，强化对公共基础设施建设的投入，包括基地的道路、水电设施、培训教育设施、废弃物处理设施等都是政府要考虑的投入范围，以优化奶源基地的生产、生活环境。

（四）加强奶源基地服务体系的建设

培育和壮大政府所属行业性专业服务组织，加大相关经费投入，尤其是奶源基地的奶牛疫病防治机制的建立，应引起政府足够的重视，提高服务水平。充分调动乳品加工企业的社会服务功能，通过向生产者提供贷款担保、技术服务、原料供应及出资建基础设施等措施，稳定与牧场之间的关系，从单纯的利益、商业关系提升发展到相互依存、促进、发展、风险共担、生死与共的合作伙伴。

（五）支持标准化、数字化、适度规模化养殖

培育壮大家庭牧场、奶农合作社等适度规模养殖主体，支持养殖场开展“智慧牧场”建设，对饲喂、挤乳、保健、防疫、粪污处理等关键环节设施设备升级改造，推动基于物联网、大数据技术的智能统计分析软件终端在奶牛养殖中的应用，实现养殖管理数字化、智能化。加强奶牛生产性能测定在生产管理中的解读应用，推进精准饲喂管理，提高资源利用效率。

主要参考文献

蔡亚洁，乌日娜，周津羽，等. 2024. 乳制品中有害微生物检测新技术研究进展. 食品安全质量检测学报，15（1）：41-47.

陈梅香. 2022. 影响饲料质量安全的因素及解决对策. 福建畜牧兽医，44（5）：77-78.

代晓霞，于娟. 2022. 从全球乳业 20 强榜单看我国乳业高质量发展的思路与对策研究. 中国乳业，241：2-6.

谷继承. 2013. 奶源基地建设情况调研报告. 中国奶牛，10：11-15.

侯俊财，杨丽杰. 2010. 优质原料奶生产技术. 北京：化学工业出版社：137-148.

华实，胡永青. 2022. 新疆奶业发展面临的问题与对策建议. 中国乳业，242：14-21.

黄李翌. 2016. 奶源基地规模化发展模式及实证研究. 中国乳业，170：30-33.

姜明明. 2018. 牛羊生产与疾病防治. 2 版. 北京：化学工业出版社.

姜毓君. 2019. 我国乳品质量安全现状及发展建议. 中国食品药品监管，2：31-36.

金红伟，张健，杜金. 2014. 挤乳设备检测技术. 北京：中国农业科学技术出版社.

郎宇，王桂霞，吴佩蓉. 2020. 我国奶业发展的困境及对策. 黑龙江畜牧兽医，4：12-16，147.

李晨阳，顾宪红，陈晓阳，等. 2022. 中国东北地区奶牛场规模及饲养方式调查. 中国奶牛，9：26-29.

李惠，丁建江，李景芳. 2011. 牛奶中抗生素残留的来源、危害及防控. 中国乳业，（06）：52-53.

李胜利. 2014. 我国奶源基地建设发展及存在的问题. 中国乳业，153：16-17.

李胜利. 2020. 来自“黄金奶源带”的馈赠. 河北农业，2：28-29.

李妍玲，刘亚丹，付武健. 2021. 乳企加速布局奶源产业链上游成新宠. 乳品与人类，1：26-35.

栗慧卿，孙志民，钟波，等. 2022. 我国养牛业机械化现状及发展趋势. 农业装备与车辆工程，60（1）：6-9.

刘瑞菁，金玉龙，白卫滨，等. 2022. 食品中常见化学污染物及其检测方法研究进展. 食品工业，43（4）：247-252.

毛杰，王根林，余盼，等. 2015. 上海地区荷斯坦奶牛体型性状、产奶性状和体细胞评分的遗传统计分析. 南京农业大学学报，38（4）：650-655.

乔光华，裴杰. 2019. 世界主要奶业生产国与我国奶业发展对比研究. 中国乳品工业，47（3）：41-46.

邱月，鲁杏茹，沈玉，等. 2023. A2β-酪蛋白的功能性及其在乳制品中应用的研究进展. 食品工业科技，44(11):427-433.

汤晓娜，许曦瑶，赵锋. 2023. 牛奶 β-酪蛋白水解产物生物活性及 A2 乳制品的研究进展. 食品与发酵工业，49（19）：360-366.

佀博学，张养东，郑楠，等. 2023. 生乳新鲜度评价指标研究进展. 动物营养学报，35（6）：3499-3507.

王梦琦，倪炜，唐程，等. 2018. 娟姗牛和荷斯坦牛泌乳性状的比较分析. 家畜生态学报，39（7）：37-41.

吴继广. 2021. 奶牛标准化健康养殖影响因素及对策. 畜牧兽医科学，6：43-44.

吴泽全. 2018. 机械化挤乳设备发展现状和趋势. 农机使用与维修，8：13-14.

余厚默，竹磊，张海亮，等. 2021. 北京地区荷斯坦牛乳糖率影响因素分析及遗传参数估计. 中国畜牧兽医，48（12）：4520-4529.

中华人民共和国国家质量监督检验检疫总局，中国国家标准化管理委员会. 2018. 中国荷斯坦牛体型鉴定技术规程：GB/T 35568—2017. 北京：中国标准出版社.

Angela C，Gianfranco A. 2010. Sizing milking groups in small cow dairies of mediterranean countries. Animals，10（5）：795-806.

Condren S A，Kelly A K，Lynch M B，et al. 2019. The effect of by-product inclusion and concentrate feeding rate on milk production and composition，pasture dry matter intake，and nitrogen excretion of mid-late lactation spring-calving cows grazing a perennial ryegrass-based pasture. Journal of Dairy Science，102（2）：1247-1256.

Gómez I，Mendizabal J A，Sarriés M V，et al. 2015. Fatty acid composition of young Holstein bulls fed whole linseed and rumen-protected conjugated linoleic acid enriched diets. Livestock Science，180：106-112.

Razzaghi A，Vakili A R，Khorrami B，et al. 2022. Effect of dietary supplementation or cessation of magnesium-based alkalizers on milk fat output in dairy cows under milk fat depression conditions. Journal of Dairy Science，105（3）：2275-2287.